·重金属污染防治丛书·

有色金属行业大气污染物与温室气体协同控制

宁 平 李 凯 等 著

科学出版社

北 京

内 容 简 介

在我国，有色金属冶炼行业属于典型的高污染、高能耗、资源型行业，带来的大气污染和温室气体排放问题不容小觑。因此，研究我国有色金属冶炼行业大气污染与温室气体协同控制技术具有重要意义。本书详细介绍具有代表性的铜、铅、锌、铝、硅、锰等有色金属冶炼行业及有色工业园区大气污染物与温室气体的来源和控制技术，从金属冶炼工艺出发，详细介绍污染物及温室气体的产排污特点，进一步介绍大气污染物与温室气体的协同控制技术。

本书适合研究有色金属冶炼行业废气治理的科研人员、从事环境废气治理的工作人员阅读，也可供相关的科研设计单位、环境咨询单位及相应专业的管理、设计人员参考，并可作为大专院校环境工程、矿物加工工程、冶金工程、化工工程等专业师生的教学参考书。

图书在版编目（CIP）数据

有色金属行业大气污染物与温室气体协同控制 / 宁平等著. -- 北京：科学出版社, 2024. 10. -- (重金属污染防治丛书). -- ISBN 978-7-03-079516-8

I. X758.017

中国国家版本馆 CIP 数据核字第 20247FZ476 号

责任编辑：徐雁秋　刘　畅/责任校对：高　嵘
责任印制：彭　超/封面设计：苏　波

科学出版社 出版
北京东黄城根北街 16 号
邮政编码：100717
http://www.sciencep.com
武汉精一佳印刷有限公司印刷
科学出版社发行　各地新华书店经销
*
开本：787×1092　1/16
2024 年 10 月第 一 版　　印张：15 3/4
2024 年 10 月第一次印刷　　字数：400 000
定价：229.00 元
（如有印装质量问题，我社负责调换）

"重金属污染防治丛书"序

重金属污染具有长期性、累积性、潜伏性和不可逆性等特点，严重威胁生态环境和群众健康，治理难度大、成本高。长期以来，重金属污染防治是我国环保领域的重要任务之一。2009 年，国务院办公厅转发了环境保护部等部门《关于加强重金属污染防治工作的指导意见》，标志着重金属污染防治上升成为国家层面推动的重要环保工作。2011 年，《重金属污染综合防治"十二五"规划》发布实施，有力推动了重金属的污染防治工作。2013 年以来，习近平总书记多次就重金属污染防治做出重要批示。2022 年，《关于进一步加强重金属污染防控的意见》提出要进一步从重点重金属污染物、重点行业、重点区域三个层面开展重金属污染防控。

近年来，我国科技工作者在重金属防治领域取得了一系列理论、技术和工程化成果，社会、环境和经济效益显著，为我国重金属污染防治工作起到了重要的科技支撑作用。但同时应该看到，重金属环境污染风险隐患依然突出，重金属污染防治仍任重道远。未来特征污染物防治工作将转入深水区。一方面，环境法规和标准日益严苛，重金属污染面临深度治理难题。另一方面，处理对象转向更为新型、更为复杂、更难处理的复合型污染物。重金属污染防治学科基础与科学认知能力尚待系统深化，重金属与人体健康风险关系研究刚刚起步，标准规范与管理决策仍需有力的科学支撑。我国重金属污染防治的科技支撑能力亟需加强。

为推动我国重金属污染防治及相关领域的发展，组建了"重金属污染防治丛书"编委会，各分册主编来自中南大学、广州大学、浙江工业大学、中国地质大学（北京）、北京师范大学、山东大学、昆明理工大学、南京大学、东华理工大学、华中农业大学、华北电力大学、同济大学、武汉科技大学等高校和生态环境部华南环境科学研究所（生态环境部生态环境应急研究所）、中国科学院地球化学研究所、中国科学院生态环境研究中心、广东省科学院生态环境与土壤研究所、中国科学院过程工程研究所等科研院所，都是重金属污染防治相关领域的领军人才和知名学者。

丛书分为八个版块，主要包括前沿进展、多介质协同基础理论、水/土/气/固多介质中重金属污染防治技术及应用、毒理健康及放射性核素污染防治等。各分册介绍了相关主题下的重金属污染防治原理、方法、应用及工程化案例，介绍了一系列理论性强、创新性强、关注度高的科技成果。丛书内容系统全面、案例丰富、图文并茂，反映了当前重金属污染防治的最新科研成果和技术水平，有助于相关领域读者了解基本知识及最新进展，对科学研究、技术应用和管理决策均具有重要指导意义。丛书亦可作为高校和科研院所研究生的教材及参考书。

丛书是重金属污染防治领域的集大成之作，各分册及章节由不同作者撰写，在体例和陈述方式上不尽一致但各有千秋。丛书中引用了大量的文献资料，并列入了参考文献，部分做了取舍、补充或变动，对于没有说明之处，敬请作者或原资料引用者谅解，在此表示衷心的感谢。丛书中疏漏之处在所难免，敬请读者批评指正。

柴立元

中国工程院院士

前　言

我国有色金属行业在国民经济中占有重要的地位。随着经济的快速发展，有色金属冶炼行业在我国也取得了显著的进步。然而，有色金属行业的快速发展也带来了大气污染和温室气体排放的问题。有色金属行业的冶炼、加工过程中会产生大量废气，具有排放量大、成分复杂等特点，废气中含有二氧化硫、氮氧化物等传统气态污染物，还可能含有汞、铅等重金属，以及酸、碱、油雾等较难处理的无机物成分，治理难度较大，对人体健康和生态环境的危害程度较大。此外，有色金属生产过程中产生的二氧化碳等温室气体还会引起温室效应，带来严重的环境问题。为此笔者撰写《有色金属行业大气污染物与温室气体协同控制》一书，以满足相关行业从业人员进修和相关专业研究生课程学习的需要。

本书分为 7 章。第 1、2 章重点介绍铜、铅、锌、铝、硅、锰等有色金属行业和有色工业园区概况与大气污染物排放基本情况、排放标准。第 3~7 章是本书的核心，介绍各有色金属行业主要工艺情况、大气污染物与温室气体产排污特点，侧重点是大气污染物与温室气体协同控制技术。

本书编写具体分工为：第 1 章宁平、黄小凤；第 2 章李凯、张冬冬、李坤林；第 3 章王君雅、曲涛；第 4 章李原、王飞；第 5 章孙鑫、赵劫、包双友；第 6 章史建武、李彬；第 7 章贾丽娟、施磊。在此向各位老师表示衷心感谢。研究生黄冰瑶、梁一菲和曾子弱等参与了书稿的编写整理与校对工作。

限于时间关系，本书难免存在不足之处，敬请读者指正。

作　者

2024 年 5 月 14 日

目　　录

第1章 绪 论

冶金，是指从矿物中提取金属或金属化合物，用各种加工方法将金属制成具有一定性能和应用价值的金属材料的过程和工艺。冶金的技术主要包括火法冶金、湿法冶金及电冶金。冶金是国民经济发展不可或缺的重要基础和工业化支柱，为航空航天、国防军工等重大战略工程提供关键原材料。不论是钢铁工业或是有色金属工业冶金过程产生的烟气和烟尘都会污染大气环境，主要表现为烟尘、SO_2、氮氧化物（NO_x）等的排放。本章简要介绍铜、铅锌、铝、硅、锰冶炼行业和有色工业园区的发展，以及大气污染物排放现状与政策标准。

1.1 铜冶炼行业大气污染物排放现状

1.1.1 铜冶炼行业发展现状及趋势

根据《国民经济行业分类》（GB/T 4754—2017）对铜冶炼行业的定义，铜冶炼指对铜精矿等矿山原料、废杂铜料进行熔炼、精炼、电解等提炼铜的生产活动。目前世界上生产电解铜的冶炼方法主要分为两大类，即火法冶炼和湿法冶炼。此外随着再生资源利用率的提高，以废铜为原料的再生冶炼规模也在逐渐扩大。三种不同铜冶炼工艺对比见表1.1。

表 1.1 不同铜冶炼工艺

冶炼工艺	冶炼原料	工艺流程	适用原料	主要产品	冶炼炉/冶炼技术
火法冶炼	矿铜	选矿—熔炼—精炼	硫化矿	阴极铜	双闪炉
湿法冶炼	矿铜	浸出—萃取—电积	氧化矿	电积铜	堆浸
再生冶炼	废铜	根据原料品位分为一段法、二段法和三段法	废铜、铜合金、含铜废料	阴极铜	卡尔多炉

再生铜冶炼是指废杂铜、含铜污泥等原料经过预处理后，通过火法熔炼产出阳极铜，阳极铜再经电解精炼产出电解铜（阴极铜）的过程。再生铜的生产过程包括原料预处理、粗铜熔炼、阳极炉精炼、电解精炼、公用设施 5 个单元。熔炼单元熔炼炉包括阳极炉、倾动式精炼炉、NGL 炉、旋转顶吹炉、精炼摇炉、卡尔多炉等；电解精炼设备包括电解槽、电解液循环槽、蒸发浓缩器、结晶器、电积槽等；公用设施包括为生产提供汽、热的锅炉等。

铜冶炼产业链上游为铜矿石采选及废铜回收环节；中游为冶炼环节，铜矿石或废铜在这一环节通过电解、熔炼、精炼等步骤提炼出电解铜；下游为加工和应用环节，主要将电解铜通过压延、锻造等多种方式加工成各种形态的铜材，然后进一步加工成铜制品，广泛应用于不同领域。

下游应用领域可大致分为传统领域与新能源领域，传统领域主要包括电力设施、空调制冷、交通运输、电子产品、工程建设等。传统领域当前用铜基数大，但增速趋缓。在"双碳"背景下，未来以新能源汽车、风电、光伏为代表的新能源领域将迎来发展契机，对电网建设的推动、单车耗铜量的增加、充电桩等设施的全面建设或将为铜冶炼行业带来新的需求增量。我国是全球最主要的精炼铜产量增长贡献国，2022 年我国精铜产量在全球占比达到 43.1%，位居世界首位。目前我国冶炼产能仍处于高速扩张期，精炼铜产量将保持在较高水平。

随着经济复苏，各行各业的用铜需求量也越来越大。全球主要发达国家的经济复苏，尤其是欧美高调推动制造业回归，使得产业重拾高速扩张态势。我国是世界第一的铜消费国，国内铜终端消费结构有别于全球。随着工业经济加速发展，除我国以外的发展中国家对精炼铜需求的增长将更为显著。由于我国经济增长迈入转型升级期，预计我国精炼铜需求增速中长期将逐步放缓，未来建筑领域用铜量将下滑，交通和机械等领域用铜量将增长。

从我国国民经济规划中铜冶炼相关政策规划的演变来看，从"八五"计划中提出创造条件发展铜，加强矿山建设，使采矿、选矿、冶炼和加工能力之间趋向平衡，到"十四五"规划中指出改造提升传统产业，推动有色等原材料产业布局优化和结构调整，完善绿色制造体系。我国铜冶炼行业相关政策导向经历增产能、扩规模到优化结构、绿色高效的转变。目前我国铜冶炼行业整体水平较高，精炼铜产量常年居全球首位。在"双碳"的新时期发展背景下，绿色化、智能化成为行业主旋律，高质量发展是行业必然趋势。

1.1.2　铜冶炼排放现状

铜冶炼产生的有组织废气中的颗粒物含铅及其化合物、砷及其化合物、汞及其化合物、镉及其化合物，通常采用湿法除尘器、袋式除尘器、静电除尘器等处理即可满足排放标准限值要求；冶炼炉窑产生的 SO_2，通常采用石灰-石膏法、有机溶液循环吸收法、金属氧化物吸收法、活性焦吸附法、氨法吸收法、双碱法等处理即可满足排放标准限值要求。

再生铜排污单位有组织废气主要产生于原料预处理、粗铜熔炼、阳极炉精炼、电解精炼等生产工序，主要污染物为颗粒物、SO_2、氮氧化物、重金属、二噁英类。原料预处理废气来源于抓斗装卸料、加料设备、原料分选设备、皮带运输、转运过程，主要污染物是颗粒物，经袋式除尘器收尘后排放，如有烘干炉装置需要对物料进行烘干处理的，烘干炉烟气主要污染物是颗粒物、SO_2、重金属、二噁英类，经除尘、脱硫、去除二噁英类装置后排放；粗铜熔炼废气来源于熔炼炉在熔炼过程中产生的烟气，经除尘、脱硫、去除二噁英类装置后排放；阳极炉精炼废气来源于阳极炉在精炼过程中产生的废气，经除尘、脱硫、去除二噁英类装置后排放；电解精炼废气主要为阳极铜电解过程中电解液挥发及电解液净化单元产生的硫酸雾，电解液净化单元产生的硫酸雾经酸雾吸收塔处理后排放，电解过程电解液挥发产生硫酸雾的部分排污单位经收集处理后排放，多数排污单位无处理设施通过车间无组织逸散。各熔炼炉加料口、排渣口、出铜口等处产生的逸散烟气，通过设置环境集烟装置收集后，经除尘、脱硫后排放。

1.1.3 排放标准及政策

根据《铜、镍、钴工业污染物排放标准》（GB 25467—2010）及修改单相关规定，铜工业企业生产过程中的大气污染物排放管理执行表 1.2 规定的大气污染物排放限值。

表 1.2 铜工业企业大气污染物排放限值 （单位：mg/m³）

生产类别	工艺或工序	限值							污染物排放监控位置
		二氧化硫	颗粒物	砷及其化合物	硫酸雾	铅及其化合物	氟化物	汞及其化合物	
铜冶炼	全部	400	80	0.4	40	0.7	3.0	0.012	车间或生产设施排气筒

根据国家环境保护工作的要求，在国土开发密度较高、环境承载能力开始减弱，或大气环境容量较小、生态环境脆弱，容易发生严重大气环境污染问题而需要采取特别保护措施的地区，应严格控制企业的污染物排放行为，在上述地区的企业执行表 1.3 规定的大气污染物特别排放限值。

表 1.3 铜工业企业大气污染物特别排放限值 （单位：mg/m³）

生产类别	工艺或工序	限值								污染物排放监控位置
		二氧化硫	颗粒物	砷及其化合物	硫酸雾	铅及其化合物	氟化物	汞及其化合物	氮氧化物（以 NO_2 计）	
铜冶炼	全部	100	10	0.4	20	0.7	3.0	0.012	100	车间或生产设施排气筒

再生铜工业企业生产过程中的大气污染物排放管理遵循《再生铜、铝、铅、锌工业污染物排放标准》（GB 31574—2015），执行表 1.4 规定的大气污染物排放限值。

表 1.4 再生铜工业企业大气污染物排放限值 ［单位：mg/m³（二噁英类除外）］

序号	污染物项目	限值	污染物排放监控位置
1	二氧化硫	150	
2	颗粒物	30	
3	氮氧化物	200	
4	硫酸雾	20	
5	二噁英类	0.5 ng TEQ/m³	
6	砷及其化合物	0.4	车间或生产设施排气筒
7	铅及其化合物	2	
8	锡及其化合物	1	
9	锑及其化合物	1	
10	镉及其化合物	0.05	
11	铬及其化合物	1	

上述特殊地区的再生铜工业企业执行表 1.5 规定的大气污染物特别排放限值。

表 1.5　再生铜工业企业大气污染物特别排放限值　［单位：mg/m^3（二噁英类除外）］

序号	污染物项目	限值	污染物排放监控位置
1	二氧化硫	150	
2	颗粒物	30	
3	氮氧化物	200	
4	硫酸雾	20	
5	二噁英类	0.5 ng TEQ/m^3	
6	砷及其化合物	0.4	车间或生产设施排气筒
7	铅及其化合物	2	
8	锡及其化合物	1	
9	锑及其化合物	1	
10	镉及其化合物	0.05	
11	铬及其化合物	1	

1.2　铅锌冶炼行业大气污染物排放现状

1.2.1　铅锌冶炼行业发展现状及趋势

我国是铅锌资源十分丰富的国家，铅锌资源总量居世界第二位。丰富的资源为我国铅锌工业的发展提供了良好的基础，经过多年的发展，我国铅锌工业取得了长足的进展，铅锌产量逐年攀升，并在国际市场上逐渐占据龙头地位。矿产资源需求量：铜 650 万 t，铝 1 440 万 t，铅 260 万 t，锌 500 万 t，十种有色金属总量为 3 000 万 t。全球精炼锌供应趋紧，短缺扩大，原料面临资源瓶颈，锌中长期上行格局延续，锌价仍将振荡走高。首先，资源瓶颈显现，供应端受阻。受资源枯竭、铅锌冶炼行业成本增加等约束，全球多个矿山面临关闭，新增矿面临较大不确定性，锌矿产出增速已开始负增长，未来三年矿山供给会处于缺口状态。目前矿山产出已落后于增长放缓的锌产出增速。

我国铅锌产销规模已连续 20 年稳居世界第一，国内前十大铅、锌冶炼企业产量占比分别达到 44% 和 48%，与铜、铝产业集中度的差距在缩小。近年来，通过产业间、上下游兼并重组、资产整合等多种方式，我国逐步形成了一批具有全球影响力的铅锌企业。其中，2021 年中国铜业有限公司和紫金矿业集团股份有限公司的铅锌矿山生产规模已跻身全球前五名，河南豫光金铅股份有限公司、中国铜业有限公司、陕西有色金属控股集团有限责任公司等企业的铅锌冶炼产能均超过 60 万 t。

锌作为国内重要的有色金属之一，是建筑和基建等行业的关键原材料。在自然界中，锌以硫化矿和氧化矿存在，硫化矿占比较高，氧化矿一般是由硫化矿的长期风化产生的伴生矿。矿石种类主要有闪锌矿、菱锌矿、异锌矿及纤锌矿。矿山原料产品主要来自三个方面：锌矿、锌与其他金属的伴生矿及再生锌。锌产业链主要由上游矿山企业、中游冶炼企业及下游消费企业三部分构成。锌的主要应用形态之一是镀锌，镀锌钢材广泛应用于基础设施建设、建筑、汽车和家电，因此锌消费与这几个领域景气度密切相关。基础设施建设领域占国内锌消费量的 1/3，铁塔、电器设备、板房、钢结构、公路护栏、桥梁等需要大量镀锌管、板、线材和结构件。从终端消费领域来看，锌主要用于基础设施建设、建筑、汽车、日用消费品等领域，用途较为分散。

铅是基本金属中回收率最高的品种之一，全球再生铅中精铅占比超六成，国内占铅产量超四成。主要原因是铅应用整体单一，超八成铅用于铅蓄电池，加之铅蓄电池易回收，且回收铅蓄电池生产再生铅的成本低于原生铅。国家对铅酸电池行业的政策：一是在铅酸电池回收领域，鼓励企业规模化、标准化生产；二是铅酸电池应用新国标出台，标志着铅酸电池往"轻量高能"的技术方向发展。政策的实施淘汰了行业内落后产能，促进行业集中度进一步提升。

就我国铅产量变动情况而言，随着主要下游铅酸蓄电池产量持续增长，近年来我国铅产量持续增长。就我国铅进出口变动情况而言，国内整体铅矿资源丰富，但品位不高，加之过去国内过度开采现象严重，整体铅进口量远高于出口量，出口仅占进口的 1/4 000 左右。就进口来源而言，我国铅砂矿及其精矿进口来源国主要为俄罗斯、美国和土耳其，其进口量占比近五成。

铅行业的下游消费领域主要包括电池、涂料、板材、合金、电缆护套等。从铅的消费结构来看，电池生产占铅行业需求的八成以上，随着消费电子和汽车电子产业持续扩张，铅酸蓄电池产量持续增长，统计局数据显示，2021 年我国铅酸蓄电池产量达 25 187.4 万 kVAh，目前汽车领域铅酸蓄电池不具备优势，但整体需求仍持续增长，工业电池和启动用蓄电池增长空间较大。

铅下游主要为铅酸蓄电池，基本决定了铅的整体需求，而铅酸蓄电池根据具体用途可分为起动电池、动力电池、备用电源及储能电池 4 类。其中，启动电池是铅酸蓄电池最主要的用途。近年来，虽然锂离子电池广泛应用于新能源汽车领域，但是铅酸电池凭借其生产技术成熟、工作温度范围宽、安全性高、成本低等优势，仍将是汽车起动、启停领域的主流选择，短期内仍存在一定发展空间。

不同于新能源战略金属的投资热潮，近年来，全球铅锌资源的勘探投入和开采热度有所下降，全球资源储量及矿山生产量都进入了平台徘徊期。当前，全球矿业格局重构，资源所在国的产业链本土化进程加快，各国均在寻求途径降低资源对外依赖程度。2022 年，美国首次将锌列入关键矿产清单，加拿大等国提高对外关键矿产交易难度，这意味着中国很难从国外获得稳定的矿产进口。而我国在产铅锌矿山资源日益贫化，随开采程度加深，矿山开发难度上升，由于周边资源接续能力不足，环保、税收负担加重等原因，铅锌采选技术和水平受到制约。这给内外兼修保障资源供应链安全和稳定提出了新的要求。

铅锌行业发展根基稳固，当前，正处于改革、发展与稳定三者之间再平衡的新时期，站在新时期的十字路口，铅锌行业企业要充分认识当前产业发展所处的阶段，抓住产业结构转型升级的关键时期。一是加快实现铅锌行业绿色低碳转型升级。严控产能总量，抑制产能盲目扩张；推动铅锌行业企业集中集聚发展，形成规模效益；发挥铅锌冶炼的载体作用，强化和畅通与区域经济圈内能源、钢铁、化工、环保等领域耦合，实现资源能源梯级利用及固废资源循环衔接。二是提升产业链供应链韧性和安全水平。不断加大国内资源勘探和现有矿山深、边部找矿力度，抓住矿业政策"松绑"的窗口期，提升增储上产自给能力；加强二次资源综合回收利用，完善回收体系，提升循环利用水平；积极参与国际矿业开发和深度合作，适时调整贸易政策，充分利用两种资源两个市场，努力推动构建国际铅锌产业命运共同体。三是抓住储能产业高速发展机遇，适应新时代绿色储能产品需求，开展上下游产学研用联合，研发满足需求的低成本铅锌高端材料，通过新产品开发、推广及商业模式创新，将铅锌金属低成本绿色载能材料的特性进一步放大。

1.2.2　铅锌冶炼排放现状

铅冶炼生产过程中，废气主要污染物包括二氧化硫、氮氧化物、硫酸雾、颗粒物及重金属等。铅冶炼生产过程中的主要工业炉窑污染源和污染物种类见表 1.6。锌冶炼火法冶炼过程中的大气污染物主要来自烧结过程中产生的含烟尘和二氧化硫的烟气，该烟气经除尘处理后进入制酸系统用以生产硫酸。湿法冶炼工艺中大气污染物主要来源于焙烧过程，产生的冶炼烟气与火法冶炼一样进入制酸系统生产硫酸（金尚勇，2019；赵桂久 等，1989）。锌冶炼生产过程中的主要工业炉窑污染源和污染物种类见表1.7。

表 1.6　铅冶炼生产过程中主要工业炉窑污染源和污染物

污染源	主要污染物
制酸系统（熔炼炉）废气	颗粒物、铅及其化合物、汞及其化合物、镉及其化合物、砷及其化合物、二氧化硫、氮氧化物、硫酸雾
还原炉+烟化炉废气	颗粒物、铅及其化合物、汞及其化合物、镉及其化合物、砷及其化合物、二氧化硫、氮氧化物
熔炼炉、还原炉、烟化炉环境集烟	
熔铅（电铅）锅废气	颗粒物、铅及其化合物
浮渣反射炉废气	颗粒物、铅及其化合物、汞及其化合物、镉及其化合物、砷及其化合物、二氧化硫、氮氧化物

表 1.7　锌冶炼生产过程中主要工业炉窑污染源和污染物

污染源	主要污染物
制酸系统废气（沸腾焙烧炉烟气、烧结烟气）	颗粒物、铅及其化合物、汞及其化合物、镉及其化合物、砷及其化合物、二氧化硫、氮氧化物、硫酸雾
烟化炉废气	颗粒物、铅及其化合物、汞及其化合物、镉及其化合物、砷及其化合物、二氧化硫、氮氧化物
挥发窑废气	
多膛炉废气	
焦结蒸馏系统废气	
旋涡炉	
锌精馏系统废气	
烧结机头废气	
密闭鼓风炉环境集烟	
电炉环境集烟	
锌熔铸炉	颗粒物、锌及其化合物

铅锌冶炼工业炉窑大气污染治理技术主要包括除尘技术、脱硫技术、脱硝技术（温珺琪，2019；闫静 等，2016）。根据《第一次全国污染源普查工业污染源产排污系数手册》（2010 修订版）、《铅锌行业重金属产排污系数使用手册》及铅锌冶炼行业重金属产排污系数相关研究成果（陈德容 等，2021），铅冶炼富氧底吹-鼓风炉炼铅工艺（水山口法，即 SKS 法）、直接炼铅工艺和密闭鼓风炉工艺的大气污染物排放情况见表 1.8；富氧底吹-鼓风炉炼锌工艺、直接炼锌工艺和密闭鼓风炉工艺的大气污染物排放情况见表 1.9。

表 1.8　铅冶炼大气污染物排放情况

富氧底吹-鼓风炉炼铅工艺					
大气污染物种类	烟尘	SO$_2$	Pb	As	Hg	Cd
质量分数/（g/t 产品）	1 196	5 911	57.73	4.57	0.151	1.68
直接炼铅工艺					
大气污染物种类	烟尘	SO$_2$	Pb	As	Hg	Cd
质量分数/（g/t 产品）			22.18	1.818	0.113	0.937
密闭鼓风炉工艺					
大气污染物种类	烟尘	SO$_2$	Pb	As	Hg	Cd
质量分数/（g/t 产品）	2 320	9 630	118.2	6.51	0.456	3.614

表 1.9　锌冶炼大气污染物排放情况

富氧底吹-鼓风炉炼锌工艺					
大气污染物种类	烟尘	SO$_2$	Pb	As	Hg	Cd
质量分数/（g/t 产品）	9 169	37 065	5.67	3.8	0.383	5.667
直接炼锌工艺					
大气污染物种类	烟尘	SO$_2$	Pb	As	Hg	Cd
质量分数/（g/t 产品）	3 665	19 260	118.2	6.51	0.456	3.614
密闭鼓风炉工艺					
大气污染物种类	烟尘	SO$_2$	Pb	As	Hg	Cd
质量分数/（g/t 产品）	853	15 120	2.427	0.955	0.203	1.108

1.2.3　排放标准及政策

根据《铅、锌工业污染物排放标准》（GB 25466—2010）及修改单相关规定，铅锌工业企业生产过程中的大气污染物排放管理执行表 1.10 规定的大气污染物排放限值。

表 1.10　铅锌工业企业大气污染物排放限值　　　　（单位：mg/m³）

序号	污染物项目	适用范围	限值	污染物排放监控位置
1	二氧化硫	所有	400	车间或生产设施排气筒
2	颗粒物	所有	80	
3	硫酸雾	制酸	20	
4	汞及其化合物	烧结、熔炼	0.05	
5	铅及其化合物	熔炼	8	

再生铅锌工业企业生产过程中的大气污染物排放管理遵循《再生铜、铝、铅、锌工业污染物排放标准》（GB 31574—2015），执行表 1.11 规定的大气污染物排放限值。

表 1.11　再生铅锌工业企业大气污染物排放限值　［单位：mg/m³（二噁英类除外）］

序号	污染物项目	限值		污染物排放监控位置
1	二氧化硫	150		车间或生产设施排气筒
2	颗粒物	30		
3	氮氧化物	200		
4	硫酸雾	20		
5	二噁英类	0.5 ng TEQ/m³		
6	砷及其化合物	0.4		
7	铅及其化合物	再生铅	2	
		再生锌	1	
8	锡及其化合物	1		
9	锑及其化合物	再生铅	1	
10	镉及其化合物	0.05		
11	铬及其化合物	1		

根据国家环境保护工作的要求，在国土开发密度较高、环境承载能力开始减弱，或大气环境容量较小、生态环境脆弱，容易发生严重大气环境污染问题而需要采取特别保护措施的地区，应严格控制企业的污染物排放行为，在上述地区的企业执行表 1.12 规定的大气污染物特别排放限值。

表 1.12　再生铅锌工业企业大气污染物特别排放限值　［单位：mg/m³（二噁英类除外）］

序号	污染物项目	限值	污染物排放监控位置
1	二氧化硫	100	车间或生产设施排气筒
2	颗粒物	10	
3	氮氧化物	100	
4	硫酸雾	10	

序号	污染物项目	限值		污染物排放监控位置
5	二噁英类	0.5 ng TEQ/m³		
6	砷及其化合物	0.4		
7	铅及其化合物	再生铅	2	车间或生产设施排气筒
		再生锌	1	
8	锡及其化合物	1		
9	锑及其化合物	再生铅	1	
10	镉及其化合物	0.05		
11	铬及其化合物	1		

在全球能源转型的大背景下,绿色发展、低碳发展已成为产业永续发展的必由之路,同时,也为破解困境创造了新机遇。例如,《有色金属行业碳达峰实施方案》对铅锌行业提出了具体目标和任务,其中产业结构调整方面,提出了要防范铅锌冶炼产能盲目扩张,加快建立防范产能严重过剩的市场化、法治化长效机制;在加强关键技术攻关方面,提出了开展氨法炼锌等颠覆性技术攻关和示范应用;在节能低碳技术重点方向上,提出重点推广锌精矿大型焙烧技术、液态高铅渣直接还原技术等多项先进工艺技术的应用。

党的二十大报告提出,要建设现代化产业体系。推动制造业高端化、智能化、绿色化发展。推动战略性新兴产业融合集群发展,构建新一代信息技术、人工智能、生物技术、新能源、新材料、高端装备、绿色环保等一批新的增长引擎。

在协同发展方面,铅锌冶炼原料适应性强,是有色行业高效集约发展的重要载体。因此,强化产业协同耦合是未来重点方向,包括原生与再生、冶炼与加工产业集群化发展;石化化工、钢铁、建材等与铅锌行业耦合。同时环保绩效差、能效水平低、工艺落后的产能将在政策指引下加快退出,为铅锌行业转型升级和提质增效发展提供新动能。

在应用领域方面,2022 年中央经济工作会议强调,要把恢复和扩大消费摆在优先位置。铅锌在传统电池、钢材防腐领域有着不可替代的作用,"双碳"目标对材料领域提出了更高的要求。其中,绿色低碳的装配式钢结构建筑、地下管廊等钢铁行业高质量应用是实现碳峰的关键领域,风力、光伏、水电等绿色能源储能需求增长的巨大潜力,都将给铅锌材料提供更广阔的应用前景,铅锌作为重要基础原材料的产品附加值也将随之提升。

1.3 铝冶炼行业大气污染物排放现状

1.3.1 铝冶炼行业发展现状及趋势

铝元素在地壳中的含量仅次于氧和硅,是地壳中含量最丰富的金属元素,并且是仅次于铁的全球使用第二多的金属,但直到 19 世纪人们才掌握了分离和生产纯铝的技术。

世界上几乎每个人都曾在某个时候使用过含铝的产品。无论是丰度、热容，还是抗拉强度等理想物理特性，铝被广泛用于商品中。它还可以无限循环利用，是世界基础设施的一部分。铝及铝合金因密度小、比强度高、耐腐蚀、易加工成形、导热导电性好和可回收利用等优点，被广泛应用于航空航天、建筑交通、电子通信和国防军工等领域。目前，铝合金是仅次于钢铁的第二大金属结构材料，正向着高强、高韧、耐腐蚀和材料/结构一体化方向发展。

铝土矿是世界上铝的主要来源。矿石必须首先经过化学处理以生产氧化铝。拜耳法是提取铝土矿的常用工艺。从铝土矿中去除杂质后得到氧化铝，这种氧化铝形成制造铝的原料。精炼的氧化铝在电解过程中被处理得到液态铝，然后被赋予不同的形状和尺寸。据估计，全球铝土矿资源量为 550 亿～750 亿 t，按照目前的开采速度，这些储量将持续 250～340 年。

我国铝产业起步较晚、根基较弱，经历了从无到有、从小到大的艰难历程，也取得了令人骄傲的辉煌成就。目前，国内铝合金材料的研究基础还比较薄弱，具体表现在自主开发的牌号较少，技术领域所需的大规格高性能铝合金材料还处在攻关时期。加强铝合金材料的基础研究，是推动铝合金材料和产业发展的关键。我国是铝产品生产和消费的大国，铝产量约占全球总产量的 60%。同时，随着我国铝材加工技术的不断进步，我国已经成为铝材的出口大国。我国的铝土矿储量并不丰富，但近年来，我国的铝土矿产量一直位居世界前列。调查数据显示，我国铝土矿年产量约为 6 800 万 t，约占全球总产量的 23%。从长期来看，相对较高的开采量和较少的资源储量将导致我国铝土矿供应短缺。

电解铝就是通过电解得到的铝。现代电解铝工业生产采用冰晶石-氧化铝熔盐电解法。熔融冰晶石是溶剂，氧化铝作为溶质，以炭素体为阳极、铝液为阴极，通入强大的直流电后，在 950～970 ℃下，在电解槽内的两极上进行电化学反应，即电解。铝电解生产可分为侧插阳极棒自焙槽、上插阳极棒自焙槽和预焙阳极槽三大类。当前世界上大部分国家及生产企业都在使用大型预焙槽，槽的电流强度很大，不仅自动化程度高、能耗低、单槽产量高，而且满足了环保相关法律法规的要求。

我国电解铝消费终端以建筑、电子电力、交通运输为主。其中建筑行业用铝以竣工房屋的门窗、幕墙、装饰等场景为主；电子电力行业用铝以电源端和输电端为主；交通运输行业用铝以汽车、轨道交通为主。上述三个行业用铝量约占国内电解铝实际消费量的 65%～70%，耐用消费品、机械设备、包装及下游铝材的出口等其他领域用铝量约占国内电解铝实际消费量的 30%～35%。房地产市场持续降温，中长期看建筑行业铝消费增长将承压，市场增速保持低迷状态，预计建筑行业铝消费增速中长期增长空间有限。

铝产业属于朝阳产业，具有蓬勃的生命力，是材料产业的重要组成部分。近十年来，随着国内铝产业发展速度的加快，其产业规模和生产技术等方面已接近世界水平，成功培育了多个享誉全球的现代化铝业集团公司，研发了一系列高性能的新型铝合金。铝土矿筛选、氧化铝提纯、电解铝降耗、铝合金铸造、（深）加工及质量检测等技术不断推新，向安全节能、短程连续、高效精准等方向发展；相关技术装备持续升级，朝智能、精密、紧凑等方向改进，加快了我国铝产业向现代化进军的步伐。

近年来，我国铝行业的发展趋势主要体现在以下几个方面。①技术创新：为了提高生产效率和产品质量，减少环境污染，我国铝行业正在积极引进和开发新的生产技术和设备。②绿色发展：在国家政策的推动下，我国铝行业正在努力实现绿色、可持续的发展，包括提高能源效率，减少废弃物排放，推广循环经济等。③市场调整：随着全球经济的变化和国内外市场需求的变化，我国铝行业正在进行市场调整，包括优化产品结构、开拓新的市场等。④国际合作：我国铝行业正在加强与国际同行的合作，包括技术交流、产品贸易、共同开发新的应用领域等。

技术发展方面取得了如下成果。

（1）开发新型铝电解槽技术。我国何季麟院士团队经过多年研究开发，在铝电解槽"输出端"节能领域进行了长期不懈地探索，相继突破铝电解槽热特性优化控制理论、槽体散热高效聚集及铝电解炉回收热能工业化应用等领域技术难题。该团队与美国、挪威、加拿大等国家广泛开展国际合作，成功研制具有自主知识产权的工业铝电解槽双端节能关键技术和成套工业系统，并首次在 400 kA 大型铝电解槽上获得成功应用，回收热能与巩义市城市供热总站和 300 MW 火电机组回热系统实现联网；实现了控制变量与控制目标的"解耦"，为进一步实现电解铝"输入端节能"的极限优化工艺生产奠定了基础，进一步降低电能消耗；成功研制了电解铝专用"高效集热装置"，通过国际合作成功开发国际领先的核心技术，并实现了关键设备的量产。

（2）等离子炬技术成功应用于危险铝废料回收工艺。Europlasma 集团是一家法国公司，近 30 年来，该公司专有技术一直基于其等离子炬技术，该技术能够产生非常高的温度。2022 年 1 月 31 日，在带有等离子炬的中试炉上，铝渣处理和回收试验取得了成功。该公司通过创新工艺，展示了将有毒的铝废料最终转化为高价值、无害的原材料的可能性。与杭州高校合作进行的试验表明，在工业化前的规模上，这种新工艺可以去除废物中的有害元素（氮化物、氯化物和氟化物），回收纯度超过 70% 的氧化铝。换言之，这种从铝废料中回收的材料可以全部或部分替代原材料，特别是在耐火材料中，或在许多应用中用作添加剂。该处理工艺既可以消除铝回收工业中存在的大量废物，也可以在遇到水时消除潜在的危险，并减少原材料开采和有害产品的共同生产。

（3）DX+Ultra 技术。在电解铝生产中，增加电解槽电流强度为提高铝产量提供了潜力，同时降低了建造新电解槽的吨铝成本，并提高了现有电解槽的生产率。但面临的挑战是随着电流强度的升高如何保持电解槽内热和磁的稳定性。位于拜迪杰贝勒阿里的 EGA Eagle 研发中心实现了 500 kA 技术的里程碑，为 EGA 位于 Al Taweelah 铝冶炼厂电解槽 3 系列 458 台电解槽的升级做准备是可行性工作的一部分，该电解槽系列有 444 个 DX 电解槽和 14 个 DX+Ultra 电解槽。与 EGA 目前的最大电解槽工作电流相比，将电流提升到 500 kA 预计可将产量提高 5%。DX+Ultra 是 EGA 最新的完全工业化技术。

1.3.2　铝冶炼排放现状

有色冶金工业碳排放包括 4 个方面：一是燃料燃烧排放，有色冶金工业有大量的各种类型的固定或移动的燃烧设备（如锅炉、窑炉、内燃机等），煤炭、燃气、油料等燃料在其中与氧气充分燃烧，产生 CO_2 排放；二是能源作为原材料用途的排放，因为其本身也是优质的碳质还原剂；三是有色冶金工业生产过程中的排放，包括有色冶金过程中大量反应产生的一些温室气体，以及有些电极的燃烧产生的温室气体；四是净购入的电力、热力消费产生的排放。

2018 年，全球铝产量为 9 500 万 t，其中，原铝产量为 6 400 万 t，再生铝产量为 3 100 万 t。全球铝行业 CO_2 排放量达 11.3 亿 t 当量。同期，我国铝产量为 4 275 万 t，其中，原铝产量为 3 580 万 t，再生铝产量为 695 万 t，我国铝行业 CO_2 排放量达 5.2 亿 t 当量。铝行业包括原铝生产（铝采矿开采、氧化铝生产、阳极生产、电解铝生产）、再生铝、铝加工及产品制造等产业链，其中原铝生产 CO_2 排放量约占铝行业 CO_2 排放量的 94.85%，见图 1.1。

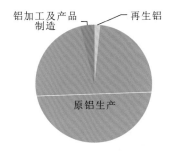

图 1.1　铝行业中各产业 CO_2 排放占比

在原铝生产中，能源消耗排放的 CO_2 占比较大，达到 77.4%（其中，电能消耗排放的 CO_2 量约占 64.3%，热能消耗排放的 CO_2 量占比 13.1%），见图 1.2。

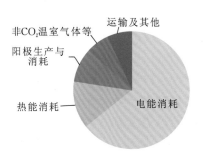

图 1.2　原铝生产中各排放源占比

与欧美电解铝企业相比，我国电解铝行业在电解环节上的排碳量较高，主要原因是国内原铝电力能源严重依赖火电。据统计，2020 年底，我国电解铝运行产能消耗的自备电占比 65.2%，网电占比 34.8%。其中，自备电全部为火电，网电按照各区域电网的发电结构进行划分。经测算，在电解铝的能源结构中，火电占比 88.1%，非化石能源占比 11.9%。目前，原铝生产最典型的生产工艺仍为冰晶石-氧化铝熔盐电解法（霍尔-埃鲁特熔盐电解法）。经过 100 多年来的持续工艺优化，氧化铝、电解铝生产工艺指标潜力挖掘已接近极限，在没有发生颠覆性生产工艺改变的条件下，铝冶炼各项指标下降空间有限。铝冶炼生产中，低温余热回收、无废冶金、惰性阳极、高效超低能耗铝电解、CO_2捕集利用等零碳、负碳核心技术的储备不足。我国再生铝产量与国际平均水平存在较大差距。

铝冶炼行业是有色金属行业 CO_2 排放的核心，也是技术研发的重点领域，目前已开展或待开展研发项目包括：氧化铝焙烧炉余热利用技术开发与应用、机械蒸汽再压缩（mechanical vapor recompression，MVR）蒸发技术在氧化铝生产中的应用、精细氧化铝嫁接拜耳法低碳生产技术开发与示范、氧化铝焙烧炉烟气回收 CO_2 用于精细氧化铝生产技术开发与示范、铝电解节能技术集成工业试验及推广、电解铝系列柔性错峰生产关键核心技术、铝电解槽热特性优化模型、铝电解槽能量流调控与工艺条件优化。

2021 年 3 月，国际铝业协会发布了《2050 年铝业温室气体减排路径》，提出全球铝行业温室气体减排目标：到 2050 年，在全球铝产量 17 000 万 t（其中原铝产量 9 000 万 t）条件下，全球铝行业覆盖全产业链（铝土矿、氧化铝及电解铝生产、铝加工制造，以及废料回收、再生）的排放总量为 2.5 亿 t CO_2 当量；其中，所有与原铝生产相关的工艺流程（特别是冶炼过程）中耗电产生的排放量接近零，直接排放为 2 亿 t CO_2 当量，回收和制造过程中的燃料燃烧和电力消耗排放 0.5 亿 t CO_2 当量。

多方测算表明，节能和提高能源利用效率对我国实现碳排放达峰目标的贡献在 70%以上，可再生能源和核电的贡献接近 30%。因此，要实现碳达峰、碳中和，应加大节能技术及设备的推广应用，创新合同能源管理等第三方节能服务模式，推进节能技术、节能设备、能源梯级利用和余热利用，使提高能源利用效率的项目落地；加强全流程、全链条、全要素对标管理，进行节能诊断，发现差距，开展精益管理，以持续改进为载体，挖掘节能降耗潜力，优化技术经济指标。

优化能源结构，收缩电解铝火电产能，增加清洁能源使用比例，是实现铝行业碳达峰、碳中和最直接和最有效的途径。主要措施包括：①淘汰燃煤自备电厂，或者通过自备机组发电权置换，利用清洁能源置换火电；②对自备电厂进行清洁化改造，用低碳或零碳能源替代燃煤；③利用企业厂房及周边环境，建设风、光电站，配合储能技术，实现清洁能源直供；④依托水电、核电资源，置换电解铝产能，实现清洁能源直接利用；⑤推行低碳运输，逐步引进电动、氢能运输车辆。

整合国内科研院所，组建中国有色金属行业低碳绿色发展创新平台，围绕节能降碳、清洁生产、清洁能源等领域布局前瞻性、战略性、颠覆性项目，实施绿色技术攻关行动，力争在铝行业中实现无废冶金、高效超低能耗铝电解槽、惰性阳极，以及 CO_2 捕集、利用和封存技术等方面取得突破，为绿色发展提供技术支撑。

1.3.3 排放标准及政策

根据《铝工业污染物排放标准》（GB 25465—2010）及修改单相关规定，铝工业新建企业生产过程中的大气污染物排放管理执行表 1.13 规定的大气污染物排放浓度限值。

表 1.13 铝工业新建企业大气污染物排放浓度限值 （单位：mg/m³）

生产系统及设备		限值				污染物排放监控位置
		颗粒物	二氧化硫	氟化物（以 F 计）	沥青烟	
矿山	破碎、筛分、转运	50	—	—	—	
氧化铝厂	熟料烧成窑	100	400	—	—	
	氢氧化铝焙烧炉、石灰炉（窑）	50	400	—	—	
	原料加工、运输	50	—	—	—	
	氧化铝贮运	30	—	—	—	
	其他	50	400	—	—	
电解铝厂	电解槽烟气净化	20	200	3.0	—	车间或生产设施排气筒
	氧化铝、氟化盐贮运	30	—	—	—	
	电解质破碎	30	—	—	—	
	其他	50	400	—	—	
铝用炭素厂	阳极焙烧炉	30	400	3.0	20	
	阴极焙烧炉	—	400	—	30	
	石油焦煅烧炉（窑）	100	400	—	—	
	沥青熔化	—	—	—	30	
	生阳极制造	50	—	—	20*	
	阳极组装及残极破碎	50	—	—	—	
	其他	50	400	—	—	

注：*混捏成型系统加测项目

根据国家环境保护工作的要求，在国土开发密度较高、环境承载能力开始减弱，或大气环境容量较小、生态环境脆弱，容易发生严重大气环境污染问题而需要采取特别保护措施的地区，应严格控制企业的污染物排放行为，在上述地区的铝工业企业执行表 1.14 规定的大气污染物特别排放浓度限值。

表 1.14 铝工业企业大气污染物特别排放浓度限值 （单位：mg/m³）

生产系统及设备		限值				污染物排放监控位置
		颗粒物	二氧化硫	氟化物（以 F 计）	沥青烟	
矿山	破碎、筛分、转运	10	—	—	—	
氧化铝厂	熟料烧成窑		100			车间或生产设施排气筒
	氢氧化铝焙烧炉、石灰炉（窑）		100			
	原料加工、运输	10				
	氧化铝贮运		—			
	其他		100			

生产系统及设备		限值				污染物排放监控位置
		颗粒物	二氧化硫	氟化物（以F计）	沥青烟	
电解铝厂	电解槽烟气净化		100	3.0		
	氧化铝、氟化盐贮运	10	—	—	—	
	电解质破碎		—	—	—	
	其他		100	—	—	
铝用炭素厂	阳极焙烧炉		100	3.0	20	车间或生产设施排气筒
	阴极焙烧炉		100	—	30	
	石油焦煅烧炉（窑）		100	—	—	
	沥青熔化	10	—	—	30	
	生阳极制造		—	—	20	
	阳极组装及残极破碎		—	—	—	
	其他		100	—	—	

再生铝工业企业生产过程中的大气污染物排放管理遵循《再生铜、铝、铅、锌工业污染物排放标准》（GB 31574—2015），执行表 1.15 规定的大气污染物排放浓度限值。

表 1.15　再生铝工业企业大气污染物排放浓度限值［单位：mg/m³（二噁英类除外）］

序号	污染物项目	限值	污染物排放监控位置
1	二氧化硫	150	
2	颗粒物	30	
3	氮氧化物	200	
4	氟化物	3	
5	氯化氢	30	
6	二噁英类	0.5 ng TEQ/m³	车间或生产设施排气筒
7	砷及其化合物	0.4	
8	铅及其化合物	1	
9	锡及其化合物	1	
10	镉及其化合物	0.05	
11	铬及其化合物	1	

上述特殊地区的再生铝工业企业执行表 1.16 规定的大气污染物特别排放浓度限值。

表 1.16　再生铝工业企业大气污染物特别排放浓度限值［单位：mg/m³（二噁英类除外）］

序号	污染物项目	限值	污染物排放监控位置
1	二氧化硫	100	
2	颗粒物	10	
3	氮氧化物	100	
4	氟化物	3	
5	氯化氢	30	
6	二噁英类	0.5 ng TEQ/m³	车间或生产设施排气筒
7	砷及其化合物	0.4	
8	铅及其化合物	1	
9	锡及其化合物	1	
10	镉及其化合物	0.05	
11	铬及其化合物	1	

为了推进产业结构调整，促进铝工业的持续健康发展，加强环境保护，综合利用资源，规范铝行业的投资行为，从国家到地方出台了一系列政策，为行业发展提供了良好保障。针对我国铝行业发展的情况，国家及相关部门先后出台了一系列法律法规和产业政策，以规范和推动铝型材行业的发展，具体情况如下。

2021 年 3 月发布的《中华人民共和国国民经济和社会发展第十四个五年规划和 2035 年远景目标纲要》提出，聚焦新一代信息技术、生物技术、新能源、新材料、新能源汽车、绿色环保以及航空航天、海洋装备等战略性新兴产业，加快关键核心技术创新应用，增强要素保障能力，培育壮大产业发展新动能。

2020 年 9 月发布的《关于扩大战略性新兴产业投资　培育壮大新增长点增长极的指导意见》提出，围绕保障大飞机、微电子制造、深海采矿等重点领域产业链供应链稳定，加快在光刻胶、高纯靶材、高温合金、高性能纤维材料、高强高导耐热材料、耐腐蚀材料、大尺寸硅片、电子封装材料等领域实现突破。

2020 年 3 月发布的《增材制造标准领航行动计划（2020—2022 年）》提出，制定铝合金、钛合金、钴铬合金、高温合金、不锈钢、模具钢、金属间化合物、非晶合金等金属材料及其复合材料等金属材料标准，明确专用材料的品质指标，提升性能稳定性要求。

1.4　硅冶炼行业大气污染物排放现状

工业硅是一种重要的金属硅产品，广泛应用于电子元件、太阳能电池板、半导体材料、船舶等领域。在当前科技快速发展的环境下，工业硅的需求量在不断增加。目前国内的硅冶炼企业位于湖南和云南地区。云南地区的工业硅生产以铜陵、楚雄、昆明等地为主，湖南地区以湘潭、长沙、岳阳等地为主，主要产品有冶金硅、电子级硅、太阳能硅、光伏硅。

工业硅冶炼以硅石与石油焦、洗精煤和木炭等碳质原料反应，通过电热法在矿热炉中熔炼生产工业硅（王忠顺，2021）。由于原料中采用石油焦（含硫量在 0.5%～5%）和洗精煤（含硫量在 0.2%～1%）等含硫原料，在高温焙烧下，产生大量的 SO_2 排放。烟气中 NO_x 则主要来源于预热区部分低挥发分煤、木炭和石油焦与空气接触燃烧（左鹏，2019）。矿热炉表面与环境空气接触的区域为炉料预热区，加入的炉料被下层反应区逸出的高温气体加热，同时逸出气体中可燃成分在料层表面燃烧，为 NO_x 的主要来源。生产过程中破碎、筛分、投料、精炼、定模浇铸等工序均产生颗粒物排放，造成大气污染。

1.4.1 硅冶炼行业发展现状及趋势

目前，我国已形成以西北、华东等地区为主的硅冶炼生产基地。2021 年，我国工业硅产量约为 520 万 t，继续保持全球第一。其中，电炉法硅材产量约为 290 万 t，占总量的 56%。具体来看，2021 年我国多晶硅产能约为 90 万 t，产量约为 76 万 t，同比增长 15.7%。单晶硅产能为 35 万 t，产量约为 30 万 t，同比增长 20%。这反映出下游领域对高品质硅材的需求拉动效应。此外，从地区分布来看，新疆作为我国光伏产业高地，硅材料产量占比进一步提升。四川、内蒙古等资源区也在加大硅材生产力度。这表明西部基地在产业布局中的战略地位更加凸显。

作为新材料和新能源的关键基础材料，工业硅在我国国民经济各个领域发挥着重要作用。改革开放 40 多年来，我国硅材料工业获得了长足发展，硅冶炼行业规模稳步扩大，技术水平不断提高，产业结构也得到优化。但硅冶炼行业仍然呈现出产能过剩状态，行业集中度较低。中小企业趋向于采用落后的高能耗技术，导致产品质量参差不齐。硅冶炼是能源密集型行业，有大量的 CO_2、SO_2、NO_x 排放，对环境造成的影响较大。在环保意识日益增强的情况下，企业必须采取更加环保的生产方式，减少对环境的影响。

随着光伏新能源、集成电路等下游领域需求快速增长，我国硅材料产业面临加快转型升级的重大机遇。未来发展趋势如下。

第一，绿色低碳发展成为主导方向。积极开发硅料预处理、煤炭综合利用等技术，推行节能环保的炉窑改造，降低硅冶炼的资源和环境成本。

第二，提质增效成为产业发展主线。淘汰落后产能，推广先进电炉法、气硅法等技术，提高精细化工业硅在产品结构中的比重，满足下游应用需求。

第三，行业集中度提高，形成气硅和电炉法并举的格局。龙头企业将依靠技术和资本实力优势，通过兼并重组进行产业整合。中小企业将在市场竞争中面临淘汰。

第四，加强技术创新和标准建设，提升产品质量。积极开发硅基新材料，拓展太阳能电池、蓄电池等高端应用领域。完善检测认证体系，推进行业信息化和智能化建设。

第五，优化布局，建设硅材料战略基地。按照"西部资源、东部市场"的思路，合理配置生产力布局。依托西北资源优势，建设国家级硅基地。

当前，我国硅冶炼行业正处于转型升级的攻坚期。要坚持创新驱动，推动产业链延伸；坚持绿色发展，建立清洁高效的生产方式；坚持结构调整，培育壮大龙头企业，使我国硅冶炼业迈向中高端水平。这需要政企密切配合，共同推进硅材料产业提质增效和可持续发展。

1.4.2　硅冶炼排放现状

硅冶炼作为重要的工业过程，在满足社会发展需求的同时，也伴随着一定程度的环境排放。硅冶炼产业主要涉及硅矿的提取和加工，主要的污染物包括颗粒物、苯系物、有机氯化物等。

从排放源看，硅冶炼的烟尘污染主要来自原料破碎、输送、高温反应等过程。硅粉尘较细小，易于飘散。氮氧化物、硫氧化物等气体污染物主要来自燃料燃烧和冶炼反应。有机污染物如苯并芘、多环芳烃等则主要来源于煤焦油等原料中含有的碳基组分。

我国硅冶炼企业传统工艺污染物排放量大。电炉法硅冶炼是尘污染重灾区，排放的氮氧化物、二噁英等也易超标。部分企业还采用高耗能、高排放的开炉法，这加剧了污染负荷。与发达国家相比，我国硅冶炼污染物治理水平仍较低。

近年来，在环保督察压力下，我国硅冶炼企业采取了一定治理措施。例如，改造封闭粉尘收集系统，安装除尘、脱硫、脱硝装置，以及开发新型环保硅炉窑等。但由于行业集中度不高，中小企业改造力度有限。总体上，硅冶炼污染防治任务依然艰巨。

展望未来，随着环保要求趋严，我国硅冶炼企业需要深入推进清洁生产，大力推广节能环保和资源节约工艺，降低污染物产生量。同时，加强端管控技术应用，提高治理效率。还需加强排放监测和执法检查，督促企业切实履行环保责任。只有系统推进技术创新和管理创新，才能从根本上解决硅冶炼污染问题，实现行业绿色可持续发展。

1.4.3　排放标准及政策

作为工业大国，我国的硅冶炼业排放量较大，也是主要的污染行业之一。为治理硅冶炼污染，我国先后制定实施了一系列的排放标准和政策。

在排放标准方面，《工业硅生产大气污染物排放标准》（T/CNIA 0123—2021）和《无机化学工业污染物排放标准》（GB 31573—2015）等对硅冶炼过程产生的烟尘、硫化物、氮氧化物、有机物等污染物排放进行系统规范。随着环保要求提高，这些标准的限值也在逐步收紧。2019 年，生态环境部修订的《挥发性有机物无组织排放控制标准》（GB 37822—2019）进一步加严了硅材生产企业的污染物排放控制指标。

在政策层面，国家先后出台了工业结构调整指导目录、差别电价政策等，通过淘汰落后产能，引导硅冶炼企业技术改造和升级。为鼓励企业改善生产工艺，减少污染物生成，财政部门也出台了技术改造补助资金支持政策。此外，生态环境部还推行了硅材生产企业排污许可证制度，实行污染物排放总量控制，强化对重点排污企业的管理。

各地方也相继制定了硅冶炼污染治理的配套政策。例如，内蒙古出台了气硅产业发展规划，支持企业改造气硅炉，降低二噁英等有机污染物的排放。四川、新疆等资源大省（自治区）也提供了技术改造补贴，用于支持硅冶炼企业改造烟气处理系统。可以看出，我国已初步建立起覆盖标准规范、经济政策和行政管理的硅冶炼污染治理政策体系。

但是，由于硅冶炼企业数量多、污染物种类复杂，治理任务依然艰巨。下一步还需继续加大技术创新力度，完善政策配套措施，并强化执行监管，促使各类硅冶炼企业全面达标排放，使硅冶炼真正实现绿色发展。这需要政企通力合作，以技术创新带动管理创新，共同推进我国硅冶炼产业转型升级。

1.5　锰冶炼行业大气污染物排放现状

随着世界经济的快速发展，锰冶炼行业已成为世界经济的重要支撑。锰是重要的合金元素，具有高机械强度、抗磨、抗腐蚀、抗退火等优良特性，广泛应用于钢铁、电解铝、电池、化工等行业。钢铁中加入锰元素，可以使钢材具有高强度、抗磨、抗腐蚀等优良性能。数据显示，每增加 1% 的锰，钢材的强度可提高 20% 以上，穿刺性、耐磨性、耐腐蚀性均有明显提高。因此，钢铁制造业是锰冶炼行业的主要消费领域。此外，随着工业智能化进程的加快，各种高端设备用的电石锰、电解金属锰等需求也在持续增长。锰在生产优质钢材等领域的应用将持续稳定，且在其他需求增长领域也有较高的增长潜力。

但是锰冶炼的燃煤量大，SO_2、NO_x 和颗粒物等污染物排放量居高不下。近年来，随着我国对环境保护力度的加大，华南等地区采取了较为积极的治理措施，取得了一定进展。但是就整体环境质量来说，空气质量仍然面临较大压力。

在污染治理技术方面，目前我国锰冶炼企业应用最广泛的技术是脱硫、除尘系统。近些年开始推广的预焙技术，可以有效减少氮氧化物排放，值得进一步推广。但是考虑治理成本和技术难度，预焙技术的应用还有一定局限。未来还需要持续开发适合我国国情的经济适用的脱硫除尘新工艺。

1.5.1　锰冶炼行业发展现状及趋势

作为钢铁合金的重要原料，锰对钢铁工业有着不可替代的重要作用。我国作为世界第一大钢铁生产国和消费国，也是全球最大的锰生产国和消费国。锰资源供给充足是支撑我国钢铁工业可持续发展的重要保障。改革开放 40 多年来，我国锰冶炼行业蓬勃发展，产量规模不断扩大，技术水平稳步提高，行业集中度持续增加。目前我国已形成以华南、华东为主的锰冶炼生产基地。

从发展现状看，2021 年我国锰矿石原矿产量约为 1600 万 t，电解锰产量约为 60 万 t 占全球的 37% 以上。但与钢铁产量相比，我国人均锰资源占有量偏低。锰冶炼行业总体规模较大但集中度不高，2021 年前十大锰冶炼企业的产能占全部产能的 35% 左右。技术上焙烧还原法广泛应用于中小企业，大企业则趋向采用更先进的氧气精炼。锰冶炼行业产品主要为中低端锰合金产品，高端电解锰等产品比例有待提高。

最近几年，在"西锰东运"的政策导向下，我国锰冶炼业正在逐步向资源区靠拢，华南地区作为主要的锰矿产区，正在成为锰冶炼业的新兴基地，预计未来青海、四川等西部省份的锰资源开发力度也会进一步加大，西部锰冶炼产业将获得快速发展。与此同时，部分锰冶炼龙头企业开始探索"矿山-冶炼"一体化运营模式，通过上下游整合，提高自给率，降低成本，增强企业抵御市场风险的能力。这种集采选-冶炼为一体的新模式，也将促进企业实现绿色智能化转型。

随着行业集中度提高，大型锰冶炼企业凭借规模效应进一步扩大市场份额，同时也加剧了中小企业的竞争压力，持续推进供给侧结构性改革，淘汰小散乱企业，让大企业做强做优，这将是加快结构调整的重要举措。近年来，我国钢铁去产能加速推进，对锰冶炼行业也产生了一定冲击，但从长远来看，这有利于钢铁行业结构优化，也给锰冶炼企业转型升级带来机遇。

未来发展趋势方面：一是行业集中度将持续提升，技术装备水平将进一步提高，行业整合将更加明显；二是绿色低碳发展将成为重要趋势，资源节约和环境友好型技术将引领产业升级；三是高端锰产品研发应用将不断扩大，满足功能材料、信息技术等领域需求；四是资源的全球配置调整，我国作为资源大国，将在全球锰资源供给链中发挥更大作用；五是加强行业标准建设，完善管理体系，推进锰冶炼产业优化升级。

展望未来，我国锰冶炼行业仍存在产能过剩、技术创新不足、结构升级缓慢、环境治理压力大等问题。要加快供给侧结构性改革，推动产业技术进步，提升锰资源开发和综合回收利用水平，实现锰冶炼行业高质量发展，这需要政企联动，加大科技创新投入力度，坚持可持续发展方向，以绿色发展推动钢铁等相关产业链的优化升级。

1.5.2　锰冶炼排放现状

我国是世界上最大的锰资源生产和消费国，锰冶炼行业的发展对我国经济发展具有重要意义。但是，锰冶炼过程中也会产生大量的废气排放，废气中主要包含 SO_2、氮氧化物、颗粒物等，这些污染物的排放已经对锰冶炼企业周边环境造成了一定程度的影响。

我国锰冶炼企业主要采用硫酸盐烧结法生产电解用锰锭，这种工艺过程中会消耗大量的煤炭资源，同时排放高浓度的 SO_2、氮氧化物和烟尘。锰冶炼贡献了我国钢铁行业 SO_2 排放量的 30%左右。氮氧化物排放量占钢铁行业的 10%左右。除此之外，锰冶炼过程中还会产生含铅、镉、砷[①]等重金属的粉尘污染。根据统计，我国现有锰冶炼企业 160余家，年锰产量超过 400 万 t，约占全球锰产量的 1/4。在冶炼过程中，每生产 1 t 锰会排放 8～12 kg 的 SO_2，以及一定量的氮氧化物和烟尘。部分企业污染治理设施落后，直接排放的烟气污染物浓度较高，严重影响了周边地区的空气质量。

针对锰冶炼污染的现状，近年来我国采取了一系列治理和控制措施。要求锰冶炼企业必须严格执行排放标准，加快污染治理设施建设，实现节能减排。一是推进清洁生产技术改造，增加烟气脱硫、除尘系统，并推广应用预焙技术，这在一定程度上减少了污染物的排放。二是实施差异化电价政策，限制高耗能、高污染的落后产能。三是加强排污许可证管理，实行污染物总量控制。四是完善锰冶炼污染治理标准，采取更严格的污染物排放限值。通过这些措施，未来我国锰冶炼污染问题有望进一步得到控制。但是整体来看，我国锰冶炼企业污染治理水平与发达国家还存在一定差距。许多企业仍处于传

---

① 砷不是重金属，而是一种类金属元素，因其许多性质与重金属相似，故在环境污染领域被视为重金属类别。

统的"治标不治本"阶段，仅依靠简单的末端治理如烟气脱硫、除尘等手段进行消极应对，并没有从根本上减少污染物的生成。先进的清洁生产技术和环保理念在锰冶炼行业的应用还有待推广。

总体来说，我国锰冶炼行业仍面临较大的环境压力。为进一步减少锰冶炼企业的污染排放，还需要从以下几个方面着手：一是继续推进污染治理技术进步，推广应用新型脱硫技术、烟气深度治理等高效综合治理工艺；二是调整产业结构，限制落后的小锰冶炼企业，支持大型企业改扩建采用清洁生产工艺；三是完善污染排放监测网络，实时监控企业的污染物排放情况；四是继续加大污染治理和节能减排的资金和技术支持力度。只有系统推进各项工作，才能从根本上解决我国锰冶炼企业的环境问题，实现该行业的绿色、可持续发展。

1.5.3 排放标准及政策

锰冶炼是主要的大气污染排放源之一。为治理锰冶炼污染，我国先后制定和实施了一系列排放标准和政策。主要的排放标准包括《炼钢工业大气污染物排放标准》（GB 28664—2012）和《钢铁工业水污染物排放标准》（GB 13456—2012）等，对烟尘、SO_2、氮氧化物等污染物的排放进行管控。在政策层面，国家实施能源消耗双控行动，限制高污染和高耗能落后产能，推进钢铁行业供给侧结构性改革。出台差别化电价政策，鼓励锰冶炼工艺技术改造。加强排污许可管理，针对重点排污企业实行排放总量控制。各地也制定了相关鼓励政策，支持锰冶炼企业技术改造。如江西、湖南等省出台资金补贴，用于锰冶炼污染治理和技术改造。今后还将深入推进环保税改革，运用经济杠杆促进锰冶炼绿色发展。

与此同时，生态环境部门也制定了配套政策，督促企业落实排放标准。2019年4月，生态环境部联合国家发展和改革委员会、工业和信息化部等五部门印发《关于推进实施钢铁行业超低排放的意见》，明确要求到2025年底前，重点区域钢铁企业超低排放改造基本完成，全国力争80%以上产能完成改造。为助推锰冶炼企业改造，财政部、国家税务总局等部门也出台了一系列财税支持政策，银行业金融机构提供了低利率贷款，给予污染治理项目资金支持。

在国家政策推动下，我国多家大型锰冶炼企业加快推进了供配电、锰矿焙烧、粗锰烧结等工序的脱硫脱硝改造，新建和改造了大量烟气治理设施，以确保达到新的排放标准要求。

第2章 有色工业园区区域
大气污染物排放现状

作为我国重要的工业基地，有色工业园区汇集了钢铁冶炼、有色金属冶炼、化工等大量高耗能、高排放企业。这导致有色工业园区面临较大的区域空气质量压力，主要的大气污染物包括烟尘、SO_2、氮氧化物等。以钢铁工业园区为例，烟尘和 SO_2 是主要的特征污染物。部分钢铁企业还存在粉尘超标、无组织排放等问题。此外，有色金属冶炼也会产生重金属污染，如镉、砷、铅等颗粒物排放。

从空间分布来看，沿海地区省市、中部地区省市、西北地区省市等均有分布。东部地区有色工业园区较为密集，污染排放压力也更大。如浙江富阳经济技术开发区、浙江乐清经济开发区、浙江兰溪经济开发区等，汇聚了大量钢铁、有色金属冶炼企业，长期处于重污染天气频发区。中西部地区较多的是炼钢园区，如湖北襄阳、河南安阳的炼钢基地等。这些园区也面临着较大的环保压力。

从治理经验看，园区内可采取统一规划、区域治理的方式。例如，统一排放标准，实施联防联控，进行区域内企业联合减排。此外，推广园区企业间的协同治理模式也较为可行，如钢铁企业的炉灰渣可用于有色金属冶炼的熔剂原料，实现资源化利用。

近年来，有色工业园区采取了一定的治理措施，如推进先进生产工艺改造、增加烟气处理系统容量、调整产业结构等，污染物排放量有所降低。但由于企业数量多、流动性大，有色工业园区大气污染形势还比较严峻。当前，推进工业园区企业达标排放、实施区域性协同治理是重点工作。下一步，还需继续加大技术创新力度，优化产业布局，并加强排放监管，使有色工业园区实现绿色转型，成为推动区域环境质量改善的重要抓手。

2.1 有色工业园区的定义与特点

在现代工业发展中，有色工业园区扮演着关键的角色，不仅为经济增长提供了强大动力，还在可持续发展的进程中发挥着重要引擎作用。

2.1.1 有色工业园区的定义

有色工业园区是专门规划、建设和管理的区域，主要集中发展有色金属冶炼、加工、制造等相关产业。这些园区通常提供了适宜的基础设施和支持，旨在推动有色金属产业的可持续发展和产业升级。如白银市高新区有色金属新材料产业园依托白银公司等龙头企业，建设铜、铅、锌三条产业链，控制资源，涵盖了有色金属基础原材料产业、有色金属高新材料产业和稀贵金属、物流等产业，规划形成"一线、四区"产业空间布局。

2.1.2 有色工业园区的特点

1. 产业集聚与优势效应

有色工业园区的首要特点之一是产业集聚。这些园区集中了一系列有色金属相关企业，形成了良好的产业链和配套体系。由于企业紧密相连，产业集聚效应得以释放，促进了技术创新、经验共享和合作机会的增加。这种集聚不仅提高了整体生产效率，还加速了有色金属产业的发展步伐。

2. 资源优势的充分利用

有色金属产业依赖矿产资源，而有色工业园区通常位于富含有色金属矿产资源的地区，使得这些园区可以充分利用地方的资源优势。通过有效的资源开发和利用，有色工业园区能够提高生产效率，降低原材料成本，为产业的可持续发展奠定基础。

3. 环保与可持续发展

然而，有色金属冶炼和加工过程常伴随着环境污染和资源浪费问题。在这一点上，有色工业园区通过引入绿色技术、环保设施及严格的环保标准，积极寻求环境友好型生产方式。这不仅改善了周边环境，还推动了产业的可持续发展，为后代子孙创造了更好的生活环境。

4. 技术创新与产业升级

有色工业园区成为技术创新的温床。为了提高效率、减少能耗、降低排放等，园区内的企业不断寻求新的技术和方法。这种技术创新不仅加速了产业的升级，还使园区成为吸引高端人才和科研机构的重要场所，推动了科技进步和产业结构的优化。

5. 政策支持与发展前景

政府通常为有色工业园区提供政策支持，如税收优惠、用地政策等，以吸引投资和促进产业发展。有色工业园区作为国家战略的重要组成部分，有望在未来继续发挥积极作用，为国家经济建设和可持续发展做出更大贡献。

综上所述，有色工业园区不仅是有色金属产业的重要集聚地，更是可持续发展的推动力量。通过资源的合理利用、环保的措施和技术的创新，这些园区在塑造现代工业格局、促进区域经济增长方面具有不可忽视的地位和作用。在未来，随着科技的不断进步和政策的不断优化，有色工业园区有望进一步融入全球产业链，使经济发展和环境保护取得更加显著的成果。

2.2　有色金属行业发展现状与趋势

有色金属作为重要的工业原材料，在现代工业中扮演着至关重要的角色。其广泛应用于制造业、建筑业、电子产业等领域，对经济增长和社会发展具有重要推动作用。

2.2.1 发展现状

1. 市场规模

有色金属行业是全球金属工业的一个重要分支，涉及的范围比较广，包括铝、铜、镍、锌、锡和铅等多种金属，是国民各经济产业中所必需的基础材料，同时也是国家发展的重要战略资源之一，广泛应用于建筑、交通、电子、能源等各个领域。有色金属的需求受到全球经济发展、工业化进程和新兴技术的影响，因此市场规模持续扩大。行业调研数据显示，2020 年全球有色金属行业市场规模达到 2.5 万亿美元，同比增长约 10%，2021 年全年整体行业继续保持平稳发展的态势，市场规模超过 3 万亿美元，同比增长约 20%，相比上年同期增速翻了一番，预计到 2025 年全球有色金属市场规模将接近 6 万亿美元，2021～2025 年平均增长率约为 25%。

如图 2.1 所示，近十年来，我国有色金属行业产量逐年稳定增长。根据国家统计局数据，2022 年我国前十种有色金属产量为 6 774.3 万 t，同比增长 4.59%。其中，氧化铝产量为 8 186.2 万 t，同比增长 5.6%；铜材产量为 2 286.5 万 t，同比增长 5.7%。2022 年，我国规模以上有色金属企业工业增加值同比增长 5.2%，增速比全国规模以上工业增加值增速高 1.6 个百分点。

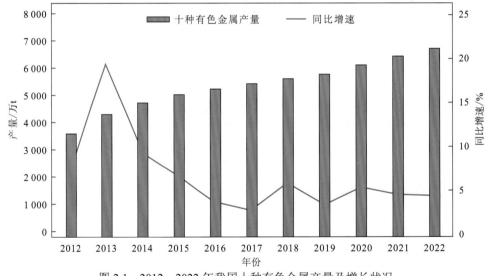

图 2.1　2012～2022 年我国十种有色金属产量及增长状况

2. 区域分布

伴随着制造业的迅速发展，有色金属行业紧随其后保持同步，军工、医疗及航空航天等领域对有色金属的应用正在不断拓展，带动了全球市场消费量的明显上升。在全球范围内，有色金属的生产和消费呈现出一定的区域分布特点。我国作为全球最大的有色金属生产国，对铜、铝、锌等金属的需求量巨大，且拥有庞大的冶炼和加工能力。美国和欧洲国家在高端技术领域的应用需求较大，而其他新兴市场也在不断增加对有色金属的需求。2021 年全球有色金属市场消费中，我国占有接近 50% 的市场份额；之后为欧洲和北美，分别占比约 20% 和 10%；排在其后的其他消费地区共计占有全球有色金属消费市场约 20% 的规模，整体来看区域集中度比较高，部分地区规模优势明显。

3. 细分市场

由于有色金属行业涵盖了多种金属品种，各类别金属之间的相互替代程度不高，市场份额占比体现着一定的差异。有色金属行业可以进一步细分为不同的市场，如铜市场、铝市场、镍市场等，不同金属的供需情况受到各自特定的因素影响。例如，在铜市场中，铜被广泛用于电线电缆、电子设备等；在铝市场中，铝的应用涵盖了汽车制造、航空航天等领域；镍主要应用于不锈钢制造；锌用于镀锌、电池等。每个细分市场都受到特定领域需求、技术发展和环保要求等因素的影响。根据全球制造业对有色金属产品的需求量进行分析，铜和电解铝的产量占比位于前两位，2021 年底，电解铝产量占全球主要有色金属产量的比重接近 60%；其次为铜产量，同年产量占比达到了 15% 左右，其他有色金属产品产量之和占比 25%。

4. 市场格局

作为全球的供给市场，有色金属行业供需格局与经济水平的波动有着较高的关联性，由于全球范围内的需求量增速逐步放缓，近几年来全球大型有色金属企业纷纷进行产能释放，行业逐步进入下行阶段。资料显示，全球有色金属生产企业众多，核心生产厂商主要包括锌业股份、东方电气、Indium Corporation、Rasa Industries 和 Recylex 等，2021 年前五大企业共占有约 25% 的市场份额，行业整体集中度不高。

如图 2.2 所示，我国有色金属行业企业数量逐年减少。国家统计局数据显示，2022 年我国有色金属矿采选行业企业数量为 1 204 个，2012 年我国有色金属矿采选行业企业数量为 2 122 个，其间减少了 918 个，占该细分行业原有企业总数的 43.3%。由于有色金属矿采选行业具有高度资源依赖性，随着区域矿山闭坑以及行业龙头企业不断扩张，行业企业数量减少是必然趋势。

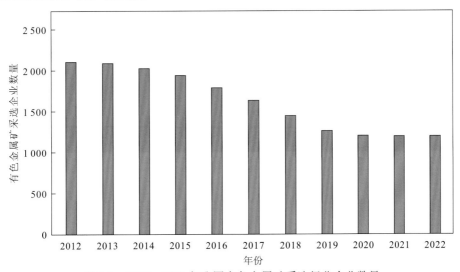

图 2.2　2012～2022 年我国有色金属矿采选行业企业数量

2.2.2 发展趋势

有色金属行业的发展趋势受到全球经济、技术进步、环境保护和可持续发展等因素的影响。有色金属行业发展趋势有以下几个方面。

1. 可持续发展

随着环保意识的提升，有色金属行业正逐渐朝着更可持续和环保的方向发展。有色金属行业的可持续发展需要在经济发展和环境保护之间寻求平衡，通过技术创新、资源管理、清洁生产等手段，实现生态、社会和经济的和谐发展。这有助于为未来提供可持续的有色金属资源，同时减少环境和社会风险。

2. 技术创新

技术创新在实现可持续发展、提高生产效率、降低环境影响等方面起着重要作用。新的冶炼、提纯、加工技术的引入可以提高生产效率、降低成本，同时改善产品质量。行业应不断投资研发，探索新的冶炼、加工、回收技术，以提高生产效率、减少环境影响。新型清洁冶炼技术如高效电解和电加热技术的开发，将有利于减少能源消耗和环境污染；通过智能制造、自动化和数字化技术，可以实现生产过程的优化和精细化管理，有助于提高生产效率和质量，减少人为误差，降低生产成本。

3. 新兴应用领域

有色金属在许多新兴应用领域中发挥着重要作用，随着科技和社会的不断发展，这些应用领域逐渐成为有色金属行业的增长点，如新能源、电动汽车、可再生能源储存、3D 打印技术等。随着电动汽车和可再生能源的快速发展，有色金属如锂、镍、铜、铝等在电池技术和能源储存领域得到广泛应用。电动汽车的兴起推动了锂离子电池、镍氢电池等高性能电池材料的需求增长。铜、铝等有色金属在可再生能源设备如风力发电机、太阳能电池板等的制造中发挥着关键作用。这些材料具有导电性和耐腐蚀性，适用于电气连接和结构支持。有色金属在 3D 打印技术中广泛应用，可以制造复杂的零件和组件，这在航空航天、汽车制造、医疗器械等领域具有潜在应用，同时也有助于减少材料浪费。

4. 资源开发与供应链多样化

有色金属行业的资源开发和供应链多样化对降低供应风险、提高产业的可持续性和竞争力非常重要。随着传统矿产资源的逐渐枯竭，有色金属行业将继续寻求新的资源开发机会，这可能涉及深海矿产、回收再利用等领域的探索。循环经济的理念在有色金属行业得到日益重视。企业不仅在关注新的资源开发，也致力于回收再利用已经存在的有色金属材料。通过有效的回收和再生工艺，可以减少对原始矿产资源的依赖，降低环境压力，并减少废弃物的排放。此外，为了降低供应风险，企业也会倾向于多元化供应链，减少对单一供应来源的依赖。

5. 碳中和与能源效率

越来越多的国家和企业正在设定减排目标，旨在减少温室气体排放并应对气候变化。

有色金属行业作为能源密集型行业，也需要在生产过程中减少碳排放。企业正在寻求采用更清洁的能源（如天然气、风能、太阳能等）、优化生产工艺及推动碳捕获和碳储存技术的应用，以达到减排目标。同时，提高能源效率也是重要的趋势，通过采用更节能的生产工艺和能源管理手段来降低生产过程的能耗。

6. 合规监管与国际合作

国际社会对环境保护的合规监管日益加强，有色金属企业需要遵循各国和地区的环保法规。同时，国际合作如加入国际倡议、跨国合作项目等也变得更加重要，通过共同努力来推动有色金属行业的可持续发展。全球有色金属市场的供需平衡对行业稳定发展至关重要。国际合作、贸易政策的变化，以及不同国家和地区的产能扩张都可能影响市场供应和价格波动。

综上所述，有色金属行业在全球经济中具有不可替代的地位，其不仅影响产业链的协调发展，还对经济结构的优化升级具有重要意义。未来，随着技术的进步和环保意识的提高，有色金属行业将不断迎来新的机遇和挑战。

2.3　工业废气的特性与排放源

有色金属的采矿、选矿、冶炼和加工过程中会产生大量的废气，废气中主要含有 NO_x、SO_2、挥发性有机物（volatile organic compounds，VOCs）、CO、颗粒物、氟化物等。

2.3.1　工业废气的定义及组成

1. 工业废气的定义

工业废气是企业厂区内燃料燃烧和生产工艺过程中产生各种排入空气的含有污染物气体的总称，通常包含各种污染物和有害物质。这些废气可能包括燃烧产生的气体、化学反应生成的气体、挥发性有机化合物、氮氧化物、硫化物、颗粒物等。工业废气的组成和性质取决于所涉及的工业过程、原材料和产品，以及废气处理措施等因素。

2. 工业废气的组成

从形态上分析，工业废气可以分为颗粒性废气和气态性废气。

1）颗粒性废气

颗粒性废气是指废气中携带有固体或液体颗粒物。这些颗粒物根据粒径大小可以分为可吸入颗粒物（PM_{10}）或细颗粒物（$PM_{2.5}$）。有色金属矿山的开采、矿石处理和物料输送等过程中会产生大量粉尘。这些粉尘主要来自矿石破碎、磨矿、筛分、堆场堆放等操作。粉尘排放可能对环境和周围社区造成影响，如空气质量下降、土壤污染等，其产生原因主要包括：①矿石处理。矿石需要进行破碎、磨矿等处理，这些操作会产生大量的粉尘。②物料输送。矿石、废渣等物料的输送过程中，由于机械摩擦和颗粒之间的碰撞，也会产生粉尘。③堆场管理。堆场上矿石和废渣的堆放和转运也可能产生粉尘。

2）气态性废气

气态性废气是指废气中污染物主要以气体形态存在，是工业废气中种类最多也是危害性最大的。这些气体可能包括 NO_x、VOCs、CO、氟化气体等，目前气态性废气主要有含氮有机废气、含硫废气及碳氢有机废气。①含氮废气。此类废气会对空气组分造成破坏，改变气体构成比例。尤其是石油产品的燃烧，在工业生产中石油产品的燃烧量巨大，而石油产品中氮化物含量高，因此废气中会含有大量氮氧化物，若排放到空气中会提高空气中氮氧化物含量，对大气循环造成影响。②含硫废气。含硫废气会对人们的生活环境造成直接危害，这是由于含硫废气与空气中的水结合能够形成酸性物质，引发酸雨。酸雨会对植物、建筑及人体健康造成损害，尤其会影响人的呼吸道。另外还会对土壤和水源造成影响，形成二次污染。③碳氢有机废气。该类废气统称烃类，是一种有机化合物，主要由碳原子和氢原子构成。该类废气扩散到大气中会对臭氧层造成破坏引发一系列问题，影响深远。例如臭氧层破坏会加重紫外线的照射，而紫外线会对人的皮肤造成伤害，引发各类健康问题。另外，紫外线照射度的改变也会对生态系统及气候造成影响。

2.3.2 工业废气的排放源及排放途径

1. 工业废气的排放源

工业废气的排放源是指在工业生产和经营过程中产生并释放到大气中的各种气体和颗粒物。这些废气源广泛分布于各个工业领域，涉及能源生产、化工、冶金、交通、制造等多个行业，其成分和排放水平因不同的工艺、材料和设备而异。了解工业废气的排放源是制定环境保护政策及废气治理措施的重要基础。

首先，燃烧过程是工业废气排放的主要来源之一。在能源生产、工业锅炉、电力、交通运输等领域，燃烧煤、石油、天然气等燃料产生大量废气，其中包括 NO_x、SO_2、CO 等。这些气体不仅对空气质量产生直接影响，还可能形成细颗粒物，加剧环境问题。

其次，工业冶炼是另一个重要的废气排放源。金属冶炼和熔炼过程中，高温条件下产生的气态金属蒸气、氮氧化物、硫化气体等污染物会排放到大气中。铁、铜、铝等金属的冶炼过程不仅产生大量的有害气体，还可能释放重金属等有毒物质，对周围环境造成潜在风险。

化学制造业也是工业废气的显著来源之一。在化工过程中，各种有机化合物、VOCs、NO_x 等废气被排放出来。这些废气不仅对空气质量产生负面影响，部分有机物还可能具有毒性和致癌性。

交通运输是城市大气污染的重要源头，车辆排放尾气中的氮氧化物、一氧化碳、颗粒物等严重影响了城市空气质量。随着城市化进程的加快，交通排放的问题愈发凸显，需要采取措施减少其对环境的不良影响。

此外，能源生产、钢铁制造、水泥生产、医药制造、农业、造纸业、食品加工等众多行业都存在废气排放。每个行业的废气都有其独特的排放特点和成分，需要根据实际情况采取相应的治理措施。

综上所述，工业废气的排放源多种多样，其成分和特点受工艺、原料、设备等多种因素的影响。有效治理工业废气排放对保护环境、提升空气质量和维护人体健康至关重要。因此，政府、企业和社会应共同合作，通过科技创新和严格的环保监管，减少工业废气排放，实现可持续发展。

2. 工业废气的排放途径

工业废气的排放途径是指废气从产生源头到进入大气环境的传输和释放路径。这些途径多样，涵盖了不同行业和工艺过程，总体来说可以分为有组织排放和无组织排放，了解排放途径有助于制定有效的废气治理策略，以保护环境和人类健康。

1）有组织排放

有组织排放是指废气在特定排放设备和管道中被控制地排放到大气环境中。这种排放方式通常需要经过一系列的监测、调节和处理措施，旨在减少废气对环境和人类健康的不利影响。有组织排放可以进一步分为以下几类。

（1）烟囱排放。工业设施通常通过烟囱将废气排放到大气中。这些排气口通常具有一定的高度，以促使废气在排放时得到稀释和扩散，减少其对周围环境的影响。

（2）通风系统排放。一些工业过程需要采用通风系统将产生的废气引导到特定的排放设备中。这可以在一定程度上控制废气的流向和排放速率。

（3）管道排放。在一些特定的生产过程中，如化学制造、炼油等，废气会通过排放管道进行集中排放。这种方式可以集中处理废气，并便于监测和控制。

2）无组织排放

无组织排放是指废气直接从源头释放到大气环境中，没有经过特定排放设备或管道的控制。这种排放方式通常不受监测和治理，可能会导致环境和健康问题。无组织排放包括以下几种形式。

（1）开放式释放。一些非工业性活动，如农业作业、建筑施工等，以及一些未受控制的工业过程，可能直接将废气释放到空气中，没有特定的排放设备。

（2）泄漏排放。设备故障、管道泄漏等原因可能导致废气在没有经过处理的情况下逸出。这种泄漏排放通常是意外事件，但可能对周围环境产生影响。

（3）无控制释放。一些废气产生源头没有采取任何措施来控制或引导废气的排放，使废气直接进入大气中，形成无组织排放。

综上所述，工业废气的排放途径多种多样，不同的行业和工艺过程会采用不同的排放方式，有组织排放和无组织排放代表了工业废气排放的两种主要途径。有组织排放通过专门的设备和管道进行控制和管理，减少了废气对环境的影响；而无组织排放则缺乏控制和监测，容易导致环境污染和健康问题。因此，加强有组织排放管理，减少无组织排放，是维护环境质量的重要措施。

2.3.3 有色金属加工过程中常见的工业废气类型

有色金属冶炼是将含金属矿石经过一系列物理、化学和热力学过程，将有用的金属成分从矿石中分离和提取出来的复杂过程。该过程中涉及多个环节，每个环节都会产生不同种类的废气。同时，废气的排放类型随冶炼金属种类的不同也将产生较大的差异。下面将详细介绍金属冶炼环节（选矿、矿石热处理、熔炼、精炼、焙烧）及金属种类对工业废气排放类型的影响。

1. 有色金属冶炼环节和废气排放

（1）选矿。在选矿过程中，矿石通过物理和化学方法进行分离和净化，以提取金属矿石中的有用成分。矿石经过破碎、筛分等步骤，可能会排放颗粒物废气，主要含有矿石破碎和处理时产生的粉尘。此外，矿石中的一些挥发性有机物在高温下可能挥发，产生气态废气，其中可能含有有害气体成分。

（2）矿石热处理。在矿石热处理阶段，矿石被加热以去除水分和有机物等杂质。这个过程可能导致一些挥发性有机化合物的挥发，产生废气。此外，一些含硫矿石的加热也可能导致硫化物的氧化，产生 SO_2 等废气。

（3）熔炼。在熔炼过程中，金属矿石被加热至高温，金属与非金属成分分离。不同金属的熔炼过程产生的废气成分有所不同。例如，在铜矿石冶炼中，硫化物被氧化生成 SO_2 废气，而其他金属冶炼过程可能产生不同的气体，如 PbO、ZnO 等。

（4）精炼。精炼用于进一步纯化金属，以提高其纯度。电解是一种常见的精炼方法，产生氧气和氢气等废气。此外，在精炼过程中，金属的氧化还原反应可能产生金属蒸气，如汞、铅、锌等，这些金属蒸气可能通过废气排放系统进入大气。

（5）焙烧。焙烧过程用于去除矿石中的硫等杂质。这个过程可能产生 NO_x 和 SO_2 等废气。NO_x 和 SO_2 是大气污染的主要成分之一，可能对空气质量和环境造成影响。

2. 有色金属种类和废气排放

（1）铜冶炼。铜冶炼过程中，从含铜矿石中提取纯铜，通常包括浮选、熔炼、电解等步骤。在浮选过程中，将矿石与水、药剂混合，产生气泡使铜矿石浮在上层。这个过程中可能产生气态氨（NH_3）等废气。在熔炼过程中，硫化物被氧化成 SO_2，可能引发酸雨和大气污染。电解过程中产生的气体可能包括氧气和氢气。

（2）铅冶炼。铅冶炼过程主要包括熔炼和电解等步骤。在熔炼过程中，PbO 被还原成纯铅，产生氧化铅废气。在电解过程中，金属铅被还原，可能产生氧气和氢气废气。

（3）锌冶炼。锌冶炼过程通过熔炼、电解等步骤从含锌矿石中提取锌。在炼锌过程中，矿石中的硫化物和氧化物可能产生 ZnO 和 PbO 废气，其中含有粉尘。电解过程中可能产生氧气和氢气废气。

（4）镍冶炼。镍冶炼主要包括熔炼和电解等步骤。在熔炼过程中，硫化镍被氧化为氧化镍（NiO）废气，其中含有细小颗粒。电解过程中可能产生氧气和氢气废气。

综上所述，有色金属冶炼过程中的废气排放受金属种类、工艺条件、设备性能等多种因素的影响。为了减少废气对环境和健康的影响，工业企业通常采用废气治理技术，如湿式净化、干式过滤、脱硫等降低有害物质的排放浓度，以符合环境法规和标准。

2.4 温室气体的特性与排放源

2.4.1 有色金属加工过程中常见的温室气体类型

在有色工业园区中，有色金属加工过程是主要的温室气体排放源之一。了解这些温室气体的性质及它们对温室效应的影响，对制订有效的大气污染控制和温室气体减排策略至关重要，全球温室气体排放概况如图 2.3 所示。有色金属冶炼过程中会排放多种温室气体，这些温室气体的排放来源主要与有色金属冶炼过程中的高温反应、燃烧活动、化学反应及使用氟化气体等密切相关，其排放对全球气候变化产生重要影响。因此，有色工业园区的温室气体排放问题也需要引起重视。以下是一些常见的有色金属冶炼温室气体排放种类及其来源，以及它们的性质和对温室效应的影响。

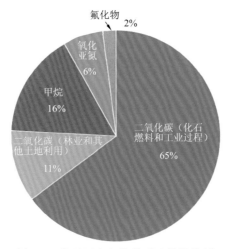

图 2.3 常见温室气体类型及排放比例

1. 二氧化碳（CO_2）

性质：CO_2 是一种无色、无味、不可燃的气体。它是大气中最常见的温室气体，主要来源是燃烧化石燃料，如煤炭、石油和天然气，用于加热炉熔炼和提供能源。此外，矿石的煅烧和还原等过程也会释放 CO_2。

影响：CO_2 是主要的温室气体之一，它在大气中积聚并导致温室效应，加剧全球气候变化，造成地球表面温度上升，导致海平面上升和极端气候事件增加。

2. 氟化气体

性质：氟化气体在金属冶炼中被用作脱氧剂和氟化剂。例如，炼铝过程中的氟气和氢氟碳化物就是氟化气体的来源，它们具有较强的温室效应。

影响：氟化气体可导致气候变化，并与大气中的气溶胶形成有害的复合物，对人类健康和环境造成影响。

3. 甲烷（CH₄）

性质：甲烷是一种无色、无味、有毒且高度可燃的气体，来自冶炼过程中的燃烧，尤其是炼铝时的阳极炭燃烧以及矿石的高温还原过程。此外，垃圾填埋和废物处理也可能产生甲烷。

影响：甲烷是温室气体之一，对温室效应有较强的贡献。它的温室效应远高于 CO_2。

4. 氮气氧化物（N₂O）

性质：氮气氧化物主要包括一氧化二氮（N_2O），主要来源为矿石的煅烧、还原和熔炼过程，氮元素与氧反应生成氧化亚氮。类似地，冶炼过程中的氮氧化物反应也可能导致 N_2O 的产生。

影响：N_2O 是一种强烈的温室气体，对温室效应有贡献。它还与大气臭氧破坏有关。

了解这些温室气体的性质和对温室效应的影响是控制和减少其排放的关键。后文将深入研究各种减排和控制策略，以促进可持续的有色金属加工和减缓气候变化。

2.4.2　温室气体的排放源及排放途径

常见温室气体排放源如图 2.4 所示，具体排放源和排放途径如下。

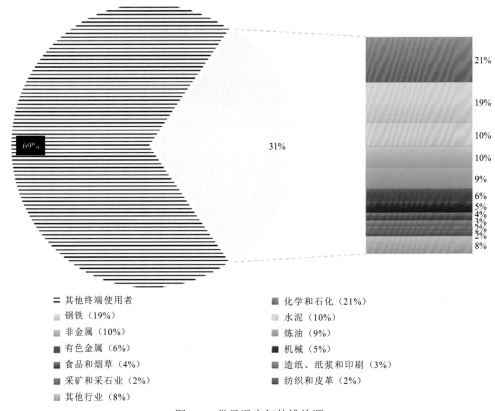

图 2.4　常见温室气体排放源
因修约加和不为 100%

1. 冶炼和炼铜过程

排放源：①熔炼炉燃烧，冶炼铜时，熔炼炉中的高温燃烧会排放 CO_2 和 CO；②炉底废气，熔炼炉的炉底废气中包含 SO_2 和 NO_x。

排放途径：烟囱排放，燃烧产生的 CO_2 和废气中的 SO_2 和 NO_x 通过烟囱排放到大气中。

2. 电力供应

排放源：①燃煤发电，如果工业园区的电力供应依赖燃煤发电厂，将产生大量 CO_2；②天然气发电，使用天然气发电也会排放 CO_2，但较少。

排放途径：发电厂烟囱排放，电力供应设施的烟囱将 CO_2 排放到大气中。

3. 运输和机动车辆

排放源：①内部运输，工业园区内的设备和原材料运输使用燃油，导致 CO_2 和甲烷（CH_4）排放；②员工通勤，员工使用私家车通勤，也会排放 CO_2。

排放途径：尾气排放，机动车辆的尾气直接排放 CO_2 和 CH_4 到大气中。

4. 化学反应和生产过程

排放源：化学物质合成，有色金属加工中的一些化学反应会产生氟化气体、氮氧化物等温室气体。

排放途径：工业过程排放，化学反应中产生的温室气体通过工业过程排放到大气中。

5. 废弃物处理

排放源：①废气排放，废弃物处理设施的运营和焚烧会产生 CO_2、CH_4 和其他温室气体；②废物填埋，将固体废弃物填埋在土地中会产生甲烷气体。

排放途径：排放口排放，废气处理设施通过排放口将温室气体排放到大气中。

6. 能源效率和设备

排放源：低效率设备、老化的生产设备和机械可能导致能源浪费，增加温室气体排放。

排放途径：工业排放，低效率设备的运行导致工业排放，其中包括 CO_2。

7. 环境因素

排放源：①气象条件，气温、湿度和风向等气象条件会影响温室气体的扩散和浓度；②地理位置，工业园区的地理位置也会影响其温室气体排放。

排放途径：大气扩散，温室气体通过大气扩散传播到大范围区域。

2.4.3　温室气体排放相关法规

1. 中国

我国采取了一系列法规和政策来应对温室气体排放和推动碳中和，其中一些关键法规和政策如下。

1）碳交易市场

全国碳排放交易体系：我国建立了全国性的碳排放交易市场，覆盖多个省份和行业。这一体系要求大型排放单位购买碳排放配额，并逐渐减少这些配额，以鼓励减排。这一政策的法规基础是《碳排放权交易管理暂行条例》。

2）可再生能源和能源效率

可再生能源发展计划：我国鼓励可再生能源的发展，包括太阳能、风能和水电等。《中华人民共和国可再生能源法》支持这一计划。

能源效率提升：我国实施了一系列能源效率政策，包括制定更严格的能源效率标准，鼓励工业和建筑行业提高能源利用率。

3）碳中和政策

我国的碳中和政策意味着在未来几十年内，我国将采取积极措施来减少碳排放并提高可再生能源的使用，以实现更加可持续的发展。这一政策对全球气候目标的实现具有重要意义，同时也对有色工业园区和其他工业部门产生了积极的影响。

2. 欧 盟

欧盟是全球温室气体减排的领导者之一。欧盟采用了一系列法规和政策来控制有色金属行业的温室气体排放，主要涉及碳排放交易和能源效率。欧盟排放交易体系（EU Emissions Trading System，EU ETS）是欧洲最重要的碳排放交易体系，覆盖了多个工业部门，包括有色金属。它规定了每年的排放上限，并要求企业购买排放配额。欧盟还制定了工业和矿业领域的最低能效标准，要求有色金属企业提高能源效率。

3. 美 国

美国在联邦和州级层面都有法规来控制有色金属行业的温室气体排放。一些关键法规和政策包括以下三项。

清洁电力计划：这个计划旨在减少发电行业的碳排放。尽管在特定州有争议，但一些州仍在推动其实施。

汽车排放标准：联邦政府制定了汽车排放标准，要求汽车制造商生产更节能的汽车。《清洁能源安全法案》包括了这方面的规定。

州级倡议：一些州（如加利福尼亚州）实施了自己的温室气体减排法规，包括碳排放交易体系和可再生能源标准。

4. 日本

日本制定了一系列法规和政策来减少温室气体排放，主要包括以下两项。

全国碳排放交易体系：该体系要求大型工业和能源公司购买排放配额。

《可再生能源促进法》：这一法规鼓励可再生能源的使用，包括太阳能和风能。

5. 加拿大

加拿大是温室气体排放交易体系的先驱国家之一，其制定的法规和政策主要包括以下两项。

《空气清洁法案》：这一法规设定了加拿大的碳排放目标，并规定各省份采取措施以实现这些目标。

省级碳排放交易体系：一些省份（如魁北克省、不列颠哥伦比亚省和艾伯塔省）实施了自己的碳排放交易体系，以进一步减少碳排放。

可再生能源发展政策：加拿大的政府鼓励可再生能源的使用，尤其是水电能源。

6. 印度

印度采取了一系列政策来减少温室气体排放，主要包括以下两项。

印度国家行动计划：印度政府发布了国家行动计划，承诺在可再生能源、森林保护和能源效率方面采取行动。

能源效率计划：印度推动能源效率计划，包括提高工业设施的能源效率。

2.5　有色工业园区中工业废气和温室气体的减排问题

为控制有色工业园区的污染排放，我国制定了《工业炉窑大气污染物排放标准》（GB 9078—1996）、《炼钢工业大气污染物排放标准》（GB 28664—2012）、《有色金属冶炼废气治理技术标准》（GB 51415—2020）等标准。这些标准对有色工业园区的烟尘、SO_2、氮氧化物等主要污染物排放浓度和总量进行了规范。目前，我国主要有色金属工业园区和集聚区对烟气污染物排放实施的是《大气污染物综合排放标准》（GB 16297—1996）。标准对烟尘、SO_2、氮氧化物等气态污染物浓度进行了限制。2022 年，生态环境部门提出要对该标准进行修订，进一步提高污染物排放浓度限值要求。

同时，有色金属工业园区内企业也被要求制定更为严格的自行排放标准，实施特别排放限值管理，降低污染物排放浓度。一些地方也制定了园区大气污染防治规划，推动重点行业超低排放改造。

国家先后出台了钢铁工业去产能政策、限排放区划定、差别化电价等政策。通过淘汰落后产能，引导有色工业园区企业进行技术改造和环保设施建设。2022 年 6 月工业和信息化部、国家发展和改革委员会、生态环境部三部门联合印发的《关于促进钢铁工业高质量发展的指导意见》明确，要继续推动钢铁工业的超低排放改造，确保达标排放。国家发展和改革委员会等部门也提出，要加大对园区企业技术改造和环保设施建设的财税支持力度。同时将重点排放的有色工业园区企业纳入排污许可管理，通过提高准入门槛，实行污染总量控制，强化过程监管等方式，推动企业达标排放。对重污染天气应急减排，重点区域可建立基于预警的重污染天气应急减排机制，在空气重污染来临前，采取限产限排、企业停工停产等应急措施，以减轻污染天气对环境和人体健康的危害。鼓励园区企业之间的废物交换利用，探索园区内企业之间的协同治理和资源综合利用，如钢铁企业的炉渣可用于有色金属冶炼，降低园区总体污染物产生量。通过与上下游企业实施绿色采购和清洁生产体系认证，推行绿色供应链体系，降低产业链环境负荷，实现源头减排。最后加强监测预警和日常监管，依托先进的监测设备和信息化平台，实时掌握企业排放数据，并对超标行为进行严厉处罚。通过进一步完善支持性政策和创新管理措施，可推动有色工业园区实现高水平、高标准的污染治理。

值得注意的是，有色工业园区区域性大气污染防治还需加强在园区层面的联防联控。可制定统一的园区排放标准，对入园企业实施严格的环境准入管理，建立园区内企业联合减排机制，并采用先进的监测预警系统，在重污染天气时实施应急减排。

有色工业园区是我国工业经济的重要组成部分，但也是一个重要的区域性空气污染和温室气体排放源。区域大气污染控制和温室气体减排已经成为有色工业园区可持续发展的重大课题。主要的区域空气污染物包括烟尘、SO_2、氮氧化物等，其中钢铁企业是烟尘和 SO_2 的主要来源，有色金属企业也存在无组织排放问题。重点控制对象应为粉尘污染、硫化物污染。具体措施可从强化排放标准、推行清洁生产、建设烟气处理系统、开展联合防控等方面入手。温室气体方面，有色工业园区以 CO_2 为主，还有一定的甲烷、氢氟碳化物等排放。钢铁企业炼铁炼钢过程会产生大量的 CO_2。主要的减排方式是采用氧气精炼、连铸技术等，提高工艺效率，降低碳排放强度。同时要调整能源结构，提高天然气等清洁能源在园区的供应比例。

除减排以外，开展园区内部的碳汇建设，也是重要手段之一。例如在园区周边区域增加绿化覆盖率，种植碳汇林，可实现氧化碳的固定。一些钢铁企业也试点开展了炼铁炉气的碳捕集利用，取得了一定进展。此外，要加强对重点排放企业的监管，确保其达标排放和稳定运行。并建立预警响应机制，在重污染天气条件下，采取临时限产等应急措施。充分发挥企业之间的协同效应，建立园区内污染治理和碳减排的共享平台。

建设支持性基础设施和推动园区企业管理创新和技术进步也十分重要，建设集中的污水、废气处理处置设施，提供集中供排服务，提高资源综合利用水平。建设必要的环保监测系统，对企业污染物排放进行监测预警。合理规划园区内能源和运输系统，降低对煤炭的依赖，提高清洁能源使用比例。运用数字化、智能化手段优化管理流程，推广先进设备和工艺技术，实现生产全过程绿色智能化。同时，要加强工业园区之间在污染防治技术和管理经验方面的交流合作。

有色工业园区应积极探索区域协同治理的新模式，通过技术创新、管理创新和机制创新，立体推进大气污染防治和温室气体控制工作，实现工业经济发展与环境质量改善的双赢目标。这需要政企通力合作，以可持续发展的理念引领园区转型升级。

1. 工业废气排放减排措施

（1）废气处理设施的建设和升级。安装高效的烟气脱硫、脱氮、除尘设施，减少有害气体和颗粒物排放；引入先进的废气处理技术，如湿式洗涤、干式除尘等，以提高净化效率。

（2）清洁生产工艺的应用。优化生产流程，减少废气的产生，如采用闭环冷却系统降低炉况温度；推广无废排放的工艺，如用湿法冶炼替代传统炼炉工艺。

（3）能源效率的提升。使用高效的燃烧设备，减少燃烧产生的废气和能源消耗；利用余热回收系统，将废热再利用，降低能源浪费。

（4）废气监测与数据管理。建立实时废气监测系统，监测废气排放情况，及时发现异常并采取措施；收集、分析和报告排放数据，确保合规性和持续改进。

（5）挥发性有机物（VOCs）控制。在 VOCs 排放源头实施封闭处理，防止 VOCs扩散；引入吸附装置、催化氧化装置等技术，减少 VOCs 的排放。

2．温室气体排放减排措施

（1）低碳能源替代。使用清洁能源，如太阳能、风能等，替代传统的高碳能源，减少温室气体排放。

（2）能源效率提升。优化能源使用，提高能源转换效率，减少单位生产排放的温室气体；采用节能设备和技术，如高效炉燃烧技术、能量回收系统等。

（3）氟化气体控制。减少使用氟化气体，采用替代技术或工艺，降低温室效应气体排放量。

（4）绿色生产工艺的引入。推广低碳和无废排放的生产工艺，减少温室气体的产生。

（5）废气减排目标和计划制订。设定具体的温室气体减排目标，制订实施计划，并定期检查和修订。

（6）碳中和策略。开展碳中和计划，通过植树造林、碳捕集与封存等方法，抵消部分温室气体排放。

（7）绿色供应链管理。鼓励供应商使用环保原材料，减少上游环节的碳排放。

通过综合应用这些减排措施，有色工业园区可以显著降低工业废气和温室气体的排放，达到环境保护和可持续发展的目标。

第3章 铜冶炼行业大气污染物与温室气体协同控制

铜是一种存在于地壳和海洋中的金属，在地壳中的质量分数约为0.01%，在个别铜矿床中，铜的质量分数可以达到3%～5%。自然界中的铜，多数以化合物即铜矿物存在。铜矿物与其他矿物聚合成铜矿石，开采出来的铜矿石经过选矿而成为含铜品位较高的铜精矿。

铜具有许多优良的性能，不但为人类社会进步做出了不可磨灭的贡献，且随着人类文明的发展不断开发出新的用途。铜既是一种古老的金属，又是一种充满生机和活力的现代工程材料。铜以品种繁多的金属、合金和化合物形式被人们利用，已深深地参与生产和生活的各个方面，成为人类21世纪飞速发展不可缺少的重要金属。

自然界中的铜分为自然铜、氧化铜矿和硫化铜矿。自然铜及氧化铜的储量少，世界上80%以上的铜是从硫化铜矿精熔炼得到的。硫化铜矿的含铜量极低，一般在2%～3%。

世界铜矿资源丰富，截至2018年的统计结果显示，世界铜储量为8.47亿t，主要分布在智利、秘鲁、美国、墨西哥、中国、俄罗斯、印度尼西亚、刚果（金）、澳大利亚和赞比亚等国家。

我国铜冶炼行业生产集中度较高，矿产铜生产主要集中在江西铜业集团有限公司、铜陵有色金属集团股份有限公司、云南铜业股份有限公司、广西金川有色金属有限公司、山东阳谷祥光铜业有限公司等7家大型企业，其矿产铜产量约为全国矿产铜总产量的73%。铜矿物原料的冶炼方法可分为两大类：火法冶炼与湿法冶炼。目前世界上80%的精铜是用火法冶金从硫化铜精矿和再生铜中产生的，湿法冶金生产的精铜量只占20%，我国湿法冶炼精铜（电积铜）产量较低，湿法冶炼的产量约为火法冶炼总量的0.8%。

3.1 铜冶炼工艺

3.1.1 火法冶炼

全球的铜冶炼工业中80%的产品铜都是通过火法冶炼得到的。当前，全球矿铜产量的75%～80%是以硫化形态存在的矿床，经开采、浮选得到的铜精矿为原料，而其中硫化铜矿几乎全部采用火法冶炼工艺。火法冶炼处理硫化铜矿的主要优点是适应性强，冶炼速度快，能充分利用硫化矿中的硫，能耗低，特别适合处理硫化铜矿。

除原料的前期制备及含硫烟气的烟气制酸等工序以外，硫化铜精矿的冶炼方式大致分为三步：第一步是铜矿熔炼形成铜锍；第二步是铜锍吹炼形成粗铜；第三步是粗铜精炼形成纯铜。铜形态的变化则是硫化铜精矿→铜锍→粗铜→纯铜（阴极铜）。

30多年来，我国铜工业规模和技术装备水平发展迅速，在火法冶炼方面，自江西铜业公司贵溪冶炼厂1985年引进奥托昆普闪速熔炼技术开始，国内其他主要铜冶炼企业也先后引进了先进的铜冶炼技术和装备，多家大型铜冶炼厂技术和装备已经达到了世界先进水平，污染严重的鼓风炉、电炉、反射炉已逐步被淘汰，取而代之的是引进、消化并自主创新的闪速熔炼技术和诺兰达、艾萨、奥斯麦特等富氧熔池熔炼新技术。以硫化铜精矿为原料的火法铜冶炼工艺流程如图3.1所示。

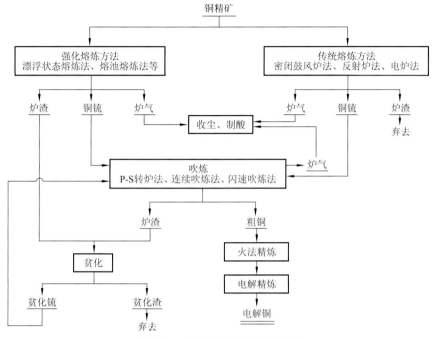

图 3.1　火法铜冶炼工艺流程图

云南铜业股份有限公司（原云南冶炼厂）引进的艾萨熔炼技术，经过消化创新，低能耗和炉龄为世界同类冶炼法的第一；江西铜业集团有限公司贵溪冶炼厂采用闪速炉冶炼工艺，其冶炼能力从引进时的8万t达到目前的30万t以上，其生产技术达到了世界先进水平。山西中条山有色金属集团有限公司侯马冶炼厂引进的奥斯麦特双炉操作系统，其吹炼炉为世界第一座工业化生产炉；广西金川有色金属有限公司自主创新的年产25万t的合成炉的投产、大冶有色金属集团控股有限公司引进的诺兰达法、铜陵有色金属集团股份有限公司的闪速炉和奥斯麦特法其主要指标达到或超过设计水平；2007年新建成的山东阳谷祥光铜业有限公司采用的闪速熔炼及闪速吹炼工艺更是将铜冶炼技术推上了一个新的台阶。

到2014年底，我国骨干铜冶炼企业已全部采用国际先进的冶炼工艺。这些先进生产工艺的产能占全国总产量的95%以上。

1. 制备工序

制备工序目的是将铜精矿、燃料、熔剂等物料进行预处理，使之符合不同冶炼工艺的需要。

2. 熔炼工序

熔炼工序是火法铜冶炼过程中的一个重要工序，目的是制出一种称为锍的主金属硫化物和铁硫化物的共熔体。由于硫化精矿的主金属含量还不够高，除脉石外，常伴生有大量铁的硫化物，其量超过主金属，所以用火法由精矿直接炼出粗金属在技术上仍存在一定困难，在冶炼的金属回收率和金属产品质量上也不容易达到要求。生产上利用铜对硫的亲和力近似于铁，而对氧的亲和力却远小于铁的物理化学性质，在氧化程度不同的造锍熔炼过程中，使铁的硫化物不断氧化成氧化物，随后与脉石造渣而除去。主金属经过这些工序进入锍相得到富集，品位逐渐提高。硫化铜精矿的造锍熔炼属于氧化熔炼。造锍熔炼可在反射炉、鼓风炉、电炉、闪速炉中实现。

熔炼工序所用炉料主要是硫化铜精矿和含铜的返料，除含有 Cu、Fe、S 等元素外，还含有一定量的脉石。炉料中主要化合物如表 3.1 所示。

表 3.1　熔炼工序中炉料所含的主要化合物

炉料	主要化合物	生精矿	熔砂
硫化物	CuS、Cu_2S、FeS_2、FeS、ZnS、NiS、PbS	以 CuS、FeS_2、FeS 为主	以 Cu_2S、FeS 为主
氧化物	Fe_2O_3、Fe_3O_4、Cu_2O、CuO、ZnO、MeO、Fe_2O_3	氧化物较少	氧化物较多
脉石	主要有 $CaCO_3$、$MgCO_3$、SiO_2、Al_2O_3 等	—	—
溶剂	石英、石灰石等	—	—

其中硫化物和氧化物质量分数为 80% 以上。熔炼过程实质上是铁和铜的化合物及脉石在高温和氧化气氛条件下进行一系列化学反应并生成 MeS 相和 MeO 相，即铜锍和炉渣，二者因性质和密度的不同而分离。随炉料加入的熔剂会与精矿中部分铁和脉石形成炉渣。

熔炼过程中主要发生 5 种化学反应，分别是热分解反应、氧化反应、交互反应、造渣反应及燃料的燃烧反应。反应如表 3.2 所示。

表 3.2　熔炼工序中主要化学反应

反应类型	物质	反应方程式	说明
热分解反应	高价硫化物	$FeS_2 \longrightarrow FeS + \frac{1}{2}S_2$	573 K 反应开始 833 K 反应剧烈
		$2CuFeS_2 \longrightarrow Cu_2S + 2FeS + \frac{1}{2}S_2$	823 K 开始分解
		$2CuS \longrightarrow Cu_2S + \frac{1}{2}S_2$	673 K 反应开始 873 K 反应剧烈
	高价氧化物	$2CuO \longrightarrow Cu_2O + \frac{1}{2}O_2$	1 378 K、$p_{O_2} = 101.3$ kPa 反应开始，分解产物 Cu_2O 在熔炼温度下，p_{O_2} 值小于空气中的分压，即 1 573～1 773 K，$p_{O_2} = 21$ kPa 时是比较稳定的化合物
		$3Fe_2O_3 \longrightarrow 2Fe_3O_4 + \frac{1}{2}O_2$	1 653 K、$p_{O_2} = 21$ kPa 时分解生成稳定的 Fe_3O_4

反应类型	物质	反应方程式	说明
热分解反应	碳酸盐	$CaCO_3 \longrightarrow CaO + CO_2$	1 138 K、$p_{O_2} = 101.3$ kPa 时反应开始
		$MgCO_3 \longrightarrow MgO + CO_2$	913 K、$p_{O_2} = 101.3$ kPa 时反应开始进行
氧化反应	高价硫化物	$2CuFeS_2 + \dfrac{5}{2}O_2 \longrightarrow Cu_2S + FeS + FeO + 2SO_2$	788~823 K 反应开始
		$2CuS + O_2 \longrightarrow Cu_2S + SO_2$	
		$FeS_2 + \dfrac{5}{2}O_2 \longrightarrow FeO + 2SO_2$	
	低价硫化物	$FeS + \dfrac{3}{2}O_2 \longrightarrow FeO + SO_2$	低价硫化物的氧化可使 FeS 生成 FeO。当 p_{O_2} 气氛较强时，可生成 Fe_3O_4。硫化物反应的顺序是 FeS、ZnS、PbS、Cu_2S。炉料中主要成分是 FeS 和 Cu_2S，故 FeS 优先氧化，Cu_2S 后氧化，这是造锍熔炼的基础
		$3FeS + 5O_2 \longrightarrow Fe_3O_4 + 3SO_2$	
		$ZnS + \dfrac{3}{2}O_2 \longrightarrow ZnO + SO_2$	
		$PbS + \dfrac{3}{2}O_2 \longrightarrow PbO + SO_2$	
		$Cu_2S + \dfrac{3}{2}O_2 \longrightarrow Cu_2O + SO_2$	
交互反应	Cu_2O-FeS 反应	$Cu_2O + FeS \longrightarrow Cu_2S + FeO$	高温下，Cu 对 S 的亲和力大于 Fe，而 Fe 对 O 的亲和力大于 Cu 为反应时造锍熔炼的基础。1 573 K、化学平衡常数 $K_p = 7\,300$ 时，反应进行得非常彻底
	Cu_2S-Cu_2O 反应	$2Cu_2O + Cu_2S \longrightarrow 6Cu + SO_2$	熔炼温度下，反应易进行，该反应是铜锍中有金属铜的原因。当 FeS 含量高时，首先将 Cu_2O 硫化为 Cu_2S，故冰铜品位不高时，Cu 不可能存在
造渣反应	铁的氧化物与脉石	$2FeO + SiO_2 \longrightarrow 2FeO \cdot SiO_2$	放热反应
		$3Fe_3O_4 + FeS + 5SiO_2 \longrightarrow 5(2FeO \cdot SiO_2) + SO_2$	
燃烧反应	燃料	$C + O_2 \longrightarrow CO_2$	—
		$2H_2 + O_2 \longrightarrow 2H_2O$	
		$CH_4 + 2O_2 \longrightarrow 2H_2O + CO_2$	

硫化物氧化和造渣反应都是放热反应，如果能很好地利用这些热量，可降低反应过程中的燃料消耗，甚至实现自热熔炼。

上述反应生成了 FeS、Cu_2S、FeO、Fe_3O_4 及少量的 Cu、Cu_2O 等。氧化物与氧化剂中的 SiO_2、CaO、Al_2O_3 作用生成炉渣，全部硫化物形成铜锍。

1）传统工艺

（1）密闭鼓风炉

密闭鼓风炉的断面有矩形和椭圆形两种，椭圆形炉的端部水套为半圆形，不易加工，但炉内炉气分布得较均匀。一般小炉子多采用椭圆形炉，大工厂均采用矩形炉。从硫化精矿生产冰铜的鼓风炉剖面图如图 3.2 所示。

鼓风炉熔炼是在竖式炉中靠炉料与上升炉气对流加热进行熔炼的过程。鼓风炉是一种具有垂直作业空间的冶金设备，熔炼过程按逆流原理进行，即炉料与燃料从鼓风炉上部加入，垂直向下往本床移动，并从本床放出熔炼产物。鼓风炉内的空气及燃料燃烧所生成的气体从下面沿着垂直炉身通过炉内的炉料与燃料的空隙上升。密闭鼓风炉熔炼工艺流程及炉料、炉气分布分别如图 3.3 和图 3.4 所示。

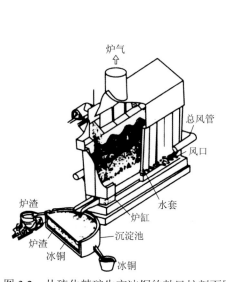

图 3.2　从硫化精矿生产冰铜的鼓风炉剖面图

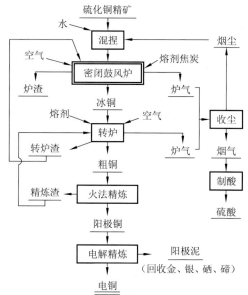

图 3.3　密闭鼓风炉熔炼的工艺流程图

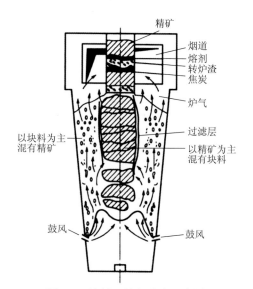

图 3.4　炉料、炉气分布示意图

根据炉内气相成分的不同，鼓风炉熔炼分为还原熔炼和氧化熔炼。还原熔炼适于处理氧化矿，氧化熔炼适于处理硫化矿。根据燃料的性质不同，硫化矿的熔炼又分为自热熔炼和半自热熔炼。

鼓风炉熔炼冰铜的适应性广，床能率大，热效率高，因此在历史上是重要的炼铜方法之一。传统的鼓风炉炉顶是敞开式的，只能处理块矿或烧结块，烟气含 SO_2 量低，不易有效回收，污染环境。为克服上述缺点，20 世纪 50 年代中期，出现了密闭鼓风炉熔炼铜精矿的方法。

与传统的敞开式鼓风炉相比，密闭鼓风炉具有以下优点。①敞开式鼓风炉熔炼时，烟气 SO_2 体积分数仅为 0.5%左右；而密闭鼓风炉熔炼时，烟气 SO_2 体积分数可达 3%~5%，甚至更高，既可制酸，又减轻了环境污染。②精矿只要加水混捏后即可直接加入炉内，使流程简化，具有投资少、建设快等特点。

由于这种工艺能耗较高，熔炼烟气 SO_2 浓度低，不宜有效回收，造成对大气的严重污染，所以我国已基本淘汰完毕。

（2）反射炉

反射炉为卧式长方形炉，炼铜反射炉的构造如图 3.5 所示。

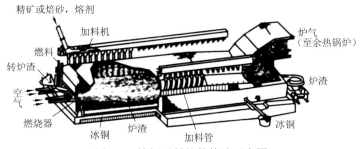

图 3.5　炼铜反射炉的构造示意图

反射炉本体由炉基、炉底、炉墙、炉顶及加固支架等组成，还包括转炉渣注入口、冰铜放出口、放渣口、排烟道等。

炼铜的主要原料是浮选精矿，这种颗粒很细的精矿适合在反射炉内处理，因而随着浮选法的发展，反射炉得到了广泛的应用。

反射炉熔炼冰铜有两种方法，一是生精矿熔炼，二是焙砂熔炼。①当硫化铜精矿直接在反射炉内熔炼时，熔炼的基本过程是硫化物的熔析和脉石的造渣，这种熔炼方式称为生精矿熔炼。熔炼生精矿的优点是取消了焙烧系统，减少了投资费用，烟尘量较少，渣含铜量低，金属回收率可提高 3%～3.5%；缺点是由于精矿中含有水分，故熔炼时燃料消耗较多，熔化速度慢，因而生产率较低。②当硫化铜精矿直接熔炼所得的冰铜品位太低，如低于 20%时，必须预先焙烧，使其转变为含一定量金属氧化物的焙砂。焙砂加入反射炉熔炼时，除进行硫化物熔析和脉石造渣外，还有硫化物和氧化物之间的相互反应，这种熔炼方式称为焙砂熔炼。焙烧除了起脱硫作用及去除部分杂质，还能使炉料在焙烧炉中很好地混合并被预热，使水分全部蒸发。将热焙砂加入反射炉中，可改善反射炉的熔炼条件，因而熔炼焙砂的反射炉生产率比熔炼生精矿高。但由于选矿技术的发展，铜精矿的品位提高，反射炉熔炼生精矿增加。

反射炉熔炼可直接处理生精矿，也可处理铜精矿焙烧后的焙砂，还可处理两者的混合炉料。反射炉用的燃料灵活性较大，可用固体燃料，如粉煤；也可用液体燃料，如重油等；还可用气体燃料，如煤气等。因原料、燃料不同，工艺流程也有差别。原料为生精矿，燃料用粉煤的反射炉熔炼工艺流程如图 3.6 所示。

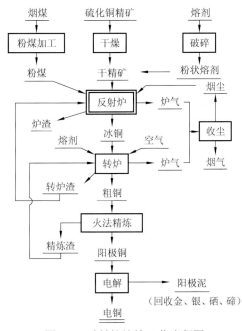

图 3.6　反射炉熔炼工艺流程图

（3）电炉

密闭鼓风炉熔炼、反射炉熔炼，其过程所需热量均由燃料燃烧和炉料在熔炼过程中发生化学反应放出的热来供给。电炉熔炼的特点是电能通过熔渣转变为热能，它的高温区集中于渣层。

按电能转换为热能的方式不同，电炉分为电阻炉、电弧炉、感应炉和复合式电炉等。熔炼铜精矿的电炉，属电阻、电弧复合式电炉。这种电炉的电能一部分是在气体介质中通过电弧转变为热能，另一部分是在固体或液体炉料中通过电阻转变为热能。这种电炉多用于熔炼矿石和精矿，故又称为矿热电炉。

在矿热电炉中，电流从一个电极通过炉渣和冰铜导向另一个电极，其中大部分电能直接在渣层中转换为热能，使炉渣得到较大程度的过热，温度提高到 1 773～1 973 K，然后用强烈过热的炉渣作载热体，使炉料受热熔化。

矿热电炉大多为长方形，由炉基、炉底、炉墙、炉顶组成，外有加固钢架，如图 3.7 所示。

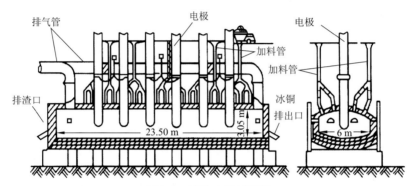

图 3.7　矿热电炉示意图

电炉熔炼要求炉料中水分含量在一定的范围内，并将炉料制粒。因炉料加入电炉后，在熔池表面上形成料堆，炉料中的水分和 SO_2 排出必须通过料层，如水分较多，一方面蒸发水分消耗电能，另一方面产生的气体易造成料堆倒塌。炉料制粒有好的透气性，当料堆埋入熔池较深处时，也使熔炼过程顺利进行。电炉熔炼工艺流程如图 3.8 所示。

随着国家对环保和节能减排的调控力度加大，我国铜工业骨干冶炼企业通过科技攻关和技术改造，大力引进和自主创新先进生产技术和装备，从产业结构上优化能源消耗、促进节能降耗，逐步淘汰了污染严重的鼓风炉、电炉和反射炉炼铜技术。自铜陵有色金属集团股份有限公司 2007 年 12 月关闭了第一冶炼厂鼓风炉后，烟台鹏晖铜业有限公司、赤峰金剑铜业有限责任公司等国内冶炼企业也相继于 2007～2008 年进行了采用先进铜冶炼工艺代替密闭鼓风炉的改造工程。同时国内其他采用鼓风炉炼铜技术的企业也在筹划对落后产能进行改造。2008 年，中国有色工程设计研究总院与山东东营方圆有色金属有限公司共同研发的方圆氧气底吹熔炼多金属捕集技术，是我国自主研发、具有自主知识产权，并首先运用于大规模生产实践的多金属综合提取重点先进技术，填补了国家空白，也是世界炼铜工艺的重大突破。

2）富氧强化熔炼工艺

富氧强化熔炼工艺是目前铜火法冶炼的主流技术，包括闪速熔炼工艺和熔池熔炼工艺，其中熔池熔炼工艺又分为顶吹、底吹和侧吹工艺。铜闪速熔炼工艺及熔池熔炼工艺流程如图 3.9 和图 3.10 所示。

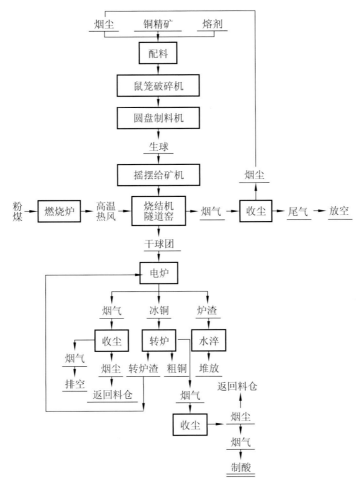

图 3.8　电炉熔炼工艺流程图

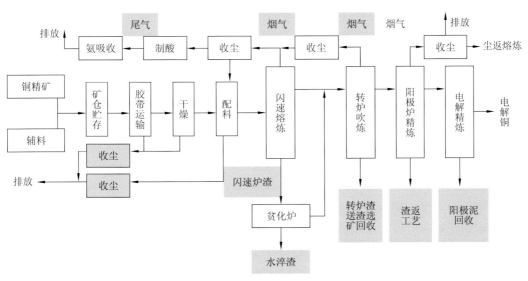

图 3.9　闪速熔炼工艺流程图

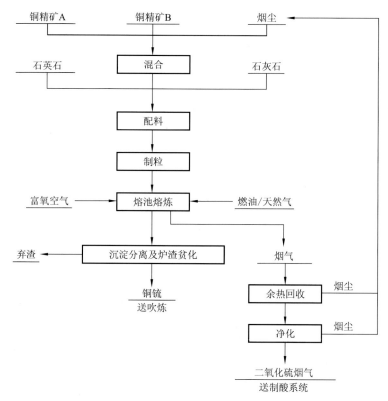

图 3.10　熔池熔炼工艺流程图

（1）闪速熔炼工艺

浮选精矿是细磨的炉料，颗粒直径约有 90% 小于 0.074 mm，其具有很大的单位表面积，化学和物理过程能以极快的速度在这种表面上进行。有的熔炼方法没有充分利用被处理炉料的巨大活性表面积，如鼓风炉熔炼必须把铜精矿烧结成块或加水混捏成糊状；电炉熔炼要求把铜精矿预先制成粒状。这两种熔炼方法中，细粒铜精矿不仅无助于过程的强化，还妨碍熔炼过程的顺利进行。又如，在适于处理粉状炉料的反射炉内，炉料成堆放置，料坡表面只是全部颗粒表面积微不足道的部分，炉内气体仅与传热条件极为不良的料坡表面接触，大大限制了反射炉的生产能力。

闪速熔炼克服了上述缺点，其特点是把焙烧、熔炼和部分吹炼合并在一个设备中进行。闪速熔炼是将预热空气和干燥精矿以一定比例加入反应塔顶部的精矿喷嘴中，在喷嘴内空气和精矿发生强烈的混合，并以很大的速度呈悬浮状态垂直喷入反应塔内，布满整个反应塔截面，当炉料进入炽热的反应塔后，立即燃烧。

由于放热反应，塔内温度升高到熔炼所需的温度。因此，闪速熔炼把强化扩散和强化热交换这两个因素配合起来，大大强化了熔炼过程，使闪速炉的生产能力显著提高，并降低燃料率、缩小熔炼设备的尺寸。

闪速熔炼的生产过程是用富氧空气或热风，将干精矿喷入专门设计的闪速炉的反应塔，精矿粒子在空间悬浮的 1～3 s 时间内，与高温氧化性气流迅速发生硫化矿物的氧化反应，并放出大量的热，完成熔炼反应即造锍的过程。反应的产物落入闪速炉的沉淀池中进行沉降，使铜锍和渣得到进一步分离。

闪速熔炼工艺是现代火法炼铜的主要工艺之一，目前世界约 50%的粗铜冶炼能力采用闪速熔炼工艺。我国目前采用闪速熔炼工艺的冶炼厂主要有江西铜业集团有限公司贵溪冶炼厂、广西金川金属有限公司铜冶炼厂和山东阳谷祥光铜业有限公司等炼厂，2014年底该工艺产能约为 290 万 t/a，占全国粗铜产能的 36%。

闪速法铜冶炼工艺技术为《国家重点行业清洁生产技术导向目录》（第二批）中公布推广的清洁生产技术。

（2）熔池熔炼工艺

① 富氧顶吹熔池熔炼工艺

富氧顶吹熔池熔炼工艺是通过喷枪把富氧空气强制鼓入熔池，使熔池产生强烈搅动以加快化学反应的速度，充分利用精矿中的硫、铁氧化放出的热量进行熔炼，同时产出高品位冰铜。熔炼过程中不足的热量由燃煤和燃油提供。

富氧顶吹熔炼工艺熔炼系统由三个炉子组成，即熔炼炉、贫化炉和吹炼炉。铜精矿、熔剂、返料、燃料煤经配料仓按预定要求计量配料后送制粒机加水制粒，以含水 9%～10%的黏团料方式，由加料皮带从炉顶加料口投入炉内。经过制粒混有燃料煤的混合铜精矿，一旦粒料加入熔融层，粒料中水分马上就挥发掉，粒料变成粉末与冰铜和渣激烈地搅动并进行反应，形成一个气、固、液三相快速地传质传热，熔炼炉就变成一个高速的反应器。熔炼需要的富氧空气通过喷枪鼓入熔池，为了便于生产期间的温度控制，还可从喷枪加入燃油对炉温进行微调，熔炼产生的冰铜和炉渣混熔体由炉底的放铜口（或虹吸锍口）及溜槽放出，进入贫化电炉澄清分离。熔炼炉含尘烟气经余热锅炉降温和粗收尘后（其中余热锅炉部分黏结烟尘在锅炉的振打作用和重力影响下回到熔炼炉）进入电收尘器进一步收尘，出口烟气进入硫酸厂制酸。余热锅炉收下的烟尘返配料系统，电收尘器收下的烟尘实现开路单独处理，贫化炉渣定期水碎。冰铜分批送吹炼炉吹炼成粗铜；吹炼渣返回贫化炉或水碎，水碎渣返回熔炼配料，粗铜进入精炼炉。吹炼炉烟气与熔炼一样，经余热锅炉、电收尘后，与熔炼炉净化烟气合并送硫酸车间制酸。

目前主要富氧顶吹熔炼工艺为奥斯麦特炉和艾萨炉熔炼技术。我国铜陵的金昌冶炼厂、山西中条山有色金属集团有限公司侯马冶炼厂、赤峰金通铜业有限责任公司采用奥斯麦特熔炼工艺，云南铜业股份有限公司使用的是艾萨熔炼工艺。由于其对原料的适应性强，采用该技术期间产能显著提高。

② 富氧侧吹熔炼工艺

富氧侧吹熔池熔炼的生产过程是通过侧吹炉两侧的风口向炉内鼓入富氧压缩空气，在富氧压缩空气的作用下，熔体在侧吹炉内剧烈搅拌，由炉顶加入混矿，通过炉气干燥后，在熔体内形成气—液—固三相间的传质、传热过程，完成造渣、造锍反应，形成的渣锍共熔体在贫化前床内澄清分离，得到水碎渣和冰铜。形成的高温烟气经余热锅炉生产蒸气，烟气送制酸。该工艺技术具有效率高、能耗低、对原料的适应性强、处理能力大、环保、操作简单、投资少等优点。单台熔炼炉的粗铜产能可达 15 万 t/a。

富氧侧吹熔炼是一种富氧强化炼铜工艺，熔炼炉烟气量大大减少，提高了熔炼炉的热效率。由于可以充分利用熔炼的反应热，燃料消耗大大减少。熔炼烟气 SO_2 体积分数为 8%～14%，有利于制酸，硫的总捕集率达到 98.45%，制酸尾气 SO_2 经脱硫后排放浓度低于 400 mg/m³，满足达标排放要求。处理后的制酸污水可循环利用。

目前烟台鹏晖铜业有限公司拟采用该工艺进行技术改造；赤峰金剑铜业有限责任公司新建使用双侧吹（金峰炉）工艺；铜陵有色金属集团股份有限公司内蒙古分公司拟采用双闪工艺。

③ 富氧底吹熔炼工艺

该工艺技术为我国自主研发的铜熔炼工艺技术。混合矿料不需要干燥、磨细，配料后由皮带传输连续从炉顶加料口进入炉内的高温熔池中，氧气和空气通过底部氧枪连续送入炉内的铜锍层，氧气以大量的小气泡动态地悬浮于熔体中，有很大的气-液相接触面积，具备极好的反应动力学条件，连续加入的铜精矿不断地被迅速氧化、造渣。硫生成 SO_2 从炉子的排烟口连续地进入余热锅炉，经电收尘后进入酸厂处理。炉内形成的炉渣从端部定期放出，由渣包吊运至缓冷场，缓冷后进行渣选矿。形成的铜锍从侧面放锍口定期放出，由铜锍包吊运到 P-S 转炉吹炼。

目前国内采用该技术的企业有东营方圆有色金属有限公司和山东恒邦冶炼股份有限公司。

3. 吹炼工序

冰铜吹炼的目的是去除其中的铁和硫及部分其他有害杂质，以便获得粗铜。吹炼过程中金和银富集于粗铜中。吹炼作业是在有石英熔剂存在的情况下将压缩空气吹过炉内熔融的冰铜，过程所需的热主要由吹炼过程中发生的放热反应供给。

吹炼过程由两个阶段组成。在第一阶段中，FeS 强烈氧化，生成 FeO 并放出 SO_2 气体。FeO 与加入炉内的石英熔剂造渣，冰铜逐渐被铜富集。反应方程式如下：

$$2FeS + 3O_2 \longrightarrow 2FeO + 2SO_2 + Q$$

$$2FeO + SiO_2 \longrightarrow 2FeO \cdot SiO_2 + Q$$

总反应式为

$$2FeS + 3O_2 + SiO_2 \longrightarrow 2FeO \cdot SiO_2 + 2SO_2 + Q$$

这是一个强烈的放热过程。一些 FeO 形成后尚未与 SiO_2 接触造渣，就被空气进一步氧化。反应如下：

$$6FeO + O_2 \longrightarrow 2Fe_3O_4 + Q$$

此反应的放热量比 FeS 氧化造渣反应放热量还多 1 倍。根据这一特点，在第一阶段如熔池温度不够高，可暂不加石英，空吹一段时间，使 FeO 进一步氧化成 Fe_3O_4 以提高炉温。

在熔池表面存在 SiO_2 的条件下，吹炼过程中形成的 Fe_3O_4 可被 FeS 还原造渣。反应如下：

$$3Fe_3O_4 + FeS + 5SiO_2 \longrightarrow 5(2FeO \cdot SiO_2) + SO_2 - Q$$

冰铜和炉渣由于密度不同及相互溶解度有限，在转炉停风时分层，炉渣定期倒出。第一阶段进行到得到含铜 75% 以上和含铁千分之几的富冰铜为止，其产物是白冰铜、炉渣、炉气和烟尘。在第一阶段除 Cu_2S 外，冰铜中的其他金属硫化物，多数先后氧化，或进入炉渣或进入烟尘。这一阶段以生成大量炉渣为特征，故又称造渣期。

在第二阶段中，白冰铜继续吹炼至获得粗铜，不需加入熔剂。在这一阶段中，Cu_2S 氧化成 CuO，并与未氧化的 Cu_2S 相互反应生成 Cu 和 SO_2，直至与铜结合的硫全部除去为止。反应方程式如下：

$$Cu_2S + \frac{1}{2}O_2 \longrightarrow Cu_2O + SO_2 + Q$$

$$Cu_2S + 2Cu_2O \longrightarrow 6Cu + SO_2 - Q$$

总反应式为

$$Cu_2S + O_2 \longrightarrow 2Cu + SO_2 + Q$$

这一阶段以不生成或生成极少量炉渣为特征，故又称造粗铜期。

由密闭鼓风炉、反射炉、电炉或闪速炉熔炼产出的冰铜，以熔体状态注入转炉中，然后往冰铜熔体中鼓入大量空气，在一定时间内加入适量石英熔剂，进行吹炼，最后得到粗铜。

吹炼得到的粗铜送火法精炼，吹炼炉渣含铜量较高，必须进一步处理。反射炉、电炉熔炼冰铜，吹炼炉渣以熔融状态返回反射炉、电炉；密闭鼓风炉熔炼冰铜，吹炼炉渣凝固破碎后返回鼓风炉；闪速炉熔炼冰铜，吹炼炉渣与闪速炉渣合并处理。吹炼炉气可汇集到熔炼冰铜炉气中处理。冰铜吹炼的工艺流程如图 3.11 所示。

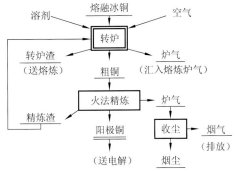

图 3.11　冰铜吹炼的工艺流程图

1）P-S 转炉吹炼技术

转炉的铜锍吹炼过程中，向转炉中连续吹入空气，当熔体中 FeS 氧化造渣被去除后，炉内仅剩 Cu_2S（即白冰铜），Cu_2S 继续吹炼氧化生成 Cu_2O，Cu_2O 再与未被氧化的 Cu_2S 发生交互反应生成金属铜。

该工艺适用范围广，不论生产规模大小、铜锍品位高低，均可应用该工艺。P-S 转炉吹炼工艺为分周期、间断作业；其缺点是炉体密闭差，漏风大，烟气 SO_2 浓度低，设备台数多，物料进出需要吊车装运，低空污染较严重。

2）闪速吹炼技术

闪速吹炼工艺技术是将熔炼炉产出的熔融的铜锍进行水碎，磨细干燥后在闪速炉中用富氧空气进行吹炼得到粗铜，基本原理和工艺过程与闪速熔炼相同，但是加入的是高品位铜锍，吹炼过程连续作业。该工艺适用于年产 20 万 t 粗铜以上大规模工厂。

闪速吹炼炉与闪速熔炼炉搭配使用即双闪工艺，由于该工艺为连续吹炼技术，取消一般吹炼工艺用吊车吊装铜包及渣包等操作，且设备密封性能好，无烟气泄漏，彻底解决铜冶炼行业吹炼工序低空污染问题，大大降低无组织排放造成的 SO_2 和含重金属烟尘污染程度。目前国内山东阳谷祥光铜业有限公司和铜陵有色金属集团股份有限公司采用该工艺。

3）顶吹浸没吹炼工艺

顶吹浸没吹炼炉由炉顶加料孔加入干铜锍、熔剂，或从底部熔池面流入铜锍与鼓入的空气或富氧空气反应进行吹炼工作。吹炼炉喷枪垂直插入固定的奥斯麦特炉炉身。该工艺目前在中条山有色金属集团有限公司侯马冶炼厂和云南锡业股份有限公司冶炼分公司应用。

4）侧吹连续吹炼工艺

侧吹连续吹炼炉在正常作业时，铜锍由密闭鼓风炉的前床或沉降电炉的虹吸口经溜槽加放炉内，石英由炉顶水套上的气封加料口加入炉内吹炼区，压缩空气通过安装在炉墙侧面的风口直接鼓入熔体内，熔体、压缩空气、石英三相在炉内进行良好的接触及搅动，使氧化、造渣反应进行得很快，直到炉内熔体含铜量达到 77%（接近白铜锍），反应时间为 4～5 h，这一过程被称为造渣期。造渣后，在不加铜锍和熔剂的情况下，继续大风量吹风 1～2 h，形成约 150 mm 的粗铜层后，开始放粗铜铸锭。连续吹炼炉每个吹炼周期包括造渣、空吹和出铜三个阶段，操作周期为 7～8 h。

该工艺仅适用于 5 万 t/a 及以下规模的铜工厂，进料为液态铜锍，铜锍品位宜低。

密闭鼓风炉炼铜工厂多半应用侧吹连续吹炼技术，如杭州富春江冶炼有限公司原鼓风炉熔炼工艺。目前中国有色集团抚顺红透山矿业有限公司冶炼厂、楚雄滇中冶炼厂等使用鼓风炉工艺的小厂还在采用该工艺。

4. 火法精炼工序

冰铜吹炼产出的粗铜中，除含有 98.5%～99.5% 的铜外，还含有 0.5%～1.5% 的杂质。这些杂质主要是镍、铅、砷、锑、铋、铁、硫和氧，尽管数量不多，但对铜的使用性能、加工性能有不良的影响。另有一定数量的具有回收价值的稀贵金属。要去除有害杂质，回收有价金属，必须对粗铜进行精炼。

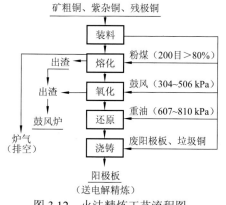

图 3.12 火法精炼工艺流程图

粗铜的火法精炼，是在精炼炉中将固体粗铜熔化或直接装入粗铜熔体，然后向其中鼓入空气，使熔体中对氧亲和力较大的杂质如锌、铁、铅、锡、砷、锑、镍等发生氧化，以氧化物的形态浮于铜熔体表面形成炉渣，或挥发进入炉气而除去，残留在铜熔体中的氧经还原脱去后，铜即可浇铸成电解精炼用的阳极板。火法精炼工艺流程如图 3.12 所示。

1）反射炉精炼工艺

将待精炼的液态或固态矿粗铜或再生铜由加料设备加入 1 250～1 360 ℃的反射炉，靠燃料燃烧将物料加温或熔化，物料完全熔化后开始进行氧化精炼，除去粗铜里的杂质，得到符合浇铸要求的阳极铜。固定式反射炉简图如图 3.13 所示。

2）回转炉精炼工艺

回转炉氧化精炼及还原过程与反射炉一样。回转式精炼炉采用机械传动，单台能力可达 600 t 以上，自动化水平高，不需要人工持管操作，整个过程在相对密封的设备内进行，很少有烟气外泄，环保条件好。

回转炉不适合处理大量的固体物料，所以不能用于专门处理固体废杂铜，一般用于处理热态熔融粗铜。回转式精炼炉本体外形结构与吹炼用转炉类似，如图 3.14 所示。

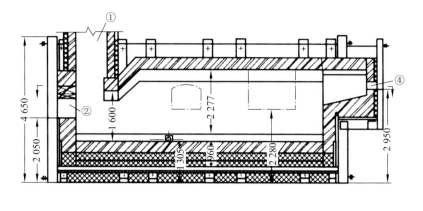

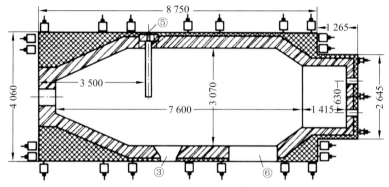

图 3.13　固定式反射炉简图

①—电动机；②—研磨器；③—喷嘴；④—风叶；⑤—磨叶；⑥—水冷轴承；图中数字单位为 mm

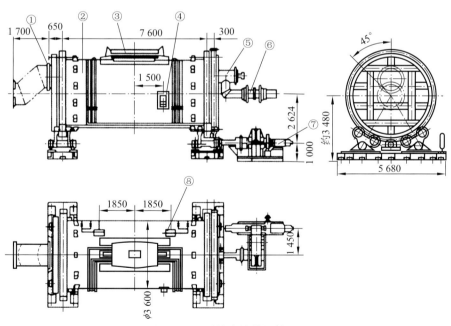

图 3.14　回转式精炼炉简图

①—排烟口；②—炉体；③—炉口；④—放铜口；⑤—燃烧器；⑥—活接头；⑦—驱动电动机；⑧—风嘴

图中数字单位为 mm

3）倾动炉精炼工艺

倾动炉是由瑞士麦尔兹炉窑公司开发研制的，它实际上是可倾动的反射炉，既有固定式反射炉加料、扒料方便的优点，又有回转炉可根据不同的精炼阶段转动炉体改变炉位的特点，所以多用于处理固体物料，如冷粗铜和废杂铜。

5. 电解精炼工序

火法精炼产出的阳极铜中，铜的品位一般为99.2%～99.7%，其中还含有0.3%～0.8%的杂质，杂质主要为砷、锑、铋、镍、钴、铁、锌、铅、氧、硫、金、银、硒和碲等。有些杂质含量虽不多，但能使铜的使用性能或加工性能变差。例如铜中砷的质量分数只要达0.0013%，就会使铜的电导率降低1%；铅的质量分数只要达0.05%，铜即变热脆，难以加工，火法精炼难以把这些杂质去除到能满足各种应用的要求。有些杂质本身具有回收价值，如金、银、硒、碲等，而火法精炼时难以回收。为了提高铜的性能，使其达到各种应用的要求，同时回收其中的有价金属，必须进行电解精炼。

电解精炼的目的就是把火法精炼铜中的有害杂质进一步去除，得到既易加工又具有良好使用性能的电解铜，同时回收金、银、硒、碲等有价金属。

铜的电解精炼是以火法精炼铜为阳极、纯铜片为阴极、硫酸和硫酸铜的水溶液为电解液，在直流电的作用下，阳极上的铜和比铜更负电性的金属电化熔解，以离子状态进入电解液；比铜更正电性的金属和某些难熔化合物不熔于电解液而以阳极泥形态沉淀；电解液中的铜离子在阴极上电化析出，成为阴极铜，从而实现了铜与杂质的分离；电解液中比铜更负电性的离子积聚在电解液中，在净液时被去除；阳极泥进一步处理，回收其中的有价金属；残极送火法精炼重熔。铜电解精炼工艺流程如图3.15所示。

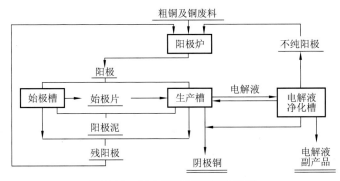

图 3.15　铜电解精炼工艺流程图

1）常规电解精炼工艺

常规电解精炼工艺采用铜薄片（厚度为0.3～0.7 mm）经加工安装吊耳后制成铜始极片作为阴极，电解过程中铜离子析出于始极片上成为阴极铜。一片始极片仅能使用一个铜电解阴极周期，所以电解车间还需要配备种板槽，专门生产制作始极片用的铜薄片。种板槽所用的阳极与电解槽用的阳极一样，采用的阴极板又称母板，材质有三种：不锈钢板、钛板或轧制铜板。当铜在阴极上沉积到合适的厚度后，将其从种板槽吊出剥下即送去制作始极片，母板送回种板槽循环使用。

2）不锈钢阴极电解精炼工艺

最早的不锈钢阴极电解精炼工艺——艾萨（ISA）法电解工艺，是澳大利亚汤斯维尔铜精炼公司于 1979 年开发的，目前国外已有 ISA 法、KIDD 法、OT 法、EPCM 法，国内也相继开发出多种不锈钢阴极板。该技术使用不锈钢阴极板代替铜始极片作阴极，产出的阴极铜从不锈钢阴极板上剥下，不锈钢阴极板再返回电解槽中使用。由于不锈钢阴极板平直，所以可采用高电流密度进行生产。与常规电解相比，它工艺流程简化，生产效率高，产品质量好，因此具有常规电解及周期反向电解不可比拟的优点，是先进的电解精炼工艺技术。

6. 熔炼炉渣处理工序

采用富氧熔炼后，熔炼强度大增，熔炼炉内炉渣和铜锍分离不完全，渣含有价金属量较高。为了节约资源，熔炼炉渣还需后续处理，以降低有价金属损失。熔炼炉渣后续处理方法有沉降法和选矿法。

1）沉降工艺

沉降法是将炉渣流入沉降（或贫化）炉，炉渣在沉降炉以静止状态停留一定时间，使炉渣与铜锍分离。沉降炉多数为电炉，还有回转炉。沉降炉产铜锍和熔炼炉产铜锍合并送吹炼处理。沉降炉渣经水碎后送渣场堆放或利用。沉降炉烟气经收尘后，可达标排放。

2）选矿工艺

选矿法是熔炼炉渣先进行缓冷，使渣中的硫化亚铜晶体长大。缓冷渣经破碎、磨矿、浮选，产出渣精矿，渣精矿返熔炼处理，尾矿送渣场堆存。

3.1.2　湿法冶炼

湿法炼铜技术的发展使大量难以用火法处理的低品位氧化矿、废矿堆及浮选尾矿能够有效地浸出，并经萃取富集成适合电积的溶液，成为炼铜的重要资源。炼铜的主要原料是硫化铜矿。目前，我国湿法炼铜产量约占总产量的 5%，全球电积法铜产量占总产量的 20%。湿法炼铜的产量呈逐年递增趋势，智利为最大的湿法炼铜生产国，年产量达 111.6 万 t，其次为美国 53.06 万 t。火法处理硫化矿的优点是生产率较高、能耗较低、电铜质量好、有利于回收金银等。火法炼铜技术在炼铜工业中一直处于主导地位，然而随着铜矿的大量开采，富矿越来越少，能满足火法炼铜要求的精矿来源越来越少，阻碍了火法炼铜的发展。并且，随着人们环境保护意识的增强，传统的火法炼铜逐渐暴露出来的生产成本高和 SO_2 对环境的污染等问题，使湿法炼铜近 20 年来获得长足发展。

随着矿石的开采，含铜量较高的硫化铜矿已日趋枯竭，开采品位越来越低。因此，低品位硫化矿、复合矿、氧化矿和尾矿将成为炼铜的主要资源。若把贫矿精选之后使其符合火法要求，选矿费用将成倍提高，经济上不合理。

只要以硫化铜矿为原料，不管采用何种火法处理方法，都不同程度地存在 SO_2 对大气的污染问题。闪速熔炼其过程本身产出的 SO_2 虽已得到较有效的控制与利用，但也未达到无污染的程度。要控制火法炼铜带来的大气污染，必须增设环保设施，因此增加了基建投资。

基于上述原因，湿法炼铜除处理氧化矿外，随着浸出法及萃取剂的发展，其处理硫化矿的趋势日益增大。湿法处理硫化矿具有无 SO_2 污染、过程较简单、易于实现机械化和自动化、投资少、铜的回收率高等优点。

湿法炼铜一般分为两个过程，首先是借助溶剂的作用，使矿石中的 Cu 及其化合物溶解并转入溶液中；其次是用萃取-电积、置换-电积、氢还原或热分解等方法将溶液中的铜提取出来。常用的溶剂有酸性溶剂和碱性溶剂，一般情况下，酸性溶剂适合处理含酸性脉石（如 SiO_2）的氧化矿石，碱性溶剂适合处理含碱性脉石（如 $CaCO_3$、$MgCO_3$）的氧化矿石。湿法炼铜工艺流程大致可分为三类：铜矿直接浸出、铜矿硫酸化焙烧后浸出、铜矿还原焙烧后浸出。在三类流程中，只有第一类是完全的湿法炼铜。

相比于火法炼铜，湿法炼铜有以下优点：①可以处理低品位铜矿。美国采用堆浸处理的铜矿石品位甚至低至 0.04%。过去认为无法处理的表外矿、废石、尾矿等均可作为铜资源被重新利用，因此大大扩大了铜资源的利用范围。②湿法炼铜工艺过程简单，能耗低，因此其生产成本低。③投资费用低、建设周期短。国外大型湿法炼铜厂的单位投资费用约为火法炼铜厂的 1/2。我国湿法炼铜厂由于设备简陋，单位投资费用更低。④环境污染小。湿法炼铜工艺没有 SO_2 烟气排放，硫化矿加压浸出时硫可以固体形式产出，避免了硫酸过剩的问题。尤其是地下溶浸技术不需要把矿石开采出来，不破坏植被和生态。⑤阴极铜产品质量高。由于溶剂萃取技术对铜的选择性很好，因此铜电解液纯度高，产出的阴极铜质量可以达到 99.999%，再加上采用了 Pb-Ca-Sn 合金阳极以及在电解液中加 Co^{2+} 等措施，有效地防止了铅阳极的腐蚀，保证了阴极产品的质量。⑥生产规模可大可小，适合我国企业的特点。近年来湿法炼铜的研究方向已经从氧化矿和废石转向了硫化矿，甚至把以黄铜矿为主要成分的铜精矿作为挑战目标，相信在不久的将来可以实现采用湿法冶金技术处理任何铜矿，而且在投资和成本上能与火法冶金展开竞争。

1. 铜矿浸出体系的选择

1）酸性浸出

酸性浸出常用的浸出剂有硫酸、盐酸和硝酸，但对于铜矿浸出，硫酸是最主要的浸出剂。湿法炼铜中，硫化铜精矿先进行硫酸化焙烧。焙烧的目的是使铜的硫化物转化为可溶于水的硫酸盐和可溶于稀硫酸的氧化物；铁的硫化物转化为不溶于稀酸的氧化物；产出的 SO_2 制硫酸用。

焙砂中的铜主要以 $CuSO_4$、$CuO·CuSO_4$ 及少量 CuO、Cu_2O、Cu_2S 形态存在。焙砂在浸出时，$CuSO_4$ 溶于水，成为硫酸铜水溶液。$CuO·CuSO_4$、CuO 在硫酸作用下，以 $CuSO_4$ 进入溶液，反应如下：

$$3CuO·CuSO_4 + 3H_2SO_4 \longrightarrow 4CuSO_4 + 3H_2O$$

$$CuO + H_2SO_4 \longrightarrow CuSO_4 + H_2O$$

要使 $CuO·CuSO_4$ 溶解，必须有足够的硫酸，但不能过量，否则会引起铁的氧化物的溶解。当浸出终止，即浸出液中酸质量浓度为 1～3 g/L 时，铜的浸出率较高，而铁的溶解很少。Cu_2S 可溶解于 5% 的稀酸中，但作用缓慢。浸出渣一般含铜量在 0.5%～1.5%，还含有铁的氧化物、铅、铋和贵金属等。

用硫酸浸出氧化铜矿时，主要采用堆浸。铜主要应以孔雀石、硅孔雀石、赤铜矿等形态存在，矿石含铜品位为 0.1%～0.2%。脉石成分应以石英为主，一般 SiO_2 质量分数均大于 80%，而碱性脉石 CaO、MgO 含量低，二者之和不大于 3%。

2）细菌浸出

细菌浸铜技术是一种生物化学冶金法。细菌冶金是从低品位难选硫化矿、半氧化矿中提取铜的一种可行的方法。细菌主要是氧化亚铁硫杆菌，可在多种金属离子存在和 pH 为 1.5～3.5 的条件下生存和繁殖。氧化亚铁硫杆菌在其生命活动中产生一种酶素，此酶素是 Fe^{2+} 和 S 氧化的催化剂。细菌浸出过程包括以下步骤。

（1）细菌使铁和铜的硫化物氧化，反应如下：

$$CuFeS_2 + 4O_2 \longrightarrow CuSO_4 + FeSO_4$$

$$2FeS_2 + 7O_2 + 2H_2O \longrightarrow 2FeSO_4 + 2H_2SO_4$$

（2）细菌使 Fe^{2+} 氧化成 Fe^{3+}，反应如下：

$$2FeSO_4 + \frac{1}{2}O_2 + H_2SO_4 \longrightarrow Fe_2(SO_4)_3 + H_2O$$

（3）Fe^{3+} 是硫化物和氧化物的氧化剂，反应如下：

$$Fe_2(SO_4)_3 + Cu_2S + 2O_2 \longrightarrow 2FeSO_4 + 2CuSO_4$$

$$2Fe_2(SO_4)_3 + CuFeS_2 + 3O_2 + 2H_2O \longrightarrow 5FeSO_4 + CuSO_4 + 2H_2SO_4$$

$$Cu_2O + Fe_2(SO_4)_3 + H_2SO_4 \longrightarrow 2CuSO_4 + 2FeSO_4 + H_2O$$

细菌浸出时可采用就地浸出和堆浸的方法。浸出周期较长，需数月或数年。细菌浸铜有两种方法，一是细菌直接浸出，二是细菌在代谢过程中将矿石中的硫和铁转变成 H_2SO_4 和 $Fe_2(SO_4)_3$，然后与铜矿物反应。

3）氨浸出

氨浸用氨和氨盐的水溶液，用于氧化铜矿，并适合处理碱性脉石如 CaO、MgO 含量高的铜矿石。反应如下：

$$CuO + 2NH_4OH + (NH_4)_2CO_2 \longrightarrow Cu(NH_3)_4CO_3 + 3H_2O$$

$$Cu(NH_3)_4CO_3 + Cu \longrightarrow Cu_2(NH_3)_4CO_3$$

上述反应可在常压、常温或加温（323 K）条件下进行。浸出的技术条件是原料粒度小于 0.074 mm 的占 80%以上，矿浆浓度为 30%～40%。氨浸硫化铜矿时需有足够的氧，以促进硫和低价铜的氧化。

氨浸法的优点是氨不与脉石作用，所得浸出液比较纯。

2. 铜矿浸出方式

1）槽浸

槽浸是早期湿法炼铜中普遍采用的一种浸出方式，通常在浸出槽中用含 H_2SO_4 50～100 g/L 的溶液浸出含铜量 1%以上的氧化矿。浸出液的铜浓度较高，可直接用电积法提取铜。浸出槽如图 3.16 所示。

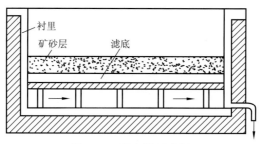

图 3.16　浸出槽示意图

2）搅拌浸出

搅拌浸出是在装有搅拌装置的浸出槽中进行，用含 H_2SO_4 50～100 g/L 的溶液浸出细粒（不大于 75 μm 的占 90%以上）氧化铜矿或硫化铜矿的焙砂。与槽浸相比，搅拌浸出速度快、浸出率高，但设备运转能耗高。

搅拌浸出有机械搅拌与空气搅拌两种方式。机械搅拌和空气搅拌分别如图3.17所示。

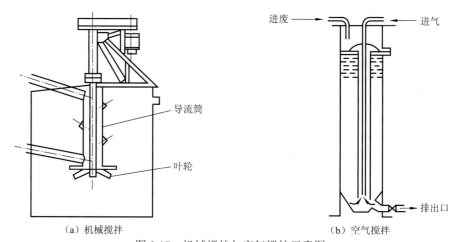

（a）机械搅拌　　　　　　　　　（b）空气搅拌

图 3.17　机械搅拌与空气搅拌示意图

3）堆浸

矿石堆浸前先经过破碎，控制粒度不大于 20 mm，在底部不渗漏、有一定自然坡度的堆矿场上分区分层地堆上矿石，每层堆到预定高度层 1～3 m，然后喷洒稀硫酸溶液进行浸出。喷淋系统设备包括输液泵、PVC 管路、喷头等。浸出液自上而下在渗滤过程中将矿石中的铜浸出，经过一定时间的浸出，可得到含铜 1～4 g/L、pH 为 1.5～2.5 的浸出后液，汇集于集液池，用泵送到萃取工序处理。氧化铜矿堆浸浸出率一般在 85%左右。筑堆堆浸如图 3.18 所示。

4）就地浸出

就地浸出又称地下浸出，可用于处理矿山的残留矿石或未开采的氧化铜矿和贫铜矿。就地浸出是将溶浸剂通过钻孔或爆破后，注入埋藏于地下的矿体中，有选择性地浸出有用成分铜，并将含有有价成分的溶液通过抽液钻孔抽到地表后送电积厂处理。

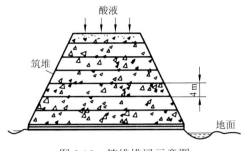

图 3.18　筑堆堆浸示意图

5）加压浸出

在常压和普通温度下，难以有效浸出的矿物常采用加压浸出的方式。加压浸出即在密闭的加压釜中，在高于大气压的压力下对矿石进行浸出。加压浸出釜如图 3.19 所示。

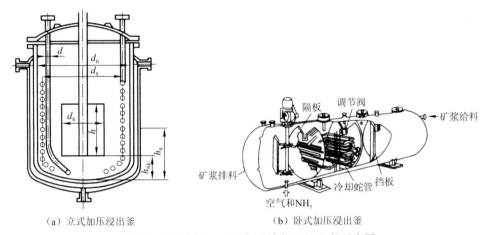

（a）立式加压浸出釜　　　　　　（b）卧式加压浸出釜

图 3.19　立式加压浸出釜与卧式加压浸出釜示意图

3. 湿法炼铜工艺

1）堆浸-萃取-电积工艺

用酸性或碱性溶剂从含铜物料中浸出铜，浸出液经萃取得到含铜富液，然后通过电解沉积产出金属铜的炼铜技术称为堆浸-萃取-电积法。此项技术发展迅速有以下主要原因：①建厂投资和生产费用低，生产成本低于火法，具有较强的市场竞争力；②以难选矿、难处理的低品位含铜物料为原料，独具技术优越性；③无废气、废水和废渣污染，符合清洁生产要求；④拥有可靠的特效萃取剂市场供应。浸出的方式有堆浸、槽浸、就地浸出等多种，浸出剂有酸性硫酸溶液和碱性氨液等，应用最广最普遍的是硫酸溶液堆浸，细菌浸出法适用于从硫化铜矿中提取铜。浸出-萃取-电积法工艺流程如图 3.20 所示。

（1）氧化铜矿堆浸

用硫酸溶液堆浸的铜矿石要求铜的氧化率较高，即铜主要应以孔雀石、硅孔雀石、赤铜矿等形态存在。浸出过程的主要化学反应如下：

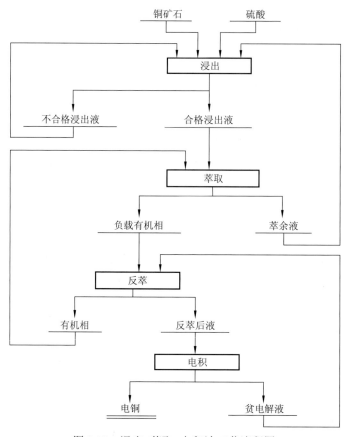

图 3.20　浸出-萃取-电积法工艺流程图

$$Cu_2CO_3(OH)_2 + 2H_2SO_4 \longrightarrow 2CuSO_4 + CO_2 + 3H_2O$$

$$CuSiO_3 \cdot 2H_2O + H_2SO_4 \longrightarrow CuSO_4 + SiO_2 + 3H_2O$$

$$2Cu_2O + 4H_2SO_4 \longrightarrow 4CuSO_4 + 4H_2O$$

氧化铜矿堆浸浸出率一般为 85%左右。

硫化矿用稀硫酸浸出的速度缓慢，但有细菌存在时可显著地加速浸出反应。因此，可采用细菌浸出法。

（2）萃取与反萃取

常用的铜萃取剂有 ACORGA P5100、ACORGA M5640、LIX973N、LIX984 等。萃取前首先用稀释剂，常用 260#煤油，将萃取剂溶解，按体积配制成 5%的有机相，然后将有机相与水相即浸出液混合，铜转入有机相，萃取剂释放出 H^+，萃取反应为

$$2RH（有机）+Cu^{2+}（水）\longrightarrow R_2Cu（有机）+2H^+$$

式中：RH 为萃取剂；R_2Cu 为萃铜络合物。

萃铜后的有机相，即负载有机相，用电积后返回的含硫酸 180～200 g/L 的废电解液进行反萃，铜进入反萃液成为富铜液即电解原液，萃取剂再生循环使用。

（3）萃取设备

常用的萃取设备有萃取塔、离心萃取器、混合澄清萃取箱等。其中以结构简单、投资少、操作方便、效率高的浅池式混合澄清萃取箱应用最广。萃取箱的一端为混合室，

有机相和水相分别进入混合室，机械搅拌使其充分混合后进入澄清室，两相由于密度不同在此分层，上层为负载有机相，下层为水相，分别经澄清室另一端的溢流堰排出。萃取作业的主要技术条件与指标为：浸出液中 Cu^{2+} 质量浓度 $\geqslant 1$ g/L，pH 为 1.5～2.0；有机相中萃取剂体积占 5%左右，稀释剂 260#煤油 95%；混合时间 3 min；反萃剂中 H_2SO_4 质量浓度为 160～210 g/L，Cu^{2+} 质量浓度为 30～35 g/L，萃取剂消耗量小于 3 kg/t Cu。

（4）电解沉积

电解沉积用不溶性阳极，在直流电作用下，使电解液中铜沉积到阴极上。电解槽中插入用 Pb-Ca-Sn 合金制成的阳极板和用纯铜始极片或不锈钢制成的阴极。电解液从槽的一端流入，从另一端流出，连续流过电解槽。沉积了铜的阴极定期取出，纯铜阴极洗涤后即为产品，而不锈钢阴极上沉积的铜片需用剥片机剥下，不锈钢阴极可循环使用。

主要技术经济指标为：电流密度为 150～180 A/m²；槽电压为 2～2.5 V；电解液 Cu^{2+} 质量浓度为 45 g/L、H_2SO_4 质量浓度为 150～180 g/L；阴极周期为 7～10 d；电解沉积铜纯度大于 99.95%；电耗为 3 000～4 000 kW·h/t Cu。此外，细菌浸出得到的溶液含铜量较低，含铁量较高，提取溶液中的铜也可用废铁置换，置换反应为

$$Cu^{2+}+Fe \longrightarrow Cu+Fe^{2+}$$

2）氨浸–萃取–电积工艺

铜矿氨浸–萃取–电积即氧化铜矿或硫化铜精矿氧化焙烧后的焙砂用氨浸出铜，经萃取后电积铜。该工艺适合处理碱性脉石如 CaO、MgO 含量高的铜矿石或焙砂。浸出的技术条件是：原料粒度小于 0.074 mm 的占 80%以上；矿浆质量分数为 30%～40%；浸出剂含 NH_4^+ 2～3 mol/L、CO_2 0.6 mol/L；常温浸出焙砂 353～373 K；常压浸出焙砂 0.2 MPa。氨浸在加盖浸出槽中进行，焙砂用加压釜，浸出矿浆经浓密机液固分离后，浸出液送去萃取，底流过滤后的浸出渣堆存，滤液返回洗涤滤渣。浸出液可用 LIX54、LIX54100 等萃取剂萃取，此类萃取剂负载能力高、黏度小、反萃取容易，萃取与反萃取流程如图 3.21 所示。电解沉积铜在硫酸溶液中进行，电解废液用于反萃取。

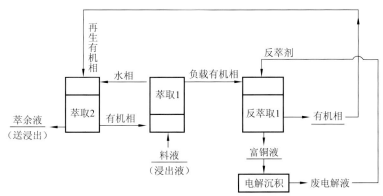

图 3.21　萃取与反萃取流程示意图

3）高压氨浸法工艺

高压氨浸处理 Cu-Ni-Co 硫化矿的流程如图 3.22 所示。该工艺是在高温、高氧压和高氨压下浸出精矿，使铜、镍、钴等有价金属以络合物的形态进入溶液，铁则以氢氧化物进入残渣。溶液腐蚀性较小，适于处理 Cu-Ni-Co 硫化矿。

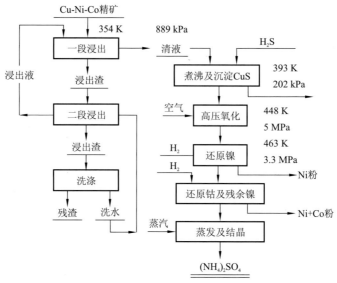

图 3.22　高压氨浸处理 Cu-Ni-Co 硫化矿流程示意图

3.1.3　再生铜冶炼

相对于从矿石或精矿中生产的原生金属而言，从废金属和废料中提取出的金属，称为再生金属。从铜和铜合金废料中生产的铜，称为再生铜。再生铜实际上是指废铜的回收利用，铜具有优良的再生特性，是一种可以反复利用的资源。从理论上讲，铜可以100%被回收利用。在所有金属中，铜的物理属性决定其再生性能最好。

废铜按其来源分为两类：一类是新废铜，即工业生产中产生的下脚料和废品；另一类是旧废铜及杂铜。再生铜的生产方法主要有直接利用法和间接利用法。

再生铜每吨所消耗能源为原生铜的20%，同时减少环境污染，特别是在我国原生铜远不能满足需求的情况下，铜的再生更为重要。

1. 再生铜的分类及利用方式

1）再生铜的分类

再生铜生产所用的原料，主要是铜和铜基合金废料，这些废料统称为废杂铜。按杂铜成分的不同，再生铜可分为以下几类。

（1）黄杂铜。黄杂铜主要杂质是锌，其质量分数最低为2.8%，最高达41.8%；其次含铅0.3%～6%、锡1%～3%、镍0.2%～1.0%等。

（2）青杂铜。青杂铜主要杂质是锡和铅，一般锡的质量分数为3%～8%，最高可达15%；铅的质量分数为1.5%～4.5%，此外还含有3%～5%的锌、0.5%～6.5%的镍。

（3）白杂铜。白杂铜主要杂质是镍及少数钴，白杂铜中镍和钴的总质量分数为0.5%～44%，锌18%～22%。

（4）紫杂铜。紫杂铜是指导电铜材加工过程中产生的废料，如铜线锭的压延废品、拉线时的废线等，其化学成分符合二号铜的要求；还有回收的线圈、电线及其他管材、板材等，其化学成分部分符合三号铜的要求，大部分品位为 90%～98%。

（5）炮铜废料。炮铜是指枪炮弹壳等，是黄铜的加工品，因此，其主要杂质是锌。由于这类废料中往往混入一些未爆炸的信管、炸药等，有爆炸的危险，应单独作为一类。

2）再生铜的管理

废杂铜的管理，对杂铜的合理应用及简化生产工艺，提高熔炼过程的技术经济指标，均非常重要。废杂铜的管理需要做到以下几个方面：①废杂铜进厂后，按生产工艺要求对其进行分类堆放；②为生产安全起见，对炮铜应严格要求，所有炮铜废料要预先爆炸处理后，才准进炉熔炼；③根据熔炼工艺的要求，将大块物料分解或加工成要求的尺寸；④将粉状物料压块或者制团处理。

2. 再生铜冶炼工艺

不同种类的废杂铜，应采用不同的工艺流程进行处理。生产再生铜的方法主要有两类：一类是将废杂铜直接熔炼成不同牌号的铜合金或精铜，这类方法称为直接利用法；另一类是废杂铜首先经火法处理铸成阳极铜，然后电解精炼成电铜，并回收其他有价金属，这类方法称为间接利用法。

1）直接利用法

直接利用的原料通常是废纯铜或废纯铜合金，大多数产品为铜线锭、铜箔、氧化铜或铜合金等。

（1）废纯铜生产铜线锭

废纯铜多为导电铜材加工过程产生的废料，如铜线锭压延废品、铜杆剥皮废屑和拉线过程产生的废线等。废纯铜化学成分要符合标准，铜和银的质量分数不低于 99.90%。熔炼废纯铜一般采用碱性炉衬的反射炉，也有用感应电炉或坩埚炉，此外也可用竖炉。竖炉由一圆柱形的钢筒构成，内衬镁砖，炉体周围均匀地装有数排燃烧器，紫杂铜从上部炉门加入炉内，含硫在 0.1%以下的油或气体燃料和预热空气混合均匀后，通过燃烧器喷入炉内，控制炉内呈中性或微还原性气氛，炽热气体将炉内的铜料在下降过程中加热，在底部熔化后放出，然后铸锭。竖炉熔炼较反射炉熔炼能耗低。

熔炼过程由加料、熔化、氧化、还原和浇铸 5 个工序组成。因废铜中杂质含量比电解铜高，用空气作氧化剂，使杂质氧化除去。熔炼工艺条件和一次资源熔炼基本相同。用废纯铜生产铜线锭，铜的回收率可达 99.70%左右。

（2）纯净杂铜生产铜合金

生产铜基合金的杂铜可分为两类：一类是能区分牌号的铜合金废料；另一类是化学成分符合国家标准二号铜和三号铜要求的紫铜废料。用第一类杂铜生产铜合金时，将已进行严格分类的各种合金废料按性质与原生金属配合熔炼成各种铜合金。如将黄铜废料熔炼成黄铜；青铜废料熔炼成青铜；白铜废料熔炼成白铜。紫铜废料既可生产精铜，也可生产铜合金。生产铜合金时，化学成分符合国家标准二号铜要求的可以产出高级合金；而化学成分符合三号铜要求的，只能生产普通铜合金。

熔炼生产工艺过程包括配料、熔化、除气、脱氧、调整成分、精炼、浇铸等工序。

铜合金的配料需注意在熔炼过程中各种元素的烧损率不同，有些元素如磷、铍等需以中间合金形式加入。

熔炼铜合金的设备有反射炉、感应电炉和坩埚炉等。

（3）废纯铜生产铜箔

废纯铜生产铜箔的工艺流程为：废铜线在 773 K 下焙烧去除油脂，然后置于氧化槽中，用含铜 40～42 g/L、H_2SO_4 120～140 g/L 的废电解液或酸洗液，在 353～358 K、连续鼓入空气的条件下溶解；当溶液含铜量上升至 80 g/L 以上后，以不锈钢或钛做成的辊筒为阴极，以钛制成的不溶阳极为阳极，在电解槽中进行电解沉积。电积时阴极电流密度为 1 600～2 250 A/m²，温度为 313 K，辊筒阴极上即可产出厚 20～35 mm 的铜箔。

（4）铜灰生产硫酸铜

以铜灰为原料生产结晶硫酸铜的工艺流程如图 3.23 所示。

铜灰大多是铜材在拉丝、压延加工过程中表层脱落下来的铜粉，含铜 60%～70%、氧化铜 20%～30%，表面有润滑油和石墨粉等组成的油腻层。铜灰先在回转窑中焙烧，即 573 K 点火时燃烧，在 973～1 073 K 下，通入空气使铜粉氧化，生成易溶于酸的氧化铜或氧化亚铜。焙烧熟料经筛分，获含铜约 90% 的细料，送入鼓泡塔用废电解液溶解其中的铜。

氧化铜粉和废电解液自塔顶进入，与塔内自下而上的空气与蒸汽的混合气体逆向运动，在塔的上部空间形成气-液-固三相流态化层，生成的硫酸铜夹带有未反应完全的铜粉从塔的溢流口流出，进入固液分离器，分离出的铜粉再返回鼓泡塔，浸出液送入带式水冷结晶机，获结晶硫酸铜浆液。浆液经增稠、离心过滤、回转窑烘干，最后获含铜 96%～98% 的硫酸铜产品，即 $CuSO_4 \cdot 5H_2O$。鼓泡塔用不锈钢焊制，其结构如图 3.24 所示。

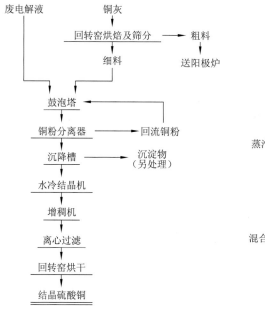

图 3.23　以铜灰为原料生产结晶硫酸铜的工艺流程图

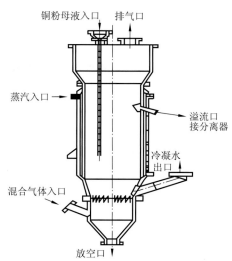

图 3.24　鼓泡塔结构示意图

2）间接利用法

间接利用法处理含铜废料通常有三种不同的流程，即一段法、二段法和三段法。熔炼产品为阳极铜，再经电解精炼生产电解铜。一段法适合处理成分不复杂的紫杂铜，二段法适用于含锌量高的黄杂铜和含铅、锡量高的青杂铜，三段法主要用于处理残渣或用于大规模生产的工厂。

（1）一段法

一段法是将分类后的杂铜直接加入反射炉内精炼成阳极铜或精铜的方法。一段法的优点是流程短、设备简单、建厂快、投资省，但该法在处理成分复杂的杂铜时，产出的烟尘成分复杂、难以处理；同时精炼操作的炉时长，劳动强度大，生产率低，金属回收率低。因此，一段法只适合处理一些杂质较少且成分不复杂的杂铜。

（2）二段法

二段法是杂铜首先在鼓风炉内还原熔炼，然后在反射炉内精炼成阳极铜；或杂铜首先在转炉内吹炼成次粗铜，然后在反射炉中精炼成阳极铜。这两种处理方法均需经过两道工序，故称为二段法。鼓风炉还原熔炼得到的铜杂质含量较高，呈黑色，故称为黑铜。同样，杂铜在转炉吹炼得到的粗铜杂质含量也较高，为与矿粗铜区别，称之为次粗铜。

一般情况下，含锌量高的黄杂铜、白杂铜等采用鼓风炉-反射炉流程处理较为合理，锌可从烟尘中呈氧化锌状态回收。高锌杂铜的处理工艺流程如图 3.25 所示。

含铅、锡量高的青杂铜多采用转炉-反射炉流程处理。因为这一流程不但可吹炼出品位较高的次粗铜，为反射炉精炼创造条件，同时还可从烟尘中回收铅和锡。青杂铜的处理工艺流程如图 3.26 所示。

图 3.25　高锌杂铜的处理工艺流程图　　图 3.26　青杂铜的处理工艺流程图

（3）三段法

杂铜首先在鼓风炉内还原熔炼成黑铜，然后在转炉内吹炼成次粗铜，最后在反射炉中精炼成阳极铜。这一流程，原料需经过三道工序处理后才能产出阳极铜，故称为三段法。三段法的优点是原料的综合利用好、产出的烟尘成分简单并易处理、次粗铜品位高、精炼炉操作较容易、设备生产率较高等；缺点是过程复杂、设备多、投资大、燃料消耗量大。

除大规模生产和处理某些废渣外，一般杂铜的处理多采用二段法。紫杂铜、黑铜、次粗铜的精炼渣和转炉吹炼高铅、锡杂铜及低品位黑铜的炉渣，可采用三段法，其工艺流程如图 3.27 所示。

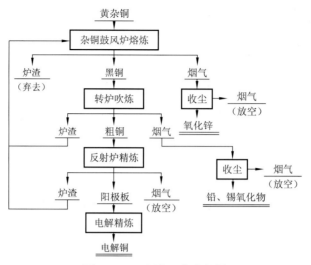

图 3.27 三段法工艺流程图

采用三段法处理废渣的原因是其在鼓风炉熔炼时产出的铜比一般黑铜品位低，为与黑铜区别，把它称为次黑铜；另杂质含量（尤其是铅和锡）较高，不宜直接在反射炉内精炼，故将次黑铜在转炉内吹炼，脱除部分铅和锡后，再在反射炉内精炼，这样可简化反射炉的精炼操作，延长反射炉的寿命，次黑铜中的铅和锡可得到较好的回收。

3.2　铜冶炼污染物排放与相应排放标准

3.2.1　政策及标准

近年来，国家陆续出台了多项政策推动铜行业发展，2016 年发布的《有色金属工业发展规划（2016～2020 年）》中提到：“十三五”期间，有色金属工业结构调整和转型升级取得显著进展，质量和效益大幅提升，到“十三五”末我国有色金属工业迈入制造强国行列；并提出了实施创新驱动，加快产业结构调整，大力发展高端材料，促进绿色可持续发展。2016 年发布的《工业和信息化部关于印发有色金属工业发展规划（2016～2020年）的通知》中对 2016～2020 年铜冶炼乃至有色金属行业进行指导发展规划，促进有色金属工业转型升级，持续健康发展。国务院办公厅印发《关于营造良好市场环境促进有色金属工业调结构促转型增效益的指导意见》（国办发〔2016〕42 号）中提出：要以解决有色金属工业长期积累的结构性产能过剩、市场供求失衡等深层次矛盾和问题为导向，优化存量、引导增量、主动减量，化解结构性过剩产能，促进行业技术进步，扩大应用消费市场，加强国际产能合作，创造良好营商环境，推动有色金属工业调结构、促转型、增效益。工业和信息化部全面修订以铜为代表的 8 个品种有色行业的行业规范及准入条件，明确行业规范，鼓励和引导行业转型升级，提高技术、能耗和环保的门槛，并建立动态管理机制，为实现绿色发展做出相应努力。在 2020 年发布的相关政策文件中，以“互联网+先进制造业”、智能制造为指导意见，提出将有色金属行业与互联网、大数据、人工智能相结合，向有色企业绿色、安全、高效发展的目标努力。2021 年是"十四五"规划开局之年，"十四五"时期铜行业要紧扣高质量发展，从资源、矿山、冶炼、加工等方面着手，优化产业布局；坚持资源为王，解决好资源、资金问题；提升科研成果转化率、科研平台整合、数字化智能化；加强安全环保治理体系和管理运行机制建设；冶炼和加工要围绕推动产业基础高级化、产业链现代化，产业高端化、智能化、绿色化。在 2024 年发布的《产业结构调整指导目录（2024 年本）》中将有色金属高效、节能、低污染、规模化再生资源回收与利用列入鼓励类；同时淘汰落后产能通过严格执行环保、能耗、质量、安全等领域相关法律法规，促使落后产能依法依规有序关停退出，提高产业发展质量，促进产业转型升级。

铜冶炼产业相关标准见表 3.3，根据《铜、镍、钴工业污染物排放标准》（GB 25467—2010），铜工业企业大气污染物排放限值如表 3.4 所示，无论现有铜企业或新建铜企业均于 2012 年 1 月 1 日起适用表 3.4 中的排放标准。

表 3.3　铜冶炼产业标准统计

标准分类	标准名称	国家标准 GB/行业标准 HJ
排放标准	《铜、镍、钴工业污染物排放标准》	GB 25467—2010
	《清洁生产标准　铜冶炼业》	HJ 558—2010
	《再生铜、铝、铅、锌工业污染物排放标准》	GB 31574—2015
技术规范	《铜冶炼废气治理工程技术规范》	HJ 2060—2018
	《铜冶炼废水治理工程技术规范》	HJ 2059—2018
	《排污许可证申请与核发技术规范　有色金属工业——铜冶炼》	HJ 863.3—2017
技术指南	《排污单位自行监测技术指南　有色金属工业——再生金属》	HJ 1208—2021

表 3.4　铜工业企业大气污染物排放标准

生产类别	工艺或工序	单位	SO$_2$	颗粒物	砷及其化合物	硫酸雾	氯气	氯化氢	镍及其化合物	铅及其化合物	氟化物	汞及其化合物	监控位置
采选	破碎、筛分	mg/m³	—	100	—	—	—	—	—	—	—	—	污染物净化设施排放口
	其他	mg/m³	400	80	—	40	60	80	—	—	—	—	
铜冶炼	全部	mg/m³	400	80	0.4	40	—	—	—	0.7	3.0	0.012	
烟气制酸	全部	mg/m³	400	50	0.4	40	—	—	—	0.7	3.0	0.012	
单位产品基准排气量			铜冶炼（m³/t 铜）						21 000				

3.2.2　铜冶炼各阶段主要污染物及排放标准

1. 铜冶炼采选阶段

金属矿的开采和选矿一直是颗粒物排放的重要源，颗粒物排放源于金属矿产厂的操作，如破碎和干磨矿石、干燥精矿、从储料仓储存和回收矿石和精矿、转移材料以及装载最终产品进行装运。道路和露天堆场也可能产生无组织排放。据统计，城市大气中90%的铅来自汽车尾气（郭学益 等，2014），其他暴露源主要为矿山开采及冶炼场等人为释放源（王万军 等，2020）。此外，矿山开采的废气主要来源于内燃设备排出的尾气、爆破产生的气体和通风机排出的污风，可造成空气污染，危害人体健康。采矿分为露天开采和坑采。

根据我国《铜、镍、钴工业污染物排放标准》（GB 2547—2010），在铜冶炼过程中采选阶段的大气污染物排放控制要求如表3.5所示。

表3.5 铜冶炼采选阶段大气污染物排放控制要求

企业类型	生产类别	工艺或工序	限值/（mg/m³）						污染物排放监控位置
			SO₂	颗粒物	砷及其化合物	硫酸雾	氯气	氯化氢	
现有企业	采选	破碎、筛分	—	150	—	—	—	—	车间或生产设施排气筒
		其他	800	100		45	70	120	
新建企业	采选	破碎、筛分	—	100	—	—	—	—	
		其他	400	80		40	60	80	

2. 火法铜冶炼

1）闪速熔炼工艺

（1）工艺烟气特征

闪速熔炼过程产生的烟气有以下特点：①烟气温度高，闪速炉出口的烟气温度高达1 300～1 350 ℃；②烟气的含尘量大，闪速炉烟气含尘质量浓度一般为 50～120 g/m³；③烟气SO₂的浓度高，闪速炉的脱硫效率高，又多采用富氧空气鼓风，因而烟气中的SO₂体积分数一般为10%～20%，最高可达40%。

烟尘是铜冶炼过程中产出的典型中间物料，烟尘率与铜精矿中挥发性杂质含量、熔炼工艺、返尘量等多因素密切有关，一般为 2%～8%。烟尘中除富含铜、铅、锌、铋、锑、金、银等有价金属外，还含有砷、镉等有害元素，且粒度较细，堆密度低，水溶性较强，属危险废物范畴。由于冶炼工艺和原料的不同，各企业产出的烟尘成分及物相组成存在一定差别，一般砷质量分数在5%～15%。另外，闪速熔炼烟尘中硫化物含量相对较高，熔池熔炼烟尘中铜主要以硫酸盐和氧化物等形式存在（张毅 等，2017）。

国内典型企业烟尘成分见表3.6。烟尘中的砷主要以氧化物形式存在，锌主要以硫酸锌、氧化锌形式存在，铜主要以氧化物、硫酸盐等形式存在，但闪速熔炼烟尘中硫化物比例稍高，硫化物中的铜质量分数可能超过35%。

表 3.6　国内典型企业烟尘成分质量分数　　　　　　（单位：%）

序号	Cu	Pb	As	Zn	Fe	S	Sb	Bi	Au	Ag
1	11.38	20.83	12.97	1.92	1.38	5.89	0.34	3.06	4.62	141.70
2	3.2	26.6	8.0	10.8	3.73	8.2	—	1.5	0.4	201.70
3	14.52	17.31	6.51	4.34	4.42	—	—	6.66	—	—
4	15.5	4.77	6.64	3.11	11.97	9.39	0.21	1.66	3.18	174.18
5	5.07	14.00	5.23	7.58	0.56	7.7	0.2	6.24	1.07	133.41
6	6.5	19.87	5.6	14.2	4.5	9.49	0.6	2.5	1.4	140

某闪速熔炼炉烟气温度、烟气量和烟气成分的情况如表 3.7（寇蓉蓉，2012）所示。从表中可知，精矿成分中铜和硫的含量不同的情况下，当送风含氧量不同时，烟气量、烟气温度及烟气成分都有一定数值上的变化，精矿中铜的质量分数为 14.3%～25.0%，而硫的质量分数为 30.0%～34.2%，当送风含氧量为 21% 或取 31%～33%，烟气量在 50 000～77 000 m³/h 左右波动，烟气温度相同，而烟气成分中 SO_2、CO_2、H_2O、O_2、N_2 体积分数分别在 8.66%～18.42%、3.42%～5.94%、5.73%～8.15%、1.14%～1.35%、71.23%～77.06%，可以看出氧气浓度是最低的，而氮气浓度是最高的。

表 3.7　某闪速熔炼炉烟气温度、烟气量及烟气成分

精矿成分质量分数/%		送风含氧量/%	烟气量/(m³/h)	烟气温度/℃	烟气成分体积分数/%				
Cu	S				SO_2	CO_2	H_2O	O_2	N_2
14.3	34.2	21	76 700	1 340	10.95	4.08	6.77	1.14	77.06
25.0	30.0	21	68 700	1 340	8.66	5.94	8.15	1.35	75.90
22.5	30.8	32～33	51 171	1 340	18.42	3.42	5.73	1.18	71.23
25.0	30.0	31～32	49 534	1 340	17.87	3.46	5.78	1.20	71.58

（2）清洁生产标准

2010 年颁布的《清洁生产标准　铜冶炼业》（HJ 558—2010）中规定了铜冶炼企业清洁生产的一般要求，对废气的收集与处理和污染物产生指标进行相关要求。其中，对废气的收集与处理要求炉体密闭化，具有防止废气逸出措施。在易产生废气无组织排放的位置设有废气收集装置，并配套净化设施。在备料过程中，采用封闭式或防扬散贮存，贮存仓库配通风设施；采用带式输送机输送，采用全封闭式输送廊道或其他全封闭式输送装置输送。

末端处理前废气污染物产生指标如表 3.8 所示。

表 3.8　闪速熔炼废气污染物产生清洁生产指标

污染物产生指标	一级	二级	三级
单位产品废气产生量/(m³/t)	≤15 000	≤20 000	≤22 000
单位产品 SO_2 产生量（制酸后）/(kg/t)	≤12	≤16	≤20
单位产品烟尘产生量/(kg/t)	≤200	≤280	≤320
单位产品工业粉尘产生量/(kg/t)	≤15	≤18	≤22
单位产品铅产生量/(g/t)		≤80	
单位产品砷产生量/(kg/t)		≤1 100	

《清洁生产标准　铜冶炼业》(HJ 558—2010)共给出了铜冶炼企业生产过程中清洁水平的三级技术指标:一级代表国际清洁生产先进水平;二级代表国内清洁生产先进水平;三级代表国内清洁生产基本水平。

2) 熔池熔炼

(1) 烟气特征

熔池熔炼过程产生的烟气氧化和熔化速度很慢,不能充分利用精矿中铁和硫的氧化热,燃料消耗大,烟气含 SO_2 浓度低,严重污染环境。其特征包括:①烟气粉尘粒径小;②烟气量变化幅度大。多台熔炼炉通常是共用一套除尘系统,由于各个炉可能存在不同步生产,其处理的总烟气量波动范围较大,这要求除尘系统的设计要适当合理;③烟气含尘浓度变化范围大。熔炼炉生产过程包括加料期、熔化期和保温期三个阶段,其中熔化期的烟气含尘浓度最高;④烟气含水量大、露点温度高。1 kg 天然气燃烧约产生 2.2 kg 水,所产生的水全部进入烟气,因此,此类烟气露点较高,但由于烟气温度一般在 180℃以上,又能有效避免烟气结露;⑤炉膛烟气温度高。熔化期和保温期炉膛烟气温度一般大于 800℃。

(2) 清洁生产标准

《清洁生产标准　铜冶炼业》(HJ 558—2010)中对熔池熔炼工艺的污染物产生指标做出等级划分,具体如表 3.9 所示。

表 3.9　熔池熔炼废气污染物产生清洁生产指标

污染物产生指标	一级	二级	三级
单位产品废气产生量/(m³/t)	≤15 000	≤20 000	≤22 000
单位产品 SO_2 产生量(制酸后)/(kg/t)	≤12	≤16	≤20
单位产品烟尘产生量/(kg/t)	≤50	≤60	≤80
单位产品工业粉尘产生量/(kg/t)	≤7	≤9	≤10
单位产品铅产生量/(g/t)		≤190	
单位产品砷产生量/(kg/t)		≤1 100	

3) 吹炼过程

转炉吹炼过程所产生的烟气成分特性与闪速炉产生的烟气特性基本相似,其烟气温度高达 1 150℃左右,同时烟气具有 SO_2 浓度高、含尘量大的特点。不同的是由于转炉吹炼过程是一个周期性过程,分为造渣期和造铜期。因此虽然其烟气特性与闪速炉烟气特性相近,但由于转炉是周期操作,排烟量和烟气成分具有周期性变化,给余热回收带来了一定的困难。

某吹炼转炉烟气的温度、烟气量和成分的情况如表 3.10(王玉芳 等,2021)所示。

表 3.10　某吹炼转炉烟气温度、烟气量及烟气成分

吹炼过程	烟气量/(m³/h)	烟气温度/℃	烟气成分体积分数/%			
			SO_2	N_2	O_2	H_2O
造渣期	28 388	1 150	14.89	80.99	0.52	3.60
造铜期	29 612	1 150	17.45	77.69	1.44	3.42

从表中可以看出，在造渣期和造铜期烟气量相差不大的情况下，相同的烟气温度，SO_2、N_2、H_2O 烟气成分体积分数相差不大，O_2 体积分数在造渣期相较于造铜期会更低一些。

4）精炼过程

回转式阳极炉的烟气与闪速炉和转炉的烟气不同，在各阶段内烟气中 SO_2 的浓度很低，并且精炼的原料是由转炉直接过来的粗铜水，因此精炼过程中烟气含尘量也极低。其各期内烟气的性质为：氧化期内排出的烟气量最大，同时含有少量的 SO_2；还原期内烟气量居中，主要含未燃烧完的残炭，即黑烟；保温期（包括加料、倒渣、浇铸、炉体保温等）烟气量少，烟气中 SO_2 主要为重油燃烧的生成物。

某回转式阳极炉烟气的温度、烟气量和成分的情况如表 3.11（王玉芳 等，2019）所示。

表 3.11　某回转式阳极炉烟气温度、烟气量及烟气成分

精炼过程	烟气量/(m³/h)	烟气温度/℃	烟气成分体积分数/%				
			SO_2	O_2	N_2	CO_2	H_2O
第一次氧化期	9 836	1 350	0.14	5.66	74.95	8.90	10.35
第二次氧化期	9 373	1 350	0.17	5.85	75.05	8.71	10.20
保温期	5 536	1 350	0.02	3.76	72.99	11.19	12.04
还原期	6 640	1 450	—	0.80	62.60	14.74	21.86

从表中可以看出，相同烟气温度 1 350℃下，烟气量为 9 500 m³/h 左右时，烟气成分中大部分为 N_2，占 75% 左右，SO_2 体积分数最低，为 0.15% 左右。而经过保温和还原之后，SO_2 浓度几乎为零，而 O_2 和 N_2 浓度也有所下降，特别是还原之后更明显。CO_2 和 H_2O 浓度微微上升。

3. 再生铜冶炼

《再生铜、铝、铅、锌工业污染物排放标准》（GB 31574—2015）中对再生铜工业的大气污染物排放限值做出规定，具体数值如表 3.12 所示，自 2017 年 1 月 1 日起，无论新建企业或现有企业均执行此标准。

表 3.12　再生铜大气污染物排放限值　　[单位：mg/m³（二噁英类除外）]

污染物项目	限值	污染物排放监控位置
SO_2	150	
颗粒物	30	
NO_x	200	
硫酸雾	20	车间或生产设施排气筒
二噁英类	0.5 ng TEQ/m³	
砷及其化合物	0.4	
铅及其化合物	2	

污染物项目		限值	污染物排放监控位置
锡及其化合物		1	
锑及其化合物		1	车间或生产设施排气筒
镉及其化合物		0.05	
铬及其化合物		1	
单位产品基准排气量/(m³/t 产品)	炉窑	10 000	排气量计量位置与污染物排放监控位置一致

4. 湿法冶炼

湿法冶炼在我国铜冶炼中并不普遍，现在采用的湿法炼铜的流程与古代已有很大的不同，主要流程为酸浸—萃取—电积。且过程中产生废气少，主要产生硫酸雾，硫酸雾包括硫酸小液滴、SO_3 及颗粒物中可溶性硫酸盐，是形成酸雨的原因之一。硫酸雾对自然环境、人的呼吸系统及生产设备都会造成损害，其危害作用比 SO_2 大 10 倍。一般与其他工艺排放含硫废气一起进行处理，故无具体此环节的排放系数统计。

3.2.3 产污环节

1. 火法炼铜工艺

硫化铜精矿火法冶炼工艺流程及产污环节如图 3.28 所示。

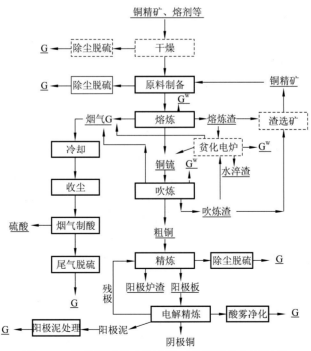

图 3.28 硫化铜精矿火法冶炼工艺流程及产污环节

虚线框图内为铜冶炼过程中可选工序，闪速熔炼需要干燥工序；G 为工艺烟气；G^W 为环境集烟废气；精炼炉氧化期产生的烟气送烟气制酸系统，其余时段送脱硫系统

2. 湿法炼铜工艺

湿法炼铜工艺流程及产污环节如图 3.29 所示。

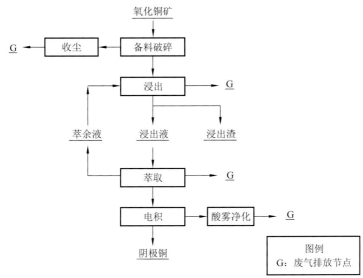

图 3.29　湿法炼铜工艺流程及产污环节

3.2.4　铜冶炼过程中造成的大气污染

1. 综合排放

铜冶炼过程中产生的大气污染物主要为颗粒物、SO_2、硫酸雾,主要大气污染物来源和排污单位基准排气量见表 3.13 和表 3.14。

表 3.13　铜冶炼过程中主要大气污染物来源

工艺	工序	污染源	主要污染物
火法炼铜	干燥	干燥窑	颗粒物(含重金属 Cu、Pb、Zn、Cd、As)、SO_2
	配料	精矿上料、精矿出料、转运	颗粒物(含重金属 Cu、Pb、Zn、Cd、As)、SO_2
		抓斗卸料、定量给料设备、皮带运输设备转运过程中扬尘	颗粒物(含重金属 Cu、Pb、Zn、Cd、As)、SO_2
	熔炼	熔炼炉	颗粒物(含重金属 Cu、Pb、Zn、Cd、As)、SO_2
		加料口、锍放出口、渣放出口、喷枪孔、溜槽等处泄漏	颗粒物(含重金属 Cu、Pb、Zn、Cd、As)、SO_2
	吹炼	吹炼炉	颗粒物(含重金属 Cu、Pb、Zn、Cd、As)、SO_2
		加料口、粗铜放出口、渣放出口、喷枪孔、溜槽等泄漏处	颗粒物(含重金属 Cu、Pb、Zn、Cd、As)、SO_2

工艺	工序	污染源	主要污染物
火法炼铜	精炼	精炼炉	颗粒物（含重金属 Cu、Pb、Zn、Cd、As）、SO_2
		加料口、出渣口	颗粒物、SO_2
	烟气制酸	制酸尾气	SO_2、硫酸雾
	渣贫化	炉窑	颗粒物、SO_2
		加料口、锍放出口、渣放出口、电极孔、溜槽等处泄漏	颗粒物、SO_2
		渣水碎	颗粒物、SO_2
	渣选矿	备料工段	颗粒物
		选矿工段	硫酸雾
	电解	电解槽	硫酸雾
		电解液循环槽等	硫酸雾
	电积	电机槽及其他槽罐	硫酸雾
	净液	真空蒸发器	硫酸雾
		脱铜电机槽	硫酸雾
湿法炼铜	工序	破碎机等	颗粒物
	备料	搅拌浸出槽等	硫酸雾
	浸出	堆浸	硫酸雾
	萃取	萃取槽等	硫酸雾、萃取剂、溶剂油
	电积	电机槽	硫酸雾

表 3.14 铜冶炼排污单位基准排气量表 （单位：m^3/t 产品）

序号	产排污节点	排放口	基准烟气量
1	熔炼炉、吹炼炉	制酸尾气烟囱	8 000
2	阳极炉（精炼炉）	制酸尾气烟囱/精炼烟囱	1 000
3	炉窑等	环境集烟烟囱	7 500

2. 火法铜冶炼工艺排放

火法铜冶炼废气中污染物来源及分类见表 3.15。

3. 湿法铜冶炼工艺排放

湿法铜冶炼废气中污染物来源及分类如表 3.16 所示。

表 3.15 火法铜冶炼废气中污染物来源及分类

废气类别	工序	产排污节点	排放口	主要污染物	颗粒物质量浓度 /(mg/m³)	SO₂质量浓度 /(mg/m³)	NOₓ质量浓度 /(mg/m³)	硫酸雾质量浓度 /(mg/m³)
含尘废气	原料制备及输送	精矿上料、精矿出料、转运、抓斗卸料、定量给料设备、皮带输送设备转运过程扬尘	原料制备排气筒	颗粒物	1 000~10 000	—	—	—
	渣选矿	备料	备料排气筒	颗粒物	1 000~10 000	—	—	—
	原料制备及输送	干燥窑	干燥窑排气筒	颗粒物、SO₂	20 000~80 000	50~600	—	—
	熔炼	熔炼炉	—	颗粒物（含重金属 Cd、Pb、As、Hg）、SO₂	50 000~130 000	120 000~500 000	100~200	—
	吹炼	吹炼炉	—	颗粒物（含重金属 Cd、Pb、As、Hg）、SO₂	40 000~100 000	120 000~430 000	100~200	—
	精炼	阳极炉	阳极炉（精炼）排气筒	颗粒物、SO₂、NOₓ、硫酸雾、Pb 及其化合物、As 及其化合物、Cd 及其化合物、Hg 及其化合物、氟化物	200~3 000	2 000~2 000	100~200	—
含 SO₂ 废气	烟气制酸	制酸尾气	烟气制酸排气筒	颗粒物、SO₂、NOₓ、硫酸雾、Pb 及其化合物、As 及其化合物、Cd 及其化合物、Hg 及其化合物、氟化物	0~300	100~1 000	20~100	20~200
	渣贫化	—	渣贫化排气筒	颗粒物、SO₂、NOₓ、硫酸雾、Pb 及其化合物、As 及其化合物、Cd 及其化合物、Hg 及其化合物、氟化物	8 000~30 000	100~3 000	—	—
	环境集烟	—	环境集烟排气筒	颗粒物、SO₂、NOₓ、硫酸雾、Pb 及其化合物、As 及其化合物、Cd 及其化合物、Hg 及其化合物、氟化物	300~2 000	10~1 500	50~200	—
含硫酸雾废气	电解	电解槽及循环槽	车间排气筒	—	—	—	—	10~80
	净液	真空蒸发器及脱铜电解槽	车间排气筒	—	—	—	—	10~50

注：熔炼炉和吹炼炉产生的工艺烟气直接制酸；含 SO₂ 废气中熔炼吹炼精炼烟气制酸渣贫化环境集烟的 Pb 及其化合物、As 及其化合物、Hg 及其化合物、Cd 及其化合物的质量浓度分别为 60~800 mg/m³、10~80 mg/m³、10~100 mg/m³、1~4 mg/m³

表 3.16　湿法铜冶炼废气中污染物来源及分类

废气类别	产排污节点	排放口	主要污染物
含硫酸雾废气	浸出、萃取、电积	车间排气筒	硫酸雾

3.2.5　采样和监测方法及监测技术手段

本章各项指标的采样和监测按照国家标准监测方法执行，见表 3.17。废气和废水污染产生指标是指末端处理之前的指标，应分别在监测各个车间或装置后进行累计，所有指标均按采样次数的实测数据进行平均。

表 3.17　污染物指标监测采样及分析方法

污染源类型	监测项目	测点位置	监测采样及分析方法	监测频次、测试条件及要求
废水污染源	COD	废水处理站入口	《水质　化学需氧量的测定　重铬酸盐法》（HJ 828—2017）	正常生产工况下，每季度采样一次，每次至少采集三组以上样品
废气污染源	烟尘	熔炼车间 吹炼车间	《固定污染源排气中颗粒物测定与气态污染物采样方法》（GB/T 16157—1996）	每季度采样一次，每次连续，每天在正常运行下分别检测
	工业粉尘	熔炼车间 吹炼车间	《固定污染源排气中颗粒物测定与气态污染物采样方法》（GB/T 16157—1996）	
	SO₂	熔炼车间 吹炼车间	《固定污染源排气中二氧化硫的测定碘量法》（HJ/T 56—2000） 《固定污染源废气　二氧化硫的测定定电位电解法》（HJ/T 57—2017）	

注：COD 为化学需氧量，chemical oxygen demand；采用计算的污染物平均浓度应为每次实测浓度的废水流量的加权平均值

自行监测的技术手段包括手工监测和自动监测。

铜冶炼排污单位中主要排放口均应安装颗粒物、SO₂、氮氧化物（以 NO₂ 计，仅适用于执行特别排放限值区域的排污单位）自动监测设备。鼓励其他排放口及污染物采用自动监测设备监测，无法开展自动监测的，应采用手工监测。

铜冶炼排污单位生产废水总排放口应安装流量、pH、化学需氧量、氨氮、总磷、总氮等自动监测设备，其中总磷和总氮安装自动监测设备只适用于《"十三五"生态环境保护规划》等文件规定的总磷、总氮总量控制区域的排污单位。鼓励其他排放口及污染物采用自动监测设备监测，无法开展自动监测的，应采用手工监测。

3.3 污染物排放量核算

3.3.1 核算方法

污染物排放量核算方法如下所示。

1. 污染物产生量计算

污染物产生量＝污染物对应的产污系数×产品产量（原料用量），即

$$G_{产i} = P_{产} \times M_i$$

式中：$G_{产i}$ 为工段 i 某污染物的平均产生量；$P_{产}$ 为工段某污染物对应的产污系数；M_i 为工段 i 的产品总量/原料总量。

2. 工段污染物去除量计算

①根据企业对某一个污染物所采用的治理技术查找和选择相应的治理技术平均去除效率；②根据所填报的污染治理设施实际运行率参数及其计算公式得出该企业某一污染物的治理设施实际运行率（K 值）；③利用污染物去除量计算公式（如下）进行计算。

污染物去除量＝污染物产生量×污染物去除率＝污染物产生量×治理技术平均去除效率×治理设施实际运行率，即

$$R_{减i} = G_{产i} \times \eta_T \times K_T$$

式中：$R_{减i}$ 为工段 i 某污染物的去除量；η_T 为工段 i 某污染物采用的末端治理技术的平均去除效率；K_T 为工段 i 某污染物采用的末端治理设施的实际运行率。

3. 工段污染物排放量计算

污染物排放量＝污染物产生量－污染物去除量＝污染物对应的产污系数×产品产量（原料用量）－污染物产生量×治理技术平均去除效率×治理设施实际运行率 K_T

4. 企业污染物排放量计算

同一企业某污染物全年的污染物产生（排放）总量为该企业同年实际生产的全部工艺（工段）、产品、原料、规模污染物产生（排放）量之和。

$$E_{排} = G_{产} - R_{减} = \sum(G_{产i} - R_{减i})$$
$$= \sum[P_{产} \times M_i(1 - \eta_T \times K_T)]$$

给出几个定义：

脱硫率＝[(高价硫化物分解脱硫+硫化铁氧化脱硫)/炉料含硫量]×100%

烟尘率＝(炉气中的烟气量/干炉料量)×100%

制酸烟气＝工艺排放烟气+环境烟气

烟气排放＝制酸尾气排放+无组织排放

污染物年产量＝产品产量×产污系数

污染物年排放量＝污染物年产量×(1-末端治理技术去除效率×K_T)

3.3.2 排污系数

1. 采选阶段排污系数

根据《排放源统计调查产排污核算方法和系数手册》中《0911 铜矿采选行业系数手册》可得在铜冶炼行业中采矿阶段和选矿阶段的产污系数及污染治理效率，如表 3.18 所示。

表 3.18 铜冶炼行业中采选阶段的产污系数及污染治理效率

工段	产品名称	原料名称	工艺名称	规模等级	污染物指标	系数单位	产污系数	末端治理技术	末端治理技术去除效率/%	排污系数
采矿	铜矿石	铜矿	坑采	所有规模	工业废气量	标 m³/t 矿石	8 000	—	—	8 000
					颗粒物	kg/t 矿石	3.80 × 10⁻³	—	—	3.80 × 10⁻³
			露采	所有规模	—	—	—	—	—	—
选矿	铜精矿	铜矿石	磨浮	所有规模	工业废气量	m³/t 矿石	576.72	—	—	576.72
					颗粒物	kg/t 矿石	0.91	袋式除尘	98	0.018 2
								文丘里	90	0.091

2. 闪速熔炼工艺产排污系数

根据《排放源统计调查产排污核算方法和系数手册》中《3211 铜冶炼业系数手册》可得到闪速熔炼工艺的排污系数，表 3.19 按照不同工艺进行整理。

3. 熔池熔炼产排污系数

根据《排放源统计调查产排污核算方法和系数手册》中《3211 铜冶炼业系数手册》可得到熔池熔炼工艺相关产排污系数，表 3.20 所示为按照不同工艺产进行整理的相关工艺产排污系数。

3.3.3 排放量核算

1. 全国及各省铜产量概述

1）1998～2018 年全精炼铜总产量数据

1998～2018 年全精炼铜总产量取自中国国家统计局网站，整理绘制图 3.30。

表 3.19 闪速熔炼工艺产排污系数

产品	原料	工艺	规模等级	污染物类别	单位	产污系数	末端治理技术	末端治理技术平均去除效率/%	排污系数
阳极铜	铜精矿	闪速熔炼+连续吹炼	所有规模	工业废气量	m³/t	21 955	—	0	21 955
				颗粒物	kg/t	30.74	电袋组合	99	0.307 4
							湿式除雾	98	0.614 8
				SO₂	kg/t	27.07	石灰/石膏法	90	3.074
							氨法	90	2.707
							双氧水脱硫法	90	2.707
							双碱法	90	2.707
				氮氧化物	kg/t	1.76	—	0	1.76
		闪速熔炼+P-S 转炉吹炼	所有规模	工业废气量	m³/t	23 120	—	0	23 120
				颗粒物	kg/t	25.80	电袋组合	99	0.258
							湿式除雾	98	0.516
				SO₂	kg/t	26.40	石灰/石膏法	90	2.580
							氨法	90	2.64
							双氧水脱硫法	90	2.64
							双碱法	90	2.64
				氮氧化物	kg/t	1.52	—	0	1.52

产品	原料	工艺	规模等级	污染物类别	单位	产污系数	末端治理技术	末端治理技术平均去除效率/%	排污系数
阴极铜	铜精矿	闪速熔炼+连续吹炼	所有规模	工业废气量	m³/t	29 178	—	—	29 178
				颗粒物	kg/t	26.78	电袋组合	99	0.267 8
							湿式除尘	98	0.535 6
				SO₂	kg/t	37.60	石灰/石膏法	90	3.76
							氨法	90	3.76
							双氧水脱硫法	90	3.76
							双碱法	90	3.76
				氮氧化物	kg/t	1.54	—	—	1.54
		闪速熔炼+P-S 转炉吹炼	所有规模	工业废气量	m³/t	23 120	—	—	23 120
				颗粒物	kg/t	25.80	电袋组合	99	0.258
							湿式除尘	98	0.516
				SO₂	kg/t	26.40	石灰/石膏法	90	2.64
							氨法	90	2.64
							双氧水脱硫法	90	2.64
							双碱法	90	2.64
				氮氧化物	kg/t	1.52	—	—	1.52

表 3.20 熔池熔炼工艺相关产排污系数

工段	原料	产品	工艺	污染物	单位	产污系数	末端治理技术	治理效率/%	排污系数
熔炼+吹炼+精炼+制酸	铜精矿	阳极铜	熔池熔炼+连续吹炼	工业废气量	m³/t产品	25899	—	—	—
				颗粒物	kg/t产品	26.19	电袋组合	99	0.2619
							湿式除雾	98	0.5238
				SO₂	kg/t产品	33.52	石灰石膏脱硫法	90	3.352
							氨法	90	3.352
							双氧水脱硫	90	3.352
							双碱法	90	3.352
				氮氧化物	kg/t产品	1.54	—	—	1.54
				铅及其化合物	g/t产品	136.22	布袋除尘+电收尘	95	6.811
				砷及其化合物	g/t产品	36.04	布袋除尘+电收尘	95	1.802
				汞及其化合物	g/t产品	2.38	布袋除尘+电收尘	95	0.119
				镉及其化合物	g/t产品	1.62	布袋除尘+电收尘	95	0.081
			熔池熔炼+P-S转炉吹炼	颗粒物	kg/t产品	26.78	电袋组合	99	0.2678
							湿式除雾	98	0.5356
				SO₂	kg/t产品	37.60	石灰石膏脱硫法	90	3.760
							氨法	90	3.760
							双氧水脱硫	90	3.760
							双碱法	90	3.760
				氮氧化物	kg/t产品	2.32	—	—	2.32
				铅及其化合物	g/t产品	112.00	布袋除尘+电收尘	95	5.6
				砷及其化合物	g/t产品	37.56	布袋除尘+电收尘	95	1.878
				汞及其化合物	g/t产品	1.98	布袋除尘+电收尘	95	0.099
				镉及其化合物	g/t产品	3.66	布袋除尘+电收尘	95	0.183

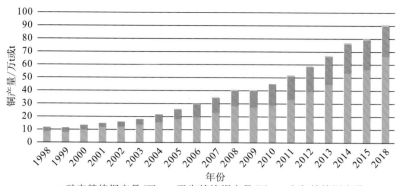

图 3.30　1998～2018 年我国各精炼铜产量

2016 年和 2017 年数据缺失，后同

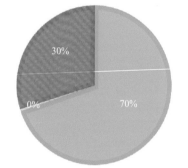

图 3.31　我国各类精炼铜产量分布比例

虽然我国铜产品不只有精炼铜,还有粗铜、冰铜、阳极铜板等,但是精炼铜为目前我国生产的主要铜冶炼产品。从图 3.30 可以看出,我国精炼铜产量呈逐年上升的趋势（2016～2017 年数据缺失）,特别是 2005 年左右开始,精炼铜产量增加较快,这与我国铜冶炼工艺的发展是分不开的。其中矿产精炼铜产量＞再生精炼铜产量＞电积精炼铜产量（图 3.31）,也说明我国目前对铜冶炼产品的不同需求。

从图 3.32 可以看出,1998～2018 年我国各省精炼铜产量居前列的省份分别是江西、山东、安徽、青海、云南等,分别占我国精炼铜产量的 18%、16%、12%、9%、8%。

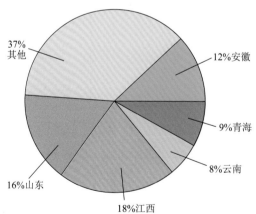

图 3.32　全国各省份总精炼铜产量占比

甘肃、台湾、香港、澳门未统计显示,后同

2）各省份不同铜冶炼产量数据

北京市精炼铜产量数据见图 3.33,除 2008 年和 2009 年有较少精炼铜产量,其他年份都可以忽略不计。

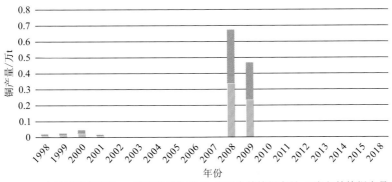

图 3.33　北京市 1998～2018 年各精炼铜产量

如图 3.34 所示，天津市精炼铜产量在 1999～2006 年虽然呈现波动趋势，但总产量都大致维持在 0.3 万 t 左右，在 2006～2013 年精炼铜总产量基本逐年下降，2013 年产量跌至谷底，但 2014 年的产量猛增达到峰值 0.6 万 t。由图 3.34 可知，矿产精炼铜的占比也逐年下降，自 2001 年起，再生精炼铜产量高于矿产精炼铜产量，在 2012 年后天津市精炼铜全部来自再生精炼铜。

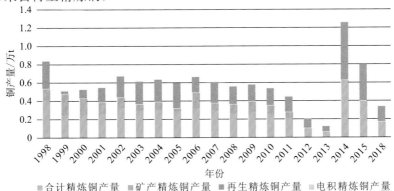

图 3.34　天津市 1998～2018 年各精炼铜产量

如图 3.35 所示，河北省 2008 年之前精炼铜产量极低甚至可以忽略不计，在 2008 年之后精炼铜产量逐年增加，直到 2013 年达到最高 1.5 万 t，随后逐年下降。其中精炼铜产量几乎全部来自再生精炼铜。

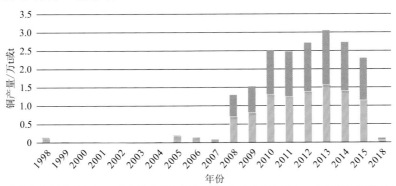

图 3.35　河北省 1998～2018 年各精炼铜产量

如图 3.36 所示，山西省 1998～2005 年精炼铜产量稳定在 0.25 万 t 左右，自 2006 年精炼铜产量增加至 0.5 万 t 左右，随后 2007～2013 年在 1.7 万 t 左右波动，2014 年及之后精炼铜产量进一步上升，在 2015 年达到峰值 1.7 万 t 左右，其中 2015 年与 2018 年产量差距不大。而且山西省的精炼铜基本全部来自矿产精炼铜。

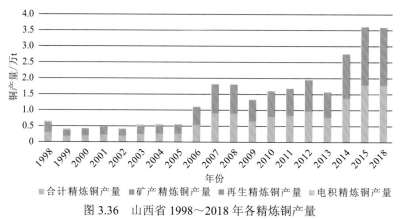

图 3.36　山西省 1998～2018 年各精炼铜产量

如图 3.37 所示，内蒙古自治区精炼铜产量自 1998 年以来逐年上升，在现有数据中，2018 年精炼铜产量升至 37 万 t 左右，并且精炼铜基本全部来自矿产精炼铜。

图 3.37　内蒙古自治区 1998～2018 年各精炼铜产量

如图 3.38 所示，辽宁省精炼铜产量自 1998 年以来呈波动变化态势：1998～2004 年精炼铜产量呈降低趋势，之后逐年上升，在 2011 年达到最大值 12 万 t 左右，随后又降低，至 2014 年精炼铜产量达到最低，约为 2 万 t，在 2018 年精炼铜产量稳定在 10 万余吨。其中矿产精炼铜占大部分。

如图 3.39 所示，吉林省在 2018 年精炼铜产量为 12 万 t 左右，并且全部为矿产精炼铜，其余年份精炼铜产量可忽略不计。

如图 3.40 所示，黑龙江省的精炼铜产量在 1999～2000 年出现高峰约 0.7 万 t 以后，一直处于低产量状态，每年精炼铜产量不超过 0.2 万 t，在 2011～2012 年出现波动，但精炼铜产量不高，2013 年后产量接近零。在 2000 年以前精炼铜产量以再生精炼铜为主。

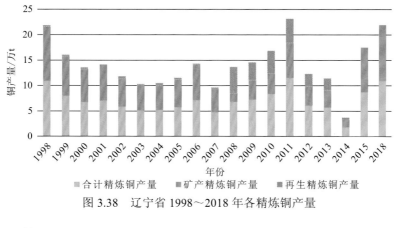

图 3.38 辽宁省 1998～2018 年各精炼铜产量

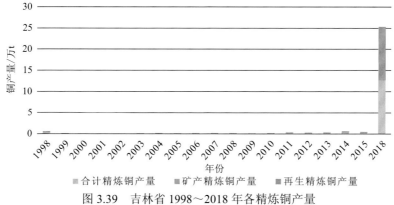

图 3.39 吉林省 1998～2018 年各精炼铜产量

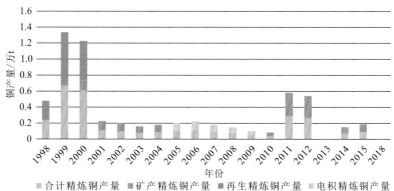

图 3.40 黑龙江省 1998～2018 年各精炼铜产量

如图 3.41 所示，上海市精炼铜产量 2001～2004 年逐年上升，2004～2006 年基本稳定在 14 万 t，随后又逐年降低，在 2008 年后精炼铜产量基本维持在 8 万～11 万 t，自 2014 年后，又逐渐降低，到 2018 年产量最低，不到 2 万 t。其中矿产精炼铜和再生精炼铜均占一定比例。

如图 3.42 所示，1998～2014 年江苏省精炼铜产量呈波动升高趋势，在 2015 年达到 38 万 t 最高值，但 2018 年产量降至 25 万 t。从 2002 年起，矿产精炼铜占较高比例。

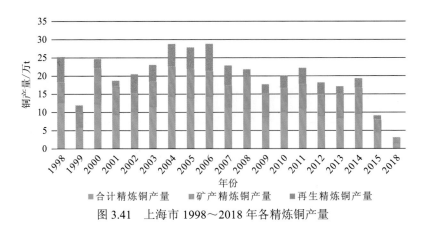

图 3.41　上海市 1998~2018 年各精炼铜产量

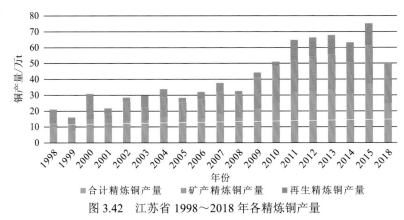

图 3.42　江苏省 1998~2018 年各精炼铜产量

如图 3.43 所示，浙江省 1998~2003 年的精炼铜产量保持在 5 万 t 左右，在 2005~2015 年产量有所上升，维持在 30 万 t 左右，2018 年产量最高至 50 万 t。其中在 2015 年之前，再生精炼铜产量远高于矿产精炼铜，2018 年矿产精炼铜产量增加，矿产精炼铜产量远大于再生精炼铜。

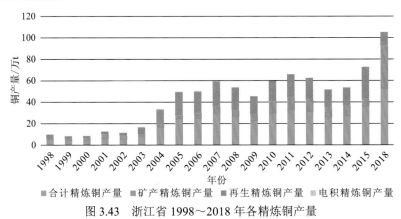

图 3.43　浙江省 1998~2018 年各精炼铜产量

如图 3.44 所示，安徽省精炼铜产量稳中有升，自 1998 年的 20 万 t 逐渐升至 2014 年的 90 余万吨，并在随后的几年中保持在 90 万 t 左右。其中矿产精炼铜产量依旧占主导地位。

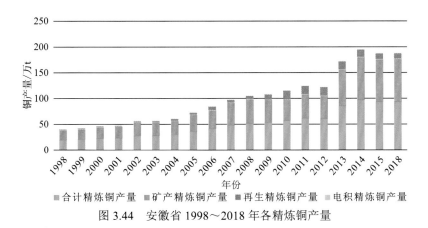

图 3.44　安徽省 1998～2018 年各精炼铜产量

如图 3.45 所示，福建省精炼铜产量在 2012 年之前极低，在 2012 年之后产量逐年上升，从 2012 年的 10 万 t 升至 2018 年的 35 万 t 左右。其中绝大部分是矿产精炼铜，电积精炼铜占比极低。

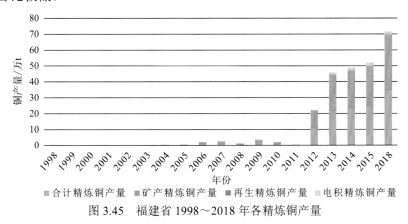

图 3.45　福建省 1998～2018 年各精炼铜产量

如图 3.46 所示，江西省精炼铜产量在 1998～2012 年逐年升高，在 2012～2018 年产量维持在 130 万 t 左右，在 2008 年之前矿产精炼铜为主要来源，在 2008 年及之后的年份，矿产精炼铜和再生精炼铜产量逐渐接近。

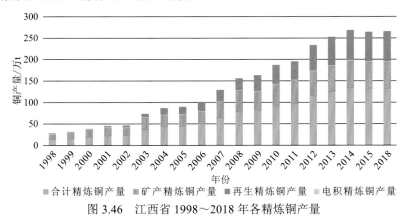

图 3.46　江西省 1998～2018 年各精炼铜产量

如图 3.47 所示，山东省精炼铜产量在 2004 年前产量极低，在 2004 年之后产量快速上升，至 2018 年达到最大值 170 万 t。其中矿产精炼铜占主要部分，但再生精炼铜也有一定占比。

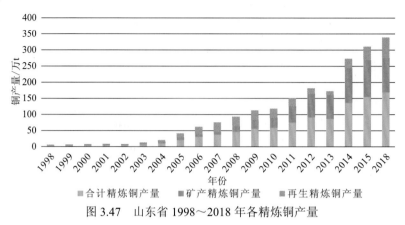

图 3.47　山东省 1998～2018 年各精炼铜产量

如图 3.48 所示，河南省精炼铜产量在 2010 年之前极低，自 2010 年后迅速升高，至 2018 年达到最高值 49 万 t。其中，2011～2015 年，矿产精炼铜产量与再生精炼铜相近，2015 年后矿产精炼铜所占比例逐年增加。

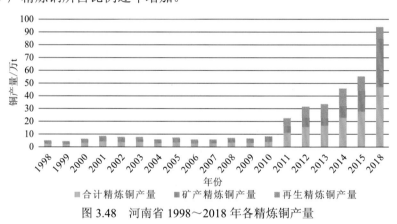

图 3.48　河南省 1998～2018 年各精炼铜产量

如图 3.49 所示，湖北省自 1998 年起精炼铜产量稳中有升，从 1998 年最低产量 5 万 t 逐步升至 2018 年的 50 万 t，其中矿产精炼铜依旧占主导地位，但在 2008 年后再生精炼铜产量也在逐步升高。

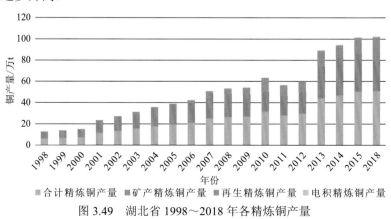

图 3.49　湖北省 1998～2018 年各精炼铜产量

如图 3.50 所示，湖南省精炼铜产量在 2007 年前极低，在 2008 年后产量波动升高，产量在 2018 年最高，达到 12 万 t，并且湖南省精炼铜全部来自再生精炼铜。

图 3.50 湖南省 1998～2018 年各精炼铜产量

如图 3.51 所示，广东省精炼铜产量在 2010 年以前较低，都在 7 万 t 以下，甚至在 2003 年前产量均在 5 万 t 以下，在 2011 年产量陡然升高至 15 万 t 左右，并保持上升趋势在 2013 年达到最高产量 22 万 t 左右，随后几年产量回落至 15 万 t 以下。其中在 2006 年后广东省精炼铜全部来自再生精炼铜。

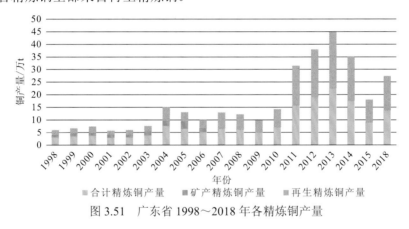

图 3.51 广东省 1998～2018 年各精炼铜产量

如图 3.52 所示，广西壮族自治区从 2013 年开始精炼铜产量逐年上升，从 2013 年的 10 万 t 升至 2018 年的 55 万 t 左右，并且在 2014 年之后，精炼铜全部来自矿产精炼铜。

图 3.52 广西壮族自治区 1998～2018 年各精炼铜产量

如图 3.53 所示，海南省只在 2002 年有过铜冶炼活动，其他年份均没有任何精炼铜产品。这可能与海南省的地理位置有关。

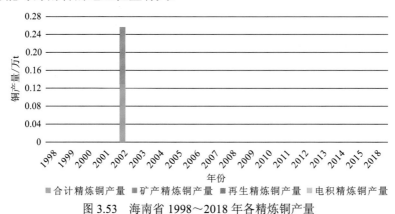

图 3.53　海南省 1998～2018 年各精炼铜产量

如图 3.54 所示，重庆市精炼铜产量 2009 年最高，达到 3.3 万 t，其余年份均在 1 万 t以下，甚至 2002～2007 年产量几乎为零。并且重庆市精炼铜基本全部来自矿产精炼铜。

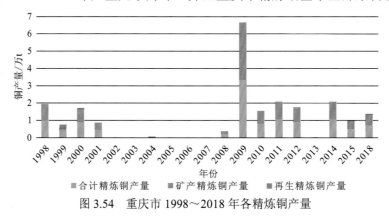

图 3.54　重庆市 1998～2018 年各精炼铜产量

如图 3.55 所示，四川省精炼铜产量在 2003 年和 2012 年可以达到 1 万 t 左右，2014年产量最高，为 2 万 t，其余年份产量极低。

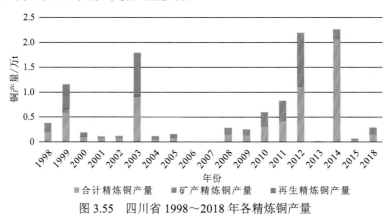

图 3.55　四川省 1998～2018 年各精炼铜产量

如图 3.56 所示，贵州省除 2007 年精炼铜产量最高为 0.24 万 t，其余年份均不到 200 t，甚至在 2011 年后，精炼铜产量几乎为零，并且全部来自矿产精炼铜。

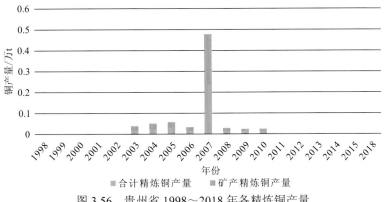

图 3.56　贵州省 1998～2018 年各精炼铜产量

如图 3.57 所示，云南省精炼铜产量从 1998 年的 10 万 t 逐渐升高，在 2008～2012 年稍有波动，到 2018 年达到最高，约为 62 万 t。其中绝大部分来自矿产精炼铜，再生精炼铜产量可忽略。

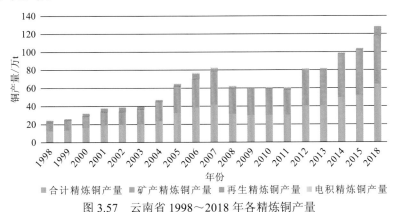

图 3.57　云南省 1998～2018 年各精炼铜产量

如图 3.58 所示，西藏自治区在 2006 年才开始生产精炼铜，产量不高，2011～2014 年精炼铜产量几乎为零，2015 年开始升高，2018 年达到最大值。

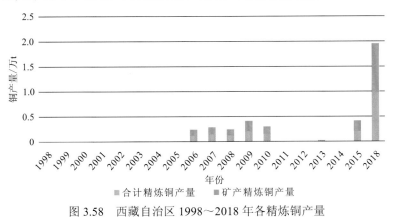

图 3.58　西藏自治区 1998～2018 年各精炼铜产量

如图 3.59 所示，陕西省精炼铜产量在 2006 年、2007 年和 2011 年较高，达到 0.4 万 t 及以上，其余年份产量较低，在 0.2 万 t 以下。并且在 2005 年及以后精炼铜全部来自矿产精炼铜。

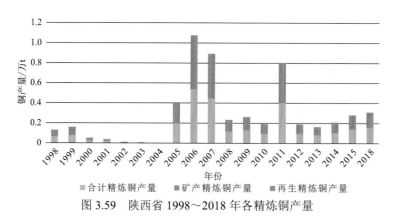

图 3.59　陕西省 1998~2018 年各精炼铜产量

如图 3.60 所示，甘肃省精炼铜产量在 1998~2013 年逐年升高，在 2013 年达到 80 万 t 左右，随后产量逐年降低，在 2015 年后稳定在 50 万 t 左右。其中精炼铜绝大部分来自矿产精炼铜，虽然 2011 年后再生精炼铜也有所生产，但占比极低。

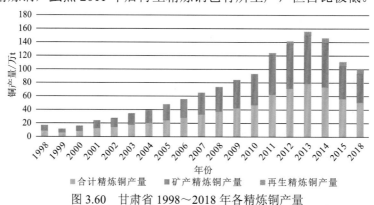

图 3.60　甘肃省 1998~2018 年各精炼铜产量

如图 3.61 所示，青海省有三江源，注重环境保护，所以 1998~2011 年没有精炼铜生产，从 2012 年开始有极少量精炼铜产出，到 2015 年精炼铜产量达到 2.1 万 t 左右，2018 年产出有所下降。

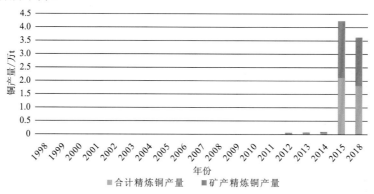

图 3.61　青海省 1998~2018 年各精炼铜产量

如图 3.62 所示，宁夏回族自治区在 2006~2008 年生产精炼铜，其他年份无精炼铜产量。

如图 3.63 所示，新疆维吾尔自治区精炼铜产量在 2010 年前极低，在 2011 年开始逐年升高，至 2018 年达到最高，约为 12 万 t。其中绝大部分为矿产精炼铜。

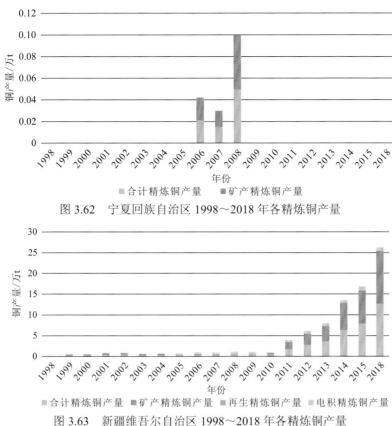

图 3.62 宁夏回族自治区 1998～2018 年各精炼铜产量

图 3.63 新疆维吾尔自治区 1998～2018 年各精炼铜产量

2. 大气污染物排放核算

1）采矿和选矿阶段

采矿和选矿阶段会产生大量工业废气和颗粒物，取《排放源统计调查产排污核算方法和系数手册》给出的采选矿阶段污染物排放系数，计算我国 1998～2018 年采矿和选矿阶段的污染物排放量。

分析图 3.64 和图 3.65，在采选矿阶段废气和颗粒物的排放占比是不同的，在采矿阶段，废气是主要的污染物，在选矿阶段，颗粒物是主要的污染物。

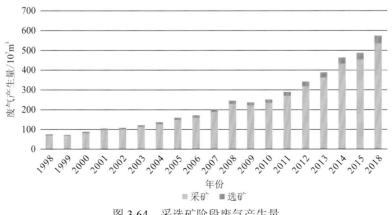

图 3.64 采选矿阶段废气产生量

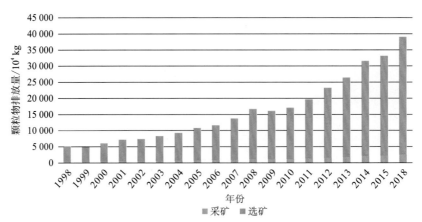

图 3.65　采选矿阶段颗粒物排放量

2）矿产精炼铜（铜精矿—精炼铜）

由于阳极铜到阴极铜的电解工段只产生硫酸雾，而硫酸雾会与前面工艺所产生的烟气一起进行脱硫等处理后达标排放，默认矿产铜精炼工段为铜精矿到阳极铜。由于缺少我国铜冶炼企业工艺比例情况，故将以上两种主要工艺下产生的污染物依次计算得出，另外取几种工艺排放系数均值来计算污染物排放量，如图 3.66～图 3.68 所示。

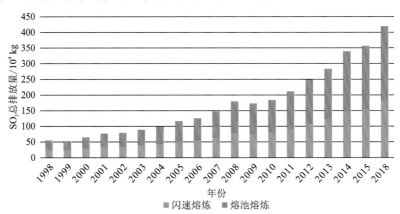

图 3.66　闪速-熔池熔炼工艺二氧化硫总排放量

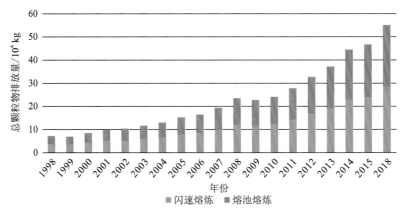

图 3.67　闪速-熔池熔炼工艺总颗粒物排放量

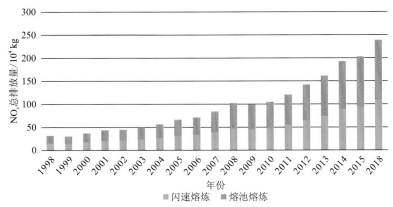

图 3.68　闪速-熔池熔炼工艺氮氧化物总排放量

闪速熔炼和熔池熔炼工艺 SO_2、NO_x、颗粒物的排放量相差很小。

由图 3.69 可知，北京、黑龙江、海南、四川、贵州、西藏、陕西、宁夏对 NO_x、SO_2 和颗粒物三种污染物的排放量相对于其他省份来说可忽略不计。云南、青海、江西、山东、安徽等三种污染物的排放量较高，特别是江西和山东，三种污染物排放总量大于 8×10^4 t。而且各省份矿产精炼铜生产过程中 SO_2 的排放量要大于颗粒物和 NO_x，颗粒物排放量最少。

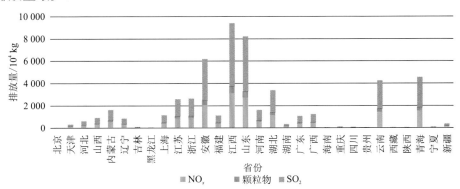

图 3.69　各省份生产矿产精炼铜 NO_x、SO_2、颗粒物排放量

由图 3.70 可知，排放污染物较高的省份中，砷及其化合物的排放量要远大于铅和汞及其化合物，铅及其化合物排放量最少。

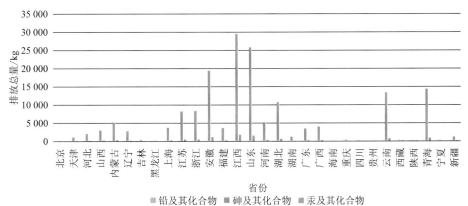

图 3.70　各省份生产矿产精炼铜铅、砷、汞及其化合物的排放量

3）再生精炼铜

以《排放源统计调查产排污核算方法和系数手册》中再生精炼铜工艺（一段法）排污系数计算的 1998～2018 年全国再生铜排污情况如图 3.71 所示。

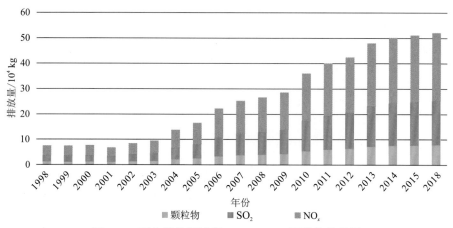

图 3.71　再生精炼铜过程 SO_2、NO_x、颗粒物排放量

由图 3.71 可知，1998～2018 年再生精炼铜过程中三种污染物的排放量始终为 $NO_x > SO_2 >$ 颗粒物，再生铜对这三种污染物的贡献均较大。

由图 3.72 可知，相对于其他两种污染物，镉、铬及其化合物在再生精炼铜过程中排放量较少，排放量最大的为铅及其化合物，其次是砷及其化合物。

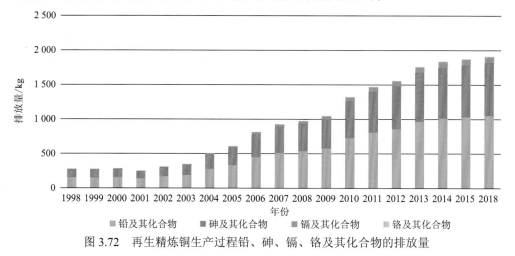

图 3.72　再生精炼铜生产过程铅、砷、镉、铬及其化合物的排放量

4）电积精炼铜

由于电积法属于湿法炼铜，湿法炼铜工艺特点是设备简单，无烟气排放和污染，且电积精炼铜产量在精炼铜产量中占比很小，接近于零，且缺少电积铜相关污染物排放数据，故不予深入讨论。

5）不同精炼铜过程污染物排放对比

由图 3.73 可知，不同精炼铜过程颗粒物排放量为选矿＞采矿＞矿产精炼铜＞再生精炼铜。

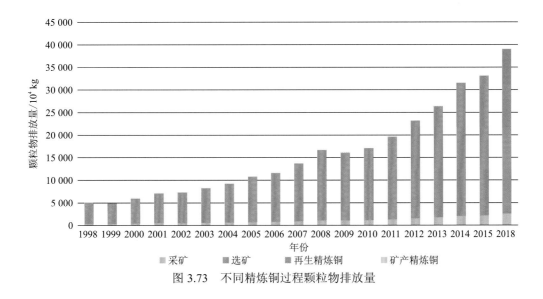

图 3.73　不同精炼铜过程颗粒物排放量

由图 3.74 可知，矿产精炼铜 SO_2 排放量远大于再生精炼铜。

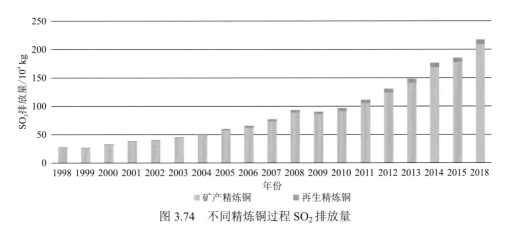

图 3.74　不同精炼铜过程 SO_2 排放量

3.4　我国铜冶炼技术新方向

当前火法炼铜造锍熔炼阶段普遍采用闪速熔炼和熔池熔炼工艺，这两种工艺在冶炼强度、入炉原料、能耗、操作等方面各有优势和不足。吹炼工艺除了传统的 P-S 转炉吹炼，越来越多的连续吹炼工艺被开发和采用。从环保、节能和生产效率等方面来看，强化冶炼、富氧喷吹和连续炼铜是未来的发展趋势（徐光清，1998）。虽然我国的铜冶炼技术近几年有很大进步，但有些方面与国外相比仍有一定差距。从目前国外铜冶炼技术的发展趋势看，今后我国的铜冶炼技术要追赶世界先进水平，在以下几个方面要有重点的发展（刘志平，2021）。

3.4.1　闪速吹炼技术

闪速吹炼技术在美国的肯尼柯特（Kennecott）冶炼厂已成功地运行，它将熔炼系统产出的冰铜经水淬、磨碎、烘干后，用喷嘴连续加入闪速吹炼炉，在 60%～70% 的富氧条件下进行吹炼产出粗铜。闪速吹炼炉的操作控制基本与闪速熔炼炉相同。与转炉吹炼相比，闪速吹炼具有单炉产量大、烟气 SO_2 浓度高、烟气量波动小、吹炼的冰铜品位高、无吊车作业、环境污染少、操作容易控制、综合能耗低等优点，是今后冰铜吹炼的发展方向。近期国内几家改扩建的工厂如江西铜业集团有限公司贵溪冶炼厂、大冶有色金属集团控股有限公司、山西中条山有色金属集团有限公司，已经在吹炼方案的比较中对闪速吹炼方案进行了论证，终因不能放弃现有的转炉系统和投资、规模等原因未能应用，但对于今后新建的大型铜厂和转炉系统无法扩建的工厂，闪速吹炼是取代转炉的最佳方案，预计近期我国将有工厂采用闪速吹炼技术。随着环保要求的日益严格，转炉吹炼必将退出历史舞台，所以闪速吹炼无论在国外还是在国内，都会有良好的应用前景。

3.4.2　氧气底吹熔炼与硫酸装置联用技术

氧气底吹熔炼是在卧式回转反应器中通过氧枪从炉底向熔池鼓入氧气进行铜熔池熔炼工艺，实现了自热熔炼，硫化矿物的反应热通过余热锅炉回收，余热得以充分利用，冶炼强度大大提高，从而降低了能耗。

如图 3.75 所示，铜硫化矿物及二次原料和熔剂铜烟尘配料制粒后，直接进入氧气底吹熔炼炉中进行熔炼，产生的高温 SO_2 烟气经余热锅炉回收，余热和电收尘器收尘后送两转硫酸装置制酸；铜硫化矿物经氧气底吹熔炼产出铜锍，送吹炼。

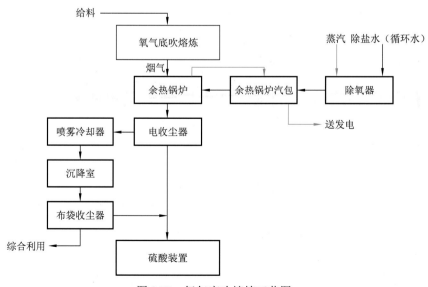

图 3.75　氧气底吹熔炼工艺图

3.4.3 不锈钢阴极电解技术

不锈钢阴极电解技术有多方面的优越性，但是目前要采用该工艺，其不锈钢阴极、极板作业机组及专用吊车需从国外引进，项目投资相对较高，对一些老系统的改造，特别是资金有困难的企业难以实现。如何既使国外先进技术在国内得到应用，又可维持较低的投资，是值得多方面探讨的问题，为使不锈钢阴极电解技术在我国得到广泛应用，研究者已经做了一些工作。在云南铜业股份有限公司的电解技术改造方案中，经多方案的分析比较，最后推荐采用大极板的不锈钢阴极电解工艺，优点是新系统与现有老电解系统的阳极板尺寸相同，方便管理，可利用现有的阳极浇铸机和阳极加工机组。由于阳极板尺寸不变，新系统的有些操作可与现在一样采用人工，仅需从国外引进不锈钢阴极板和阴极剥片机组，其余设备全部国产，还可利用一些现有设备，所以项目的投资比采用大极板的 ISA 法节省 1/3，但工厂的技术水平和产品质量仍可得到大幅度的提高。云南铜业股份有限公司的电解方案就是设法使国外先进技术在适合中国国情的情况下得到应用，这一经验值得其他工厂借鉴。而且国内有些单位也已经在积极地开发不锈钢阴极电解工艺。

3.4.4 湿法炼铜技术

近几年，湿法炼铜以其投资省、低成本、无污染，有利于资源综合回收的优势而受到越来越多的企业的关注。国外的湿法炼铜发展很快，最大的湿法炼铜厂规模已达20 余万吨，现在湿法炼铜技术已不仅局限于氧化矿的处理，硫化矿的湿法炼铜技术也已取得很大进展。我国目前的湿法炼铜无论在生产技术还是在产量规模上均处于起步阶段，最大湿法炼铜厂的铜产量不到 2 000 t/a。我国有很多低品位矿、难选矿需综合利用，湿法炼铜是最好的处理方法，所以它的应用前景相当广阔。但今后我国的湿法炼铜要尽快地发展，除了将其作为我国铜工业发展的重要举措，为了提高金属回收率和改善阴极铜产品质量，还需在浸出技术和萃取剂的开发研制、萃取设备结构等方面有所突破。

3.4.5 烟气高浓度 SO_2 的转化技术与余热回收技术

随着冰铜闪速吹炼等技术的应用，进入制酸系统的 SO_2 体积分数将会高达20%以上，因此必须有高浓度 SO_2 转化技术才能充分发挥其优越性，使进入制酸系统的烟气量减少，降低投资。目前国外的鲁奇公司和孟山都公司均已拥有高浓度 SO_2 转化技术，不久的将来国内也将使用该技术。在硫酸系统转化工序中产生大量的余热，目前国内各厂均未回收利用这些余热，而是由鼓风冷却后排入大气，国外已有工厂将这部分余热回收后供全厂使用，每吨硫酸可回收 0.6 t 蒸气。无论从节能还是从降低生产成本方面看，硫酸系统余热回收都是今后应该推广的技术。现在国内已有工厂开始考虑应用孟山都公司的余热回收技术。

3.4.6　引进技术设备的国产化

国外有很多先进技术未能在国内得到应用的关键是因为引进技术和设备费用太高，所以对引进技术和设备进行消化，使之尽快国产化，以便能在我国得到普遍的应用，从而提高我国铜冶炼技术的整体水平是今后一段时期努力的目标。在科学技术是第一生产力的今天，技术的不断进步是企业可持续发展的关键。未来我国的铜冶炼企业除了要努力提高自身的技术内涵，挖掘潜力、扩大产量、形成规模效益，还要跟踪世界先进技术，不断充实和完善自己，全面提高企业的综合实力，才能在激烈的市场竞争之中永远处于不败之地。

3.5　铜冶炼能耗情况与大气污染物协同 CO_2 控制技术

3.5.1　铜冶炼能耗情况

1. 我国铜冶炼能耗情况

由图 3.76 可知，2009～2016 年我国粗铜的能耗呈下降趋势，电耗情况波动趋势较稳定。

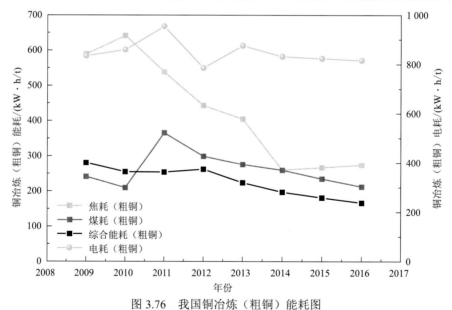

图 3.76　我国铜冶炼（粗铜）能耗图

由图 3.77 可知，2009～2016 年我国精炼铜的综合能耗大体呈下降趋势，2014～2016 年能耗略有升高，但仍小于 2013 年综合能耗。精炼铜产量逐年增加至 2014 年后增量放缓。

由图 3.78 可知，2003～2016 年我国铜冶炼的综合能耗呈下降趋势，自 2003 年的 1 079.5 kgce/t 到 2016 年的 304.87 kgce/t，能耗整体下降 71.76%。2003～2016 年精炼铜产量呈缓慢上升趋势。

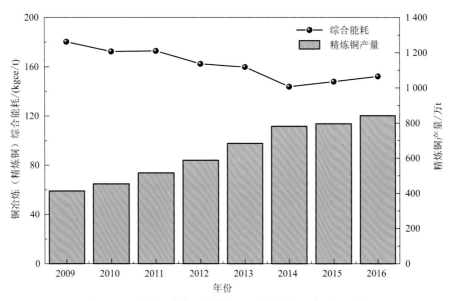

图 3.77　我国铜冶炼（精炼铜）综合能耗及产量对比图

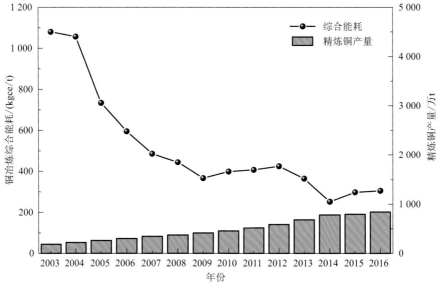

图 3.78　我国铜冶炼综合能耗及精炼铜产量对比图

2. 智利铜冶炼能耗及温室气体排放情况

1）冶炼厂

燃料使用量对应温室气体的直接排放量，耗电量对应温室气体间接排放量。智利冶炼厂进行铜冶炼过程中燃料使用多余用电，但是在实际温室气体排放中，由图 3.79 可知，2002～2009 年用电产生的温室气体排放量却远大于燃料燃烧产生的直接排放量。

由图 3.80 可知，智利冶炼厂铜产量在 2002～2017 年稳定在 147 万 t 左右，生产 1 t 铜的温室气体直接排放量呈动态平衡趋势，15 年间燃料使用产生的温室气体大致在 0.35（±0.5）t 区间范围内。温室气体直接排放总量随当年冶炼厂铜产量变化而变化。

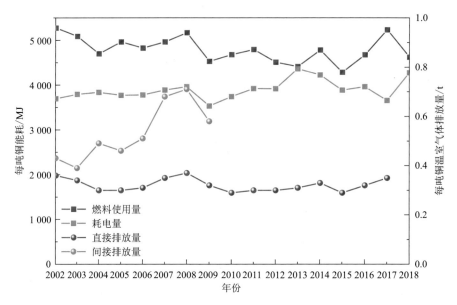

图 3.79　智利冶炼厂每吨铜能耗情况与温室气体排放图

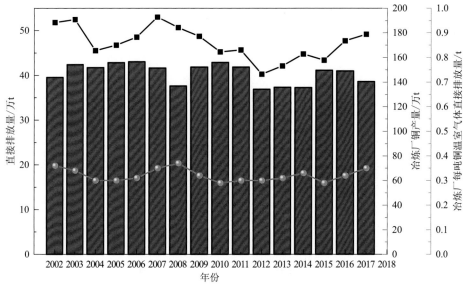

图 3.80　智利冶炼厂温室气体直接排放量

2）电解精炼铜

由图 3.81 可知，2003～2018 年智利电解精炼铜生产过程中燃料使用量波动较大，电力消耗较为稳定，与冶炼厂铜冶炼过程不同，每生产 1 t 铜所产生的温室气体直接排放量和间接排放量均大幅降低，分别为 0.08 t 和 0.10 t 左右。

由图 3.82 可知，2002～2017 年智利电解精炼铜产量大致在 285 万 t 上下浮动，生产 1 t 铜温室气体直接排放量大致呈动态平衡趋势，在 0.8（±0.3）t 区间范围内。

3）SX/EW 生产工艺

由图 3.83 可知，2003～2018 年智利 SX/EW 生产工艺生产过程中燃料使用量及生产每吨铜温室气体直接排放量趋于稳定，耗电量及间接排放量却逐年升高。

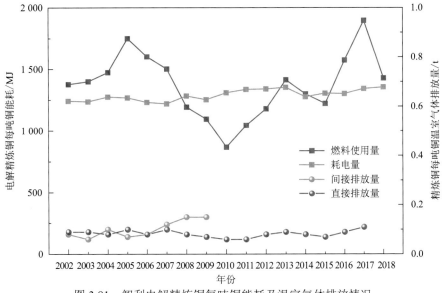

图 3.81　智利电解精炼铜每吨铜能耗及温室气体排放情况

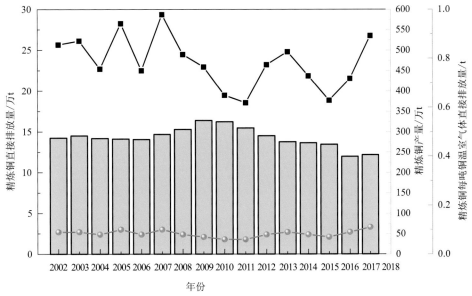

图 3.82　智利电解精炼铜温室气体直接排放量

由图 3.84 可知，2002～2018 年智利 SX/EW 生产工艺的铜产量大致在 18 万 t 上下浮动，生产 1 t 铜的温室气体直接排放量呈动态平衡趋势，在 0.19（±0.03）t 区间范围内。温室气体直接排放量随当年 SX/EW 生产工艺的铜产量变化而变化。

3. 某铜冶炼企业 2019 年温室气体核算分析案例

企业 A（佟丽霞 等，2021）为铜冶炼生产企业，主要的产品为粗铜、硫酸，主要生产工艺包括粗铜冶炼、烟气制酸、渣选矿；使用的能源品种包括烟煤、焦炭、燃料油、柴油、外购电力等；根据企业所有现场，核算边界内的排放设施和排放源信息见表 3.21。

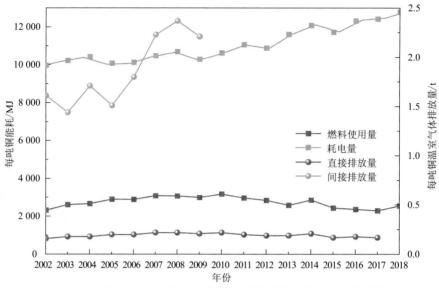

图 3.83　智利 SX/EW 生产工艺每吨铜能耗及温室气体排放情况

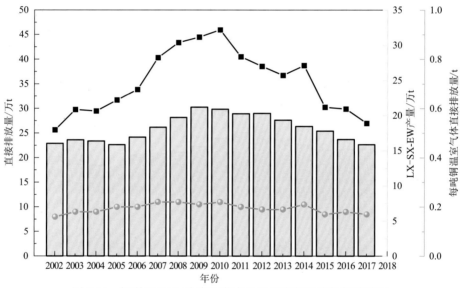

图 3.84　智利 SX/EW 生产工艺产量及温室气体直接排放情况

表 3.21　排放单位碳排放源识别

排放源分类	排放设施	排放设施位置	相应物料或能源种类
	熔炼炉 ϕ 4 200 mm × 15 000 mm	造锍车间	焦炭、燃油
化石燃料燃烧	2.8 MW 燃煤热水锅炉	锅炉房	烟煤
	运输机械	厂区	柴油
工业生产过程	—	—	—
净购入电力	用电设施	厂区内	电力
净购入热力	—	—	—

通过对《能源台账》进行交叉核对，确认《盘点表》与《能源台账》中对应月份的数据一致，确认 2019 年一般烟煤消耗量为 70.71 t，焦炭消耗量为 2 439.58 t，燃料油消耗量为 69.89 t，柴油消耗量为 208.257 t。烟煤、燃料油、焦炭、柴油低位发热量来源于《核算指南》中的缺省值，分别为 19.570 GJ/t、28.435 GJ/t、41.816 GJ/t、42.652 GJ/t。烟煤、焦炭、燃料油、柴油单位热值含碳量来源于《核算指南》中的缺省值，分别为 26.18×10^{-3} tC/GJ、29.50×10^{-3} tC/GJ、21.10×10^{-3} tC/GJ、20.20×10^{-3} tC/GJ。烟煤、焦炭、燃料油、柴油碳氧化率来源于《核算指南》中的缺省值，分别为 93%、93%、98%、98%。核查 2019 年全部购电发票，确认净购入电力消耗量为 107 379.7 MW·h。电力排放因子数据来源于蒙西电网排放因子 0.884 3。

企业 A 2019 年的温室气体排放量结果见表 3.22～表 3.24。

表 3.22　企业 A 化石燃料燃烧的 CO_2 排放量

燃料类型	消耗量(A)/t	低位发热量(B)/(GJ/t)	单位热值含碳量(C)/(tC/GJ)	碳氧化率(D)/%	折算因子(E)	排放量(F)/(tCO_2) $F = A \cdot B \cdot C \cdot D \cdot E$
烟煤	70.71	19.570	0.026 18	93	3.666 7	123.159 1
焦炭	2 439.58	28.435	0.029 50	93	3.666 7	6 978.220 6
燃料油	69.89	41.816	0.021 10	98	3.666 7	221.583 5
柴油	208.257	42.652	0.020 20	98	3.666 7	644.744 7
合计						7 967.707 9

表 3.23　企业 A 净购入使用电力产生的排放量

电量(A)/(MW·h)	排放因子(B)/(tCO_2/MW·h)	排放量(C)/(tCO_2) $C = A \cdot B$
107 379.7	0.884 3	94 955.868 7

表 3.24　企业 A 2019 年度碳排放总量

排放类型	排放源	排放量/(tCO_2)
直接排放	化石燃料燃烧	7 967.707 9
	能源作为原材料用途	—
	工业生产过程	—
间接排放	净购入电力	94 955.868 7
	净购入热力	—
合计		102 923.6

3.5.2　铜冶炼工艺大气污染物协同 CO_2 控制技术

1. 低排放柔和燃烧技术

1）技术适用范围

低排放柔和燃烧技术适用于机械行业高效低碳燃气轮机燃烧室节能技术改造。

2）技术原理及工艺

20 MW 燃气轮机燃烧室中采用柔和燃烧核心技术，高温烟气内部回流，提高入口空气温度到自燃温度以上，降低入口空气氧浓度，反应温升降到自燃温度以下，燃烧场营造高温低氧反应条件，反应区分散，温度分布均匀，降低燃烧噪声，降低锋面火焰温度，提高反应平均温度，从而减少氮氧化物排放，提高燃烧效率。柔和燃烧和传统燃烧对比分析如图 3.85 所示。

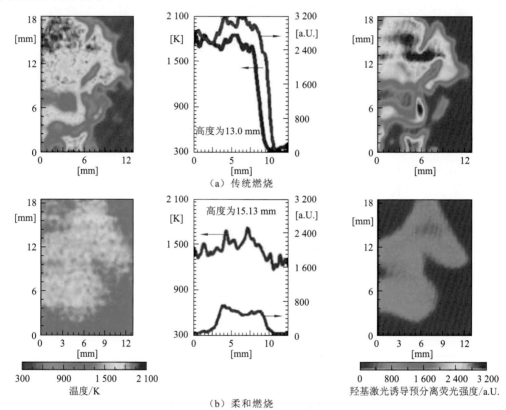

图 3.85　柔和燃烧和传统燃烧对比分析图

3）技术指标

（1）燃烧效率：99.999%；

（2）NO_x 排放质量浓度：$<50\ mg/m^3$；

（3）CO 排放质量浓度：$<40\ mg/m^3$；

（4）噪声：$\leqslant 95\ dB$。

4）技术功能特性

采用柔和燃烧技术，高温烟气内部回流，提高入口空气温度到自燃温度以上，降低入口空气氧浓度。

5）应用案例

新疆哈密广汇能源荒煤气综合利用年产 40 万 t 乙二醇项目，技术提供单位为山东同智创新能源科技股份有限公司。

（1）用户用能情况：该项目用能设备效率为 35.2%。

（2）实施内容及周期：采用柔和燃烧技术进行节能改造，主要完成 10 套燃烧室喷嘴设备的更换。实施周期为 3 个月。

（3）节能减排效果及投资回收期：改造完成后，设备整体效率提高 4.3%，按热负荷 20 MW、年运行 5 000 h 计算，可节约标准煤 1 302 t/a，减排 CO_2 3 609.8 t/a。投资回收期为 7 个月。

6）预计到 2025 年行业普及率及节能减排能力

预计到 2025 年行业普及率可达到 8%，可实现节约标准煤 26 万 t/a，减排 CO_2 72.1 万 t/a。

2. 烟管烟气余热回收利用技术

铜冶炼过程中约 50% 的能量以废热形式散发。电解烟气净化系统低温烟气带走的热量占废热的 20%～35%，其余热回收价值可观。近年来电解铜采用 500 kA 大型预焙电解槽为主要槽型，在项目的投资、运维、节能等方面提高了竞争力，而对电解铜烟气净化系统来说，吨铜排烟量减少，烟气温度从以往 120 ℃ 提高到 140～150 ℃，温度提高对滤料耐温提高了要求，增加运行成本，烟气带走的热量不符合降碳要求。回收利用电解槽排放的低温烟气余热，对电解铜行业节能减碳具有重大的意义。适应不同工况的两种电解烟气余热回收利用技术是：支烟管烟气余热回收利用技术及总烟管烟气余热回收利用技术。

支烟管烟气余热回收利用技术的特点为换热模块安装在支烟管上，利用了铝电解槽排烟管道的富裕压力，一般不增加新能耗。不影响电解工艺和烟气净化工艺，不给电解槽运行带来隐患。换热模块布置合理，安装、检修方便，可单个模块检修，不影响整体用热，可达到长期稳定余热回收利用的目标。余热回收效率高，换热模块设置在电解槽排烟支管处，烟气温度高，余热回收效果好。换热模块相对较多，初期投资较高。

总烟管烟气余热回收利用技术的特点为换热模块安装在总烟管，系统阻力增加约 300 Pa。不影响电解工艺，不给电解槽运行带来隐患，换热模块检修时有可能暂停烟气净化系统。安全环保，换热模块布置简单、紧凑，安装、检修方便，达到长期稳定余热回收利用的目标。换热模块相对少，投资较低。

3. 基于吸收式热泵循环的锅炉低品位烟气余热深度回收技术

1）技术适用范围

该技术适用于锅炉烟气余热回收系统节能技术改造。

2）技术原理及工艺

以热能（燃气、蒸汽或热水等）驱动吸收式溴化锂热泵产生低温水并送入烟气换热器，低温水经过烟气换热器回收大型锅炉排烟余热，回收热量送往热网，可有效回收锅炉排烟低品位余热。低品位烟气余热深度回收系统原理如图 3.86 所示。

3）技术指标

（1）吸收式热泵：余热回收量为 116～23 260 kW，制热量为 282～56 489 kW。

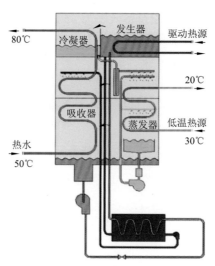

图 3.86　低品位烟气余热深度回收系统原理图

（2）高效烟气换热板采用抗腐蚀材料和防腐涂层及组合可拆式结构，烟气侧阻力损失小于 150 Pa。

4）技术功能特性

（1）采用直燃型热泵技术将锅炉的排烟温度降低至 30 ℃以下，燃气锅炉的平均热效率提高 8%～15%。

（2）烟气冷凝过程中，烟气中的部分烟尘、NO_x 和 SO_2 随冷凝水一起排出，SO_2 降低 20%～40%，NO_x 的冷凝吸收率达 10%～20%。

5）应用案例

北京市丰台区房屋经营管理中心供暖设备改造项目，技术提供单位为远大空调有限公司。

（1）用户用能情况：项目建筑面积为 156 万 m^2，安装了 4 台 29 MW 燃气热水锅炉。热网回水温度为 45～50 ℃，供水温度为 75～100 ℃。

（2）实施内容及周期：在 4 台燃气锅炉排烟口增加高效烟气换热器，新增 1 台 BDZ600-R1 型直燃热泵回收烟气热量。实施周期为 36 天。

（3）节能减排效果及投资回收期：改造完成后，热泵机组运行 97 天总节能量为 1.8 万 GJ，约占总供热量的 6.9%。按运行一个完整采暖季计算，回收热量达 2.3 万 GJ，折合节约标准煤 785 t/a，减排 CO_2 2 176.4 t/a。投资回收期为 3 年。

6）预计到 2025 年行业普及率及节能减排能力

预计到 2025 年行业普及率可达到 30%，可实现节约标准煤 33 万 t/a，减排 CO_2 91.5 万 t/a。

4. 炉窑燃烧工艺优化节能技术

1）技术适用范围

该技术适用于锅炉、窑炉、加热炉等各类炉窑燃烧系统节能技术改造。

2）技术原理及工艺

通过在靠近燃烧器端燃气管道表面安装特定纳米极化材料，形成"纳米超叠加极化场"，燃料分子经过"极化场"被赋予额外特定能量，在燃烧前就处于活跃的激发态，可有效减少燃料分子参与燃烧所需活化能，燃烧过程中此特定能量又可以转化为有效光能、热能，进一步提升热效率。炉窑燃烧工艺优化技术工作原理如图3.87所示。

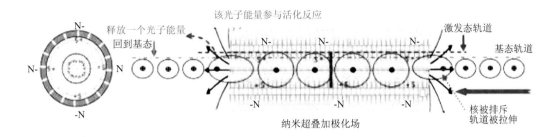

图3.87 炉窑燃烧工艺优化技术工作原理图

3）技术指标

（1）节能率：≥4%。

（2）材料使用寿命：>5年。

4）技术功能特性

（1）由于激发态分子超有序体系排列的反应方式，可以在低氮燃烧排放指标的基础上，实现 NO_x 生成率降低≥10%。

（2）优化施工，无须停车，不影响生产，免维护。

（3）无其他能源消耗，设备寿命长。

5）应用案例

广州风神汽车有限公司郑州分公司燃烧系统节能改造项目，技术提供单位为河南鸿翼能源科技有限公司。

（1）用户用能情况：涂装一车间、涂装二车间、树脂车间的加热炉共有70套燃烧器，均使用天然气，正常生产状态下，天然气消耗量约为1 200万 m^3/a。

（2）实施内容及周期：对上述70套燃烧器进行燃烧工艺优化技术改造，在70套燃烧器近端的燃料气管线表面安装相匹配的纳米极化材料装置。实施周期为10天。

（3）节能减排效果及投资回收期：改造完成后，70套燃烧器均能正常生产使用，相同生产工艺条件下，天然气消耗量为1 133万 m^3/a，可节约天然气67万 m^3/a，折合节约标准煤891.1 t/a，减排 CO_2 2 470.6 t/a。投资回收期为5个月。

6）预计到2025年行业普及率及节能减排能力

预计到2025年行业普及率可达到5%，可实现节约标准煤30万 t/a，减排 CO_2 83.2万 t/a。

第4章 铅锌冶炼行业大气污染物 与温室气体协同控制

铅、锌是人类现代文明进程中具有重要作用的基础原材料，在有色金属全球消费量中仅次于铜和铝。20世纪90年代中期以来，特别是进入21世纪后，我国铅锌冶金工业技术进步的速度明显加快。大型骨干企业在国家有关政策引导下，大力实行结构调整，自主创新和引进相结合，采用高新技术进行技术改造。我国也加快了向世界铅锌生产强国迈进的步伐。在广大工程技术人员的努力下，一系列现代化铅锌冶炼工艺及装备成功实现工业应用并获得新的发展，资本集中度逐渐提高，骨干企业逐渐实现规模化和集约化，铅锌总产量逐年提高。

在自然界中，目前已知铅矿物约有200种，锌矿物有58种，但主要铅矿物只有40～50种，主要锌矿物只有13种。其中有工业意义的铅矿物11种，锌矿物7种。它们具有共同的成矿物质来源和十分相似的地球化学行为，有类似的外层电子结构，都具有强烈的亲硫性，并形成相同的易熔络合物。它们被铁锰质、黏土或有机质吸附的情况也很相近。地壳中已发现的铅锌矿物有250多种，约1/3是硫化物和硫酸盐类。方铅矿、闪锌矿等是冶炼铅锌的主要工业矿物原料。铅锌资源的特点是铅锌共生，世界上极少发现单独的铅矿和锌矿，闪锌矿与方铅矿（PbS）在天然矿床中常常紧密共生。

我国的铅锌矿产资源储量较为丰富，位居全球第二位，铅矿资源特点主要表现为：矿产地分布广泛，但储量主要集中在新疆、湖南、福建等地；成矿区域和成矿期相对集中；大中型矿床占有储量多，矿石类型复杂，主要有硫化铅矿、氧化铅矿、硫化铅锌矿、氧化铅锌矿及混合铅锌矿；贫矿多，富矿少，结构构造和矿物组成复杂的多、简单的少。

铅冶炼是指将铅精矿熔炼，使硫化铅氧化为氧化铅，再利用碳质还原剂在高温下使氧化铅还原为金属铅的过程。铅冶炼通常采用火法冶炼，分为粗铅冶炼和粗铅精炼两个步骤，粗铅冶炼过程是指硫化铅精矿经过氧化脱硫、还原熔炼、铅渣分离等工序，产出粗铅，粗铅含铅95%～98%，粗铅中含有铜、锌、镉、砷等多种杂质，再进一步精炼，去除杂质，形成精铅，精铅中铅的质量分数达99.95%以上，粗铅精炼分为火法精炼和电解精炼。锌冶炼技术主要有火法冶炼和湿法冶炼两大类，湿法冶炼是当今炼锌的主要方法，其产量占世界锌总产量的80%以上。铅锌冶炼中产生的烟气污染物，如尘、SO_2和NO_x等与原料和生产工艺有关。烟气组分中SO_2和NO_x体积分数可高达4%～12%，烟气中除了会有大量的铅、锌，还含有镓、铊、锗、硒、碲等有价元素。

4.1　铅锌冶炼工艺

4.1.1　火法冶铅

随着世界各国环保政策的要求日益严格，铅冶炼领域对技术进步的要求日益突出。近 20 年来，世界各国开发和应用了旨在提高效率、节能和改善环境的现代铅冶炼技术。这些新的技术基本上属于以下几方面。

（1）改造传统技术，延长服务时间。对传统烧结-鼓风炉流程的改进，集中于大型化、高强度，提高生产率，降低焦炭消耗，提高烟气 SO_2 的捕集利用率。

采用富氧烧结，强化烧结过程，降低鼓风量，提高烟气 SO_2 浓度。对物料粒度、水分、点火温度、风量、料层高度等条件进行优化，使烧结透气性、结块率、床能力等指标大幅度提高。同时，改进烧结机密封系统。

鼓风炉采用富氧、热风和喷粉煤三项措施，降低焦耗。水口山有色金属集团有限公司第三冶炼厂使用富氧浓度为 23.6%时，床能率提高 5.7%，焦率降低 7.7%。加拿大特雷尔冶炼厂在用 26.1%的富氧鼓风时，单位熔炼量超过空气熔炼量的 22%～25%，烟尘量由 4.5%降到 4.0%。日本神岗冶炼厂铅鼓风炉采用 250 ℃的热风进行熔炼，焦耗降至 6%～7%，生产能力比冷空气时提高了 70%。云南冶金集团股份有限公司在传统炼铅鼓风炉上移植高炉喷吹技术，将粉状烟煤、半焦与褐煤混合物等廉价燃料通过风口喷入鼓风炉，床能率提高了 10%，焦率下降 15%，粗铅冶炼成本下降。

低浓度 SO_2 烟气制酸技术和含硫尾气脱硫技术的推广应用，解决了传统烧结-鼓风炉过程中硫的回收问题。较为成功的方法有丹麦托普索法、非稳态制酸法等。有些厂家制酸尾气设有碱洗或氨吸收脱硫装置，尾气可达标排放。利用电石渣、石灰石、石灰或金属氧化物（现铅锌冶炼厂大多用氧化锌粉）吸收，也能达到良好的效果。

含锌的铅鼓风炉渣烟化综合利用工艺有新进展。将烟化炉炉膛上部做成膜式壁辐射式余热锅炉，实现烟化炉-余热锅炉一体化，充分利用余热，终渣锌质量分数小于 2%，实现了铅厂无废渣。

（2）发挥传统鼓风炉优势，处理富铅渣，完善直接炼铅新工艺。将鼓风炉工艺与直接炼铅工艺集成，用熔池熔炼取代了传统炼铅工艺中的烧结和返粉破碎工序。由于熔池熔炼的烟气 SO_2 浓度高，利于制酸，硫的回收率高达 95%～96%。从而根治了 SO_2 和铅扬尘的污染。

熔池熔炼时，产出一半粗铅。另一半粗铅在含铅 40%～45%的高铅渣中，经铸块后送鼓风炉还原熔炼产出弃渣。利用鼓风炉高强还原熔炼的优点来处理富铅渣，提高了渣的贫化效果，同时还消除了鼓风炉低 SO_2 浓度烟气的排放。冶炼流程短，焦耗和成本低。

熔池熔炼+鼓风炉还原渣的代表工艺是河南豫光金铅股份有限公司的氧气底吹-鼓风炉还原炼铅法和云南驰宏锌锗股份有限公司的富氧顶吹-鼓风炉还原熔炼（ISA-YGM）法。后者在鼓风炉上还运用了喷粉煤强化还原技术。2005 年投产以来，产能超设计达 80 kt/a，铅总回收率达 98.5%，银直收率达 85%，硫捕集率达 99%，粗铅综合能耗标准煤 335 kg/t，较传统烧结-鼓风炉工艺降低 47%以上。

（3）完善与补充已应用的直接炼铅工艺。目前，在已经成熟的直接炼铅工艺中，富铅渣的处理仍然影响新工艺在能耗和效率上的进一步提高。这是完善直接炼铅工艺的一个重要方面。河南豫光金铅股份有限公司研究开发了液态富铅渣的还原炼铅工艺，充分利用液态高铅渣的潜热进行熔融还原，产出含铅较低的弃渣。该课题列为国家"十一五"重大科技攻关项目。目前试验工作已取得突破性进展，年产 1 万 t 粗铅的试验炉已经连续运转了半年，节能减排效果明显，渣含铅等技术经济指标良好。项目通过了省级成果鉴定，达到了国际先进水平。工业化应用的准备工作已开始，预计工业化应用后，每吨铅的冶炼耗能将比现行的鼓风炉降低 30%，大幅度地降低生产成本。熔态铅渣还原技术的成功，将推动直接炼铅工艺的进一步发展。

（4）继续试验研究更新的硫化铅精矿的熔炼方法。已经存在的各种直接炼铅方法在工艺和设备上，都存在一些不足之处，限制了它们的推广应用。例如卡尔多炼铅法在经济有效地处理硫化铅精矿方面尚未见到确切的报道。QSL 法由最初的四家工厂采纳，到现在只剩下（不是全部处理铅精矿的）两家。在充分利用硫化精矿的自热熔炼潜力方面，基夫赛特工艺较熔池熔炼有更好的表现。

近几年来，在总结了已经出现过的各种直接炼铅方法的优劣之后，出现了火法炼铅新方法的试验研究。

目前，在铅冶炼新技术的研究方面，云南冶金集团股份有限公司、中国瑞林工程技术股份有限公司、中南大学和江西理工大学等单位合作，借鉴国内外相关粗铅冶炼工艺的特点，正在研究创新的"漩涡柱铅闪速熔炼工艺技术"。利用这种新熔炼过程具有的非常好的传热传质动力学条件，将形成非常高的生产效率、高脱硫率、低能耗和环境清洁的巨大优势。

此外，河南新乡中联总公司与长沙有色冶金设计研究院有限公司及俄罗斯合作，开展了氧气侧吹熔池熔炼直接炼铅工艺的工业试验。该工艺既能完成硫化铅精矿的氧化熔炼，又可以完成固态或液态高铅渣的熔融还原。氧化熔炼一次铅产率达 60%～70%，出炉烟气 SO_2 浓度为 20%～24%。以煤作燃料和还原剂，能耗降低，终渣含铅小于 3%，铅冶炼回收率大于 96%，金银回收率大于 99%。

目前，世界上新建铅冶炼厂以直接炼铅技术为主。直接炼铅技术分为熔池熔炼技术和闪速熔炼技术。其中，熔池熔炼技术主要包括：德国研发的 QSL 直接炼铅工艺和我国自行研发的水口山（SKS）直接炼铅工艺；闪速熔炼技术主要包括由苏联开发的基夫赛特直接炼铅工艺和我国自行研发的铅富氧闪速熔炼法。

1. QSL 直接炼铅工艺

QSL 直接炼铅工艺是 20 世纪 70 年代开发的一种直接炼铅法。20 世纪初在德国杜伊斯堡铅锌厂建成处理 10 t/h 的示范工厂，并进行了工业试验，处理铅精矿和含铅废料，为实现大规模的工业化生产提供了经验和依据。20 世纪 80 年代末和 90 年代初，加拿大的特雷尔（Trail）冶炼厂、中国的西北铅锌冶炼厂、德国的斯托尔贝格（Stolberg）冶炼厂和韩国的温山（Onsan）冶炼厂用 QSL 炼铅法建成厂并投入运行。

QSL 炉的炉体结构如图 4.1 所示，炉体为变径圆筒形卧式转炉，内衬铬镁砖。另外，还设有驱动装置，可沿轴线旋转近 90°，以便更换喷枪和处理事故。炉体从出渣口至虹吸出铅口向下倾斜 0.5%。反应器由氧化区和还原区组成，氧化区直径较大，还原区直径较小，中间有隔墙将两区隔开，既可防止两区的炉渣混流，同时也防止加料氧化区的生料流入还原区，并分别在两个区域配制了浸没式氧气喷嘴和粉煤喷嘴。

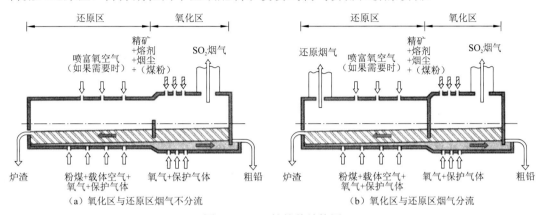

图 4.1　QSL 炉炉体结构图

炉料均匀混合后从炉顶加料口加入熔池内，氧气从炉底喷入，炉料在 1 050～1 100 ℃时进行脱硫和熔炼反应，控制氧/料比来控制氧化段产铅率，产出含 S（0.3%～0.5%）低的粗铅和含 PbO（40%～50%）的高铅渣。高铅渣流入还原区，用喷枪将还原剂（粉煤或天然气）和氧气从炉底吹入熔池内进行 PbO 的还原，通过调节粉煤量和过剩空气系数来控制还原区温度和终渣 Pb 含量。还原温度为 1 150～1 250 ℃。炉渣从还原区排渣口放出，还原形成的粗铅通过隔墙下部通道流入氧化区，与氧化熔炼形成的粗铅一起从粗铅虹吸口放出。

QSL 反应器的隔墙结构有两种情况。一种是隔墙只将熔体隔开，在上方留一个洞，还原区的烟气通过此洞进入氧化区，如图 4.1（a）所示。德国斯托尔贝格冶炼厂采用该种隔墙，在生产上除定期抽取少部分烟尘送浸出，以 CdSO₄ 形式回收镉外，大部分烟尘按一定配比返回配料，因此该类型的反应器不适用于处理原料锌含量高的物料。另一种是隔墙上方全封闭，两个区域的烟气不能相通，还原区另设烟气出口，如图 4.1（b）所示。韩国温山冶炼厂采用该种隔墙，由于炉料锌含量高，反应器氧化区和还原区的烟气分开排出，产出含硫烟气和含锌烟气。前者经收尘器收尘后烟气送往制酸，此烟尘锌含量高，返回配料；后者经布袋收尘器得到锌含量高的烟尘，经浸出后溶液送去电解锌，其浸出渣返回 QSL 炉。

无论采用哪种类型反应器，熔池的深度都会影响熔体和炉料的混合程度。浅熔池操作不但会导致两者混合不均匀，而且易被喷枪喷出的气流穿透，从而降低氧气或氧气-粉煤的利用率。因此，适当加深反应器熔池深度对反应器的操作是有利的。由熔炼工艺特点所决定，QSL 反应器内必须保持有足够的底铅层，以维持熔池反应体系中的化学势和温度的基本恒定。在操作上，为使渣层与虹吸出铅口隔开，保证铅液能顺利排出，也必须有足够的底铅层。底铅层的厚度一般为 200～400 mm，而渣层尽量薄些，一般为 100～150 mm，反应器氧化区的熔池深度大，一般为 500～1 000 mm。

与传统的烧结焙烧-鼓风炉熔炼工艺相比，QSL 直接炼铅工艺具有以下特点。

（1）返料量少。在传统流程中，为使烧结块中残硫含量尽可能低，返料量（包括返料返尘甚至还有返渣）达到新加料量的 2～3 倍。在 QSL 流程中，返料主要是烟尘，其总量仅占新料量的 19%左右。

（2）富氧熔炼使烟气量大大减少，烟气中 SO$_2$ 浓度提高。一方面可减少烟气处理设施的投资，另一方面可利用高浓度 SO$_2$ 烟气制酸，回收其中的硫，从根本上解决 SO$_2$ 的污染问题。

（3）热效率高。由于热效率高以及氧气的利用，硫化物氧化热得到充分利用，即使在精矿与三次物料比为 55:45 时，QSL 法所消耗的燃料量比只处理 PbS 精矿的传统法还要低。QSL 法还可使用便宜的燃料和还原煤，以煤代焦。

（4）污染的物质排放量减少。铅的排放仅为传统流程的 7.4%，镉的排放为传统流程的 6.7%，SO$_2$ 的排放为传统流程的 1.7%。QSL 法铅厂的运行能达到德国大气污染法规的严格要求。

我国白银的西北铅锌冶炼厂是我国第一家引进该项技术的厂家，于 1985 年从德国鲁奇公司引进了 QSL 直接炼铅技术，于 1990 年建成了年产 5 万 t 粗铅规模的冶炼厂，分别在 1990 年、1995 年、1996 年进行了三次试生产，三次试生产累计生产时间为 12 个月，共生产粗铅 1.43 万 t。试生产过程中暴露出了很多问题，指标始终不理想，1996 年停用，2005 年以后被废弃。

以下为三次试生产过程中的情况。

（1）1990 年 12 月 10 日～1991 年 3 月，在鲁奇公司专家的指导下，西北铅锌冶炼厂进行了第一次试生产，历时 35 天（投料时间）。问题主要表现为配套系统不可靠，特别是供氧系统。其次是粉煤分配器稳定性差，底吹喷枪寿命短，烟尘率高、还原效果不好、渣含铅量高、炉型结构不合理等。第一次试生产仅打通了工艺流程、共计投入精矿 2 539.61 t，生产粗铅 388.92 t。

（2）1994 年针对第一次试生产存在的问题，同时借鉴了德国斯托尔贝格和韩国温山 QSL 工厂的成功经验，对铅系统进行了多项改造。主要包括：炉型结构改造（虹吸通道缩短及降低虹吸口标高、隔墙及 K1/K2 喷枪位置后移、隔墙前增加挡圈、渣口标高降低）；加料口减少为 2 个，加料口 M3 改为二次氧枪；粉煤分配器下料装置改造；烟灰系统改造；直升烟道增设 3 支雾化喷水冷却装置；电收尘及排烟机改造和完善；使用 3 支 S 喷枪和 5 支 K 喷枪（型号为德国第三代产品）同时增加喷枪喷水冷却装置；附属设备包括改造铅口、渣溜槽，改用圆盘铸锭，虹吸口增设一支氧油枪等。

1995 年 6～12 月，铅系统进行了第二次试生产，历时 6 个月，改造取得了一定的效果，生产可以连续进行，其间共处理铅精矿 23 628.3 t，生产粗铅 12 303 t（平均品位 99.07%），粗铅直收率为 82.09%，烟尘率为 20%～25%，总作业率为 74.51%。

德国斯托尔贝格 QSL 炼铅工艺流程如图 4.2 所示，韩国温山 QSL 炼铅工艺流程见图 4.3。

（3）1996 年初进行多项检修，1996 年 3 月 11 日开始了第三次试生产，此次生产历时 81 天，共处理铅精矿 5 900 t，生产粗铅 1 783 t。第三次试生产暴露出的问题主要有氧化段结渣、还原段结渣、虹吸通道堵死、加料口堵死、隔墙通道堵死、国产喷枪的质量不高等。

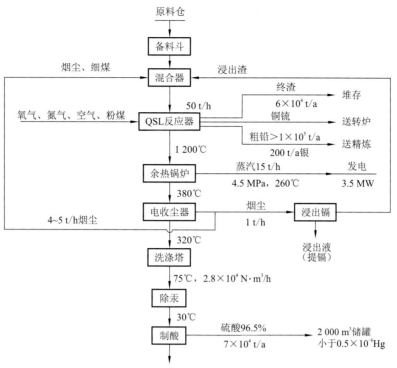

图 4.2　德国斯托尔贝格 QSL 炼铅工艺流程图

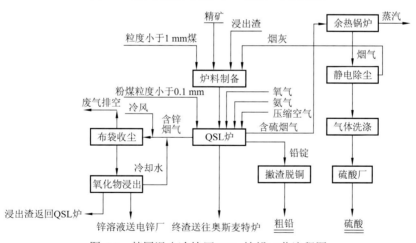

图 4.3　韩国温山冶炼厂 QSL 炼铅工艺流程图

　　白银的西北铅锌冶炼厂 QSL 直接炼铅最终以失败告终,这在客观上阻碍了我国铅冶炼技术进步的进程。但是,德国斯托尔贝格冶炼厂和韩国温山冶炼厂经过不断完善改造至今生产正常。该技术能够满足现代化的、节能的、与生态环境相适应的炼铅技术的要求,投资和运行成本低于传统的烧结机-鼓风炉法,并且原料的适应性强,能够从精矿和二次物料中生产粗铅和低铅渣。因此,QSL 炼铅技术是一种成功的直接炼铅工艺。

2. SKS 直接炼铅工艺

　　硫化铅的氧化需要高氧位,而氧化铅的还原需要低氧位,这个矛盾在西北铅锌冶炼厂的 QSL 反应器中不能解决,北京有色冶金设计研究院的技术人员提出了用底吹炉来进行氧化,高铅渣还是采用鼓风炉来进行还原的设想。1998 年由北京有色金属研究总院牵头,召集了湖南水口山有色金属集团有限公司、河南豫光金铅集团有限责任公司等多家单位出资合作利用水口山底吹炼铅试验车间开展了 SKS 法(即氧气底吹熔炼-鼓风炉还原炼铅法)验证试验工作,取得了成功,开发出了具有国际先进水平的 SKS 炼铅新工艺。1988 年,中国有色金属工业总公司组织专家对 SKS 炼铅法半工业试验研究成果进行了技术鉴定,专家组对试验成果予以充分肯定,该项目成果获得中国有色金属工业总公司科技进步奖二等奖、中国有色金属工业科学技术奖一等奖和国家科技进步奖二等奖。

SKS 法使用的反应器为底吹炉,结构如图 4.4 所示。炉体结构与 QSL 炉相似,不同之处是只有氧化区而没有还原区,炉体长度较短。炉身设有三个加料口、一个排烟口、一个放渣口和一个放铅口,另外炉身还设有可旋转的转动装置,底吹炉底部装设氧枪,氧枪及其套砖可以更换端墙燃油烧嘴供开炉和保温使用。炉子结构紧凑,表面积小,且炉衬寿命较长。

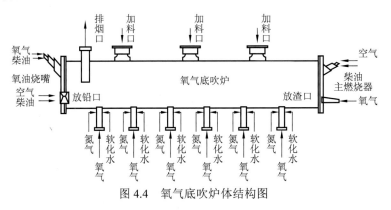

图 4.4 氧气底吹炉体结构图

底吹炉的氧枪有两种形式,即单筒管式射流富氧氧枪及双筒管式射流富氧氧枪。当底吹炉使用单筒管式射流富氧氧枪时,工业氧气和空气分别从后端侧面的氧气进口和后端的空气进口进入氧枪的混合室混合后,在一定压力下从前端的氧枪口喷吹到反应器中。当底吹炉采用双筒管式射流富氧氧枪时,工业氧气和空气分别从中心管的氧气进口和侧面的空气进口进入氧枪,在一定压力下,工业氧气经中心管,氮气、水经三筒管的环缝,从氧枪前端的氧枪口同时喷吹到底吹炉中。

当底吹炉处于准备位置 90° 时,加料口和氧枪在同一水平面上,烤炉完毕后,在炉中加入液体铅和渣。在余热锅炉、电收尘、排烟机、烟灰输送系统和通风系统都投入运行后,将底吹炉从准备位置转至吹炼位置 0°,加料口在底吹炉上方,氧枪在下方,此时底吹炉内为一液体熔池,由较浅的底层粗铅和顶层高氧化铅构成。氧气通过氧枪在混合液体中浸没喷射,使金属与渣相激烈混合。通过加料口加入生球粒物料,在剧烈搅动的金属炉渣-气体乳液中进行一系列复杂反应,如硫酸盐和碳酸盐的分解、硫化物的全部或部分氧化、煤粉燃烧、熔剂和金属的化合或氧化反应产物的熔化、液态硅酸盐渣相的形成及挥发性金属化合物的蒸发等。金属、炉渣和气相之间连续反向流动,产出的粗铅从出铅口虹吸放出,高铅渣从渣口连续放出。含有烟尘的烟气经过立式膜壁烟道排出,烟气进入电收尘器进行净化,然后送制酸系统通过双转双吸制酸工艺进行回收制酸。

图 4.5 所示为湖南水口山有色金属集团有限公司 SKS 炼铅法的工艺流程。生产过程分三个阶段，分别为底吹炉氧化熔炼阶段、鼓风炉还原熔炼阶段、烟化炉烟化阶段。

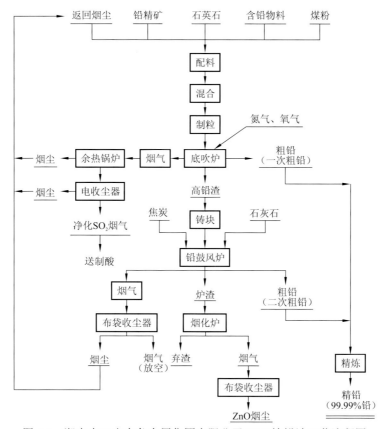

图 4.5　湖南水口山有色金属集团有限公司 SKS 炼铅法工艺流程图

1）底吹炉氧化熔炼阶段

铅精矿、铅烟尘、熔剂及少量粉煤经计算、配料、圆盘制粒后，由炉子上方的进料口加入底吹炉，工业氧气从炉底的氧枪喷入熔池的铅层后，首先与铅液接触反应生成 PbO，其中一部分 PbO 在激烈的搅动状态下和位于熔池上部的 PbS 进行交互反应，产出一次粗铅和高铅渣（主要含 PbO），并放出 SO_2。反应生成的一次粗铅和高铅渣沉淀分离后，粗铅经虹吸放出，高铅渣则由铸锭机铸块后，送往鼓风炉还原熔炼，产出二次粗铅，出炉 SO_2、烟气采用余热锅炉或汽化冷却器回收余热，经电收尘器收尘后，烟气送往制酸。熔炼过程采用微负压操作，整个烟气排放系统处于密封状态，从而有效防止了烟气外逸，同时，由于混合料是以润湿、粒状形式输送入炉的，加上在出铅、出渣口采用有效的集烟通风措施，避免了铅烟尘的飞扬。而且在炉内只进行氧化作业，不进行还原作业，工艺过程大为简化。

氧气底吹熔炼一次成铅率与硫化铅精矿品位有关，品位越高，一次粗铅产出率越高。为保证脱硫率，底吹熔炼过程通常采用高氧势操作，产出的氧化铅渣中铅质量分数一般为 40%～45%，粗铅硫质量分数低于 0.2%。在底吹熔炼过程中，由于 PbS 的蒸气压高（1 100 ℃的蒸气压为 13 329 Pa），交互反应相对较慢，会有大量来不及氧化的 PbS 挥发

（烟尘率 20%、烟尘含铅 60%～65%），为减少 PbS 的挥发，并产出含硫、砷量低的粗铅，需要控制 PbO 渣的熔点不高于 1 000 ℃，CaO/SiO（物料比）为 0.5～0.7。同时，为维持熔池温度的基本恒定和降低熔渣对炉墙耐火材料的冲刷，可以采取以下措施。

（1）控制炉渣的成分。适当提高炉渣中氧化镁的质量分数和炉渣碱度，可有效降低炉渣对镁碳砖等耐火材料的侵蚀。例如，在转炉冶炼过程中，将转炉终渣中氧化镁的质量分数控制在 10%左右。

（2）选择合适的耐火材料。如使用铬刚玉耐火材料，其中的氧化铬能与许多常见氧化物形成熔点较高的化合物或共熔物，还可以提高熔渣的黏度，降低炉渣的流动性，从而减轻熔渣对耐火材料的侵蚀。

（3）降低转炉冶炼后期炉渣中氧化铁的质量分数。

（4）采用溅渣护炉工艺。使镁碳砖在转炉冶炼过程中不与钢水、炉气及炉渣直接接触，可有效降低侵蚀速度，保护耐火炉衬。

（5）降低炉衬耐火材料的气孔率和气孔的孔径。减少熔渣通过气孔渗入材料内部的可能性。

（6）在耐火材料中加入与溶液不易润湿的材料，如石墨、碳素等。

（7）严格控制溶液的黏度。即控制冶炼强度、出钢温度等，以降低熔体冲刷。

需要注意的是，实际生产中需要综合考虑各种因素，以达到维持熔池温度恒定和减少熔渣对耐火材料冲刷的目的，具体措施可能因生产工艺、设备和原料等的不同而有所差异。同时，耐火材料在使用过程中，连续损毁的特征是出现溶蚀和侵蚀现象，不连续损毁一般表现为开裂和剥落，而不连续损毁可能会引起耐火材料的局部分离。渣侵后制品热端一般会发生致密化而变质，侵蚀后的热端由于内部热膨胀系数不匹配，将最终导致裂纹的形成和耐火材料的开裂。

此外，还需密切关注耐火材料的使用情况，及时进行维护和更换，以确保生产的安全和稳定。

与烧结块相比，PbO 渣孔隙率较低，同时，由于是熟料，其熔化速度较烧结块熔渣在鼓风炉焦区的停留时间短，从而提升了鼓风炉还原工艺的难度，但是，生产实践证明，采用鼓风炉处理铅氧化渣在工艺上是可行的，鼓风炉渣铅质量分数可控制在 4%以内，通过炉型的改进、渣型的调整、适当控制单位时间物料处理量等措施，渣铅含量有望进一步降低。另外，尽管现有指标较烧结-鼓风炉工艺渣铅含量 1.5%～2%的指标稍高，但由于新工艺鼓风炉渣量仅为传统工艺鼓风炉渣量的 50%～60%，鼓风炉炼铅的损失基本是不增加的。

2）鼓风炉还原熔炼阶段

高铅渣经铸渣机冷却铸块后转入鼓风炉还原熔炼，铅氧化物在碳质还原剂的作用下还原成粗铅，并产出还原渣。但由于高铅渣块的透气性差、熔点低熔化快，需要进行二次配料，加入适量 CaO 来调整高铅渣的熔点，并通过降低下料速度等措施达到控制渣含铅的目的。

3）烟化炉烟化阶段

鼓风炉热渣转运至烟化炉中，空气和粉煤混合吹入熔融的炉渣中燃烧供热，并控制炉内熔池还原性气氛，熔渣中的氧化锌、氧化铅在高温还原环境中还原成气态的金属锌、铅，在二次风作用下，在炉子上部空间被再度氧化成锌、铅的氧化物后随炉气一起进入收尘系统回收。炉渣中的铜有少部分会以冰铜形态在烟化炉炉底沉积并回收。

SKS 炼铅法适于采用烧结-鼓风炉熔炼工艺的老厂的技术改造。与传统的烧结焙烧-鼓风炉熔炼工艺相比，SKS 炼铅工艺较好地解决了炼铅过程 S 的利用和含 Pb 粉尘的污染问题，投资较低，仅为传统工艺的 70%、引进工艺的 50%；每吨粗铅综合能耗为 380～400 kg 标准煤，与国外基夫塞特和顶吹工艺持平，环境保护效应好，S 的捕集率大于 99%，其他排放物达标；金属回收率高，铅、银回收率达 98%～98.5%；生产成本低，为传统工艺的 85%，小于国外新工艺。但 SKS 炼铅法在生产过程中需要把约 1 200 ℃ 的液态高铅渣冷却成渣块，再送鼓风炉用焦炭还原熔炼，造成了高铅渣物理显热的损失，热量的利用稍不理想。

SKS 炼铅法在我国的成功工业化，实现了我国炼铅工业质的飞跃，较为有效地解决了含铅烟尘和低浓度 SO_2 的污染问题，并且适应我国国情，自问世以来得到快速推广。目前已在国内十余家炼铅工厂得到应用，成为我国铅冶金工业的主流工艺，其铅的年产量超过 300 万 t。

河南豫光金铅集团有限责任公司和安徽铜冠有色金属（池州）有限责任公司是我国第一批采用氧气底吹-鼓风炉还原炼铅新工艺取代烧结-鼓风炉熔炼的工厂，工厂设计的重点在于确保工业化生产装置的连续稳定运行，以保证生产指标的实现。因此，针对该工艺的特殊性，对装置进行了工业化的研究和设计。

（1）氧气底吹熔炼选择适合的氧枪距、冷却介质、送氧强度及氧枪套砖材质，并在结构上便于氧枪的更换。

（2）工业化生产的氧枪结构与工业化试验装置截然不同，在结构上充分考虑了冷却措施、保护气体的运用和枪头的可更换性。

（3）氧气底吹烟气采用余热锅炉冷却方式，锅炉在设计中充分考虑了烟尘率高且易黏结的特性，垂直烟道即为余热锅炉辐射段，水平段为余热锅炉对流段，并配套机械振打清灰系统。

（4）富铅渣的铸块采用带式铸渣机，其结构、冷凝速度、铸模形式充分考虑了富铅渣特性及鼓风炉熔炼的要求。

（5）富铅渣与烧结块相比，由于气孔率很低且熔点低，还原性能较差，为此，鼓风炉的结构、料柱高度和供风方式均有别于常规炼铅鼓风炉。

两座炼铅厂分别于 2002 年 7 月和 8 月相继投产，设计规模为年产 5 万 t 粗铅，经 1 个月的调试达到设计能力，至今稳定生产运行并且其生产技术指标均已超过设计值（豫光投产第二年年产能就已超过 8 万 t 粗铅）。

继两座炼铅厂成功改造之后，2005 年 3 月河南豫光金铅集团有限责任公司新建的又一条年产 8 万 t 粗铅的生产线成功投产。2005 年 9 月湖南水口山有色金属集团有限公司采用水口山法炼铅工艺建设的规模为年产 8 万 t 粗铅的生产线投产，从此 SKS 炼铅工艺在国内得到了较广泛的推广。目前全国有 20 多条 SKS 生产线在运行，实际年产能 300 万 t。综上所述，水口山法的应用是成功的。

3. 基夫赛特直接炼铅工艺

基夫赛特（Kivcet）直接炼铅工艺是一种以闪速熔炼为主的直接炼铅法。该法由苏联有色金属矿冶研究院自主开发，全称"氧气鼓风旋涡电热熔炼"。1987 年意大利埃尼利索斯公司建成了日处理 600 t 炉料的维斯麦港铅冶炼厂，年产粗铅 8 万 t（后扩展至 12 万 t）。1996 年 12 月，加拿大科明科公司在原 QSL 法成功投产的基础上，用基夫赛特法建成了年产 10 万 t 铅的特雷尔铅冶炼厂，目前仍在生产。2012 年我国的江西铜业铅锌金属有限公司和株洲冶炼集团股份有限公司采用基夫赛特法建成了铅冶炼厂，分别年产粗铅 12 万 t 和 10 万 t。

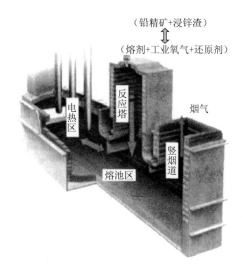

（铅精矿+浸锌渣）
（熔剂+工业氧气+还原剂）

图 4.6　基夫赛特炉炉体结构

基夫赛特法炼铅实际上包括闪速炉氧化熔炼 PbS 精矿和电炉还原贫化炉渣两部分，将传统的炼铅法焙烧、鼓风炉熔炼和炉渣烟化三个过程合并在一台基夫赛特炉中进行。基夫赛特炉由 4 部分构成：安装有氧焰喷嘴的反应塔；具有焦炭过滤层的熔池；贫化炉渣并挥发锌的电热区；冷却烟气并捕集高温烟尘的竖烟道，即立式余热锅炉。炉体结构如图 4.6 所示。

一般是矩形断面的矮塔。由于使用工业纯氧或富氧熔炼，反应塔的容积热强度高，为保证塔体耐火材料的寿命，需要采用砌体冷却的水冷构件。目前，工业上应用的反应塔结构有三种：第一种是铬镁质耐火砖砌筑，每两三层砖体间砌入水冷铜水套，俗称"三明治"结构，与闪速炉反应塔结构相同；第二种是膜式水冷壁结构，管壁上焊接渣钉，捣筑一层较薄的耐高温、耐冲刷的混凝土，并利用挂渣来保护炉墙；第三种是外壁采用水冷铜水套，内层砌筑铬镁砖的结构。

安装在反应塔顶的氧焰喷嘴是炉子的重要部件之一。采用不锈钢制造，分为上下两部件，上部件为炉料和氧气入口，如图 4.7（a）所示；下部件为炉料和氧气喷出口，如图 4.7（b）所示。氧气喷出口直径为 5～6 mm，高速喷出的氧气和炉料表面充分接触，在高温的反应塔内迅速完成熔炼反应。按炉料的处理能力，氧焰喷嘴

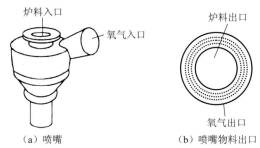

（a）喷嘴　　　　　　　（b）喷嘴物料出口

图 4.7　氧焰喷嘴结构示意图

规格有 10～12 m³/h、15～181 m³/h、16～24 m³/h 等多种，设计时根据炉料处理量决定喷嘴数量，通常日处理 500 t 炉料时选用 1 个喷嘴，日处理量大于 500 t 时选用多个喷嘴。喷嘴在反应塔顶的布置应保证炉料在反应塔内散布均匀，不造成对炉墙的冲刷。

熔池由两部分构成。一部分熔池在反应塔和竖烟道下方，承接反应塔产生的熔体，

反应塔产生的烟气通过熔池空间经过烟道排出；另一部分熔池插入电极构成电热区，两个熔池气相由铜水套组成的隔墙分开，熔体则互相流通进行热量和质量的传递。

熔池由炉底、炉墙、炉顶、冷却件、钢结构框架构成。

（1）炉底。基夫赛特采用风冷炉底，底部为型钢焊接而成的水平框架，用来支撑冷却炉底的风冷夹套，风冷夹套由钢板制成，上面砌筑一层厚度为 150 mm 的石墨砖，再覆盖一层厚度为 1 mm 的耐热钢板，然后再砌筑厚度为 425 mm 的铬镁砖，为了尽可能减少铬镁砖的水化风险，最外面 4 圈采用了铬铝砖，整个炉底四周设置水冷钢水套，用以加强炉底结构。

（2）炉墙。炉墙分为两部分，渣线以下采用镶嵌砖衬铸造的铜水套，渣线以上采用以铬镁砖为主体的耐火砖墙，反应塔熔池与电热区熔池采用锻造铜水套作隔墙，铜水套上同样镶嵌耐火材料以保证使用寿命，炉墙厚度一般在 460～690 mm。

（3）炉顶。熔池炉顶有拱顶结构和吊顶结构两种、跨度大于 4 m 的拱一般采用吊顶结构、电热区炉顶用支撑柱型炉顶代替拱顶后，寿命可从半年延长至一年半，吊顶采用厚度为 300 mm 的铬镁砖，吊挂砖长 460 mm。为保证炉顶的气密性，炉顶外表涂刷用水玻璃调制铬镁砖粉的耐火砂浆。

（4）冷却件。为了延长炉子寿命和砌体安全，熔池大部分设置了风冷元件和水冷元件。风冷元件主要用于炉底冷却，冷却强度应保证炉底耐火材料不被液体金属渗透。水冷元件使用部位较多，结构形式也不同，钢水套用于炉底四周，铸造水套用于渣线以下侧墙，锻造铜水套用于熔池隔墙及反应塔墙体、熔体放出口等各处。水冷元件用软化水循环使用。

（5）钢结构框架。钢结构框架用于承受炉子在工作时产生的各种力，其中包括熔体静压力、化学反应和机械作用的附加力、砌体的热膨胀力、反应塔和竖烟道重力等。框架由用型钢焊接而成的立柱和横梁组成，并设弹簧组件控制炉体的膨胀和变形，保证炉体的气密性和稳定性。

基夫赛特炉电热区除维持炉缸作业温度，储存熔体满足下一工序周期作业的需要外，还承担着将流入电热区的熔体进行沉淀分离及金属氧化物的烟化挥发的任务。电热区类似贫化电炉、电热前床，在炉顶部分设有 3～6 根电极，电极通常采用半石墨化电极，在侧墙设有炉渣和铜镜放出口，在端墙设置粗铅虹吸放出口及停炉时用的底部放出口。基夫赛特炉炉体电热区结构如图 4.8 所示。

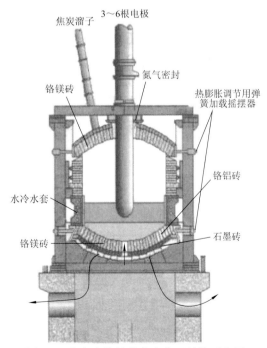

图 4.8　基夫赛特炉体电热区结构示意图

直升烟道由上下两段组成，下段高度为 3～5 m，由夹有铜水套冷却的砖砌体组成，直接与熔池相连接，上段高度 30～40 m 为膜式水冷壁构成的竖井式余热锅炉。图 4.9 所示为基夫赛特炉炉内结构。

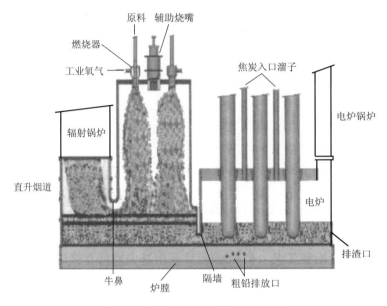

图 4.9　基夫赛特炉炉内结构示意图

基夫赛特炼铅的基本过程：干燥后的 PbS 精矿（含水小于 1%）和焦粒（5～15 mm），用工业氧（95%）喷入反应竖炉内（喷射速度达 100～120 m/s，炉料的氧化、熔化和形成粗铅、炉渣熔体仅在 2～3 s 内完成）。调整氧料比使炉料能完全脱硫，反应温度为 1 300～1 400 ℃，PbS 精矿在悬浮状态下完成氧化脱硫和熔化过程，生成粗铅、高铅渣和 SO_2 烟气，并放出大量热。

在基夫赛特炼铅技术中，焦炭层起着重要作用。焦粒通过高约 4 m 的反应竖炉时，被炉气加热，但由于 PbS 精矿的粒度细、着火温度低，会先于焦粒燃烧，焦粒在喷入和下降过程中仅约有 10% 烧掉。其余的 90% 很快落入熔池，形成漂浮在熔池表面的炽热的焦炭过滤层（厚约 200 mm），熔体飘悬落入熔池的过程中有 80%～90% 的 PbO 被还原成 Pb 并很快沉入熔池底部。氧化物熔体和铅液从隔墙下部进入电热区。焦炭过滤层将含有一次粗铅和高铅炉渣的熔体进行过滤，使高铅渣中的 PbO 被还原成金属 Pb。实践证明，铅氧化物有 80%～90% 在焦炭过滤层内还原生成粗 Pb。从焦炭过滤层流下的含锌炉渣（含 Pb 约 5%），从隔墙下端靠虹吸原理注入电炉，在电热区完成最后的 PbO 还原和铅-渣分离过程。控制电热区还原条件，可使 ZnO 部分或大部分还原挥发进入电炉烟气。粗铅从虹吸放铅口放出。PbO 的总还原率达到 95%～97%。熔炼烟气含有高浓度二氧化碳（30%～40%），金属氧化物烟尘经直升烟道上方的余热锅炉回收热能，然后由电收尘器除尘后送往酸厂实现双接触法制酸尾气达标排放。

整个过程中可能发生以下氧化反应和还原反应：

$$PbS + O_2 \longrightarrow Pb + SO_2$$

$$2PbS + 3O_2 \longrightarrow 2PbO + 2SO_2$$

$$PbS + 2PbO \longrightarrow 3Pb + SO_2$$
$$2PbS + 2O_2 \longrightarrow 2PbSO_4$$
$$2PbSO_4 \longrightarrow 2PbO + 2SO_2 + O_2$$
$$2ZnS + 3O_2 \longrightarrow 2ZnO + 2SO_2$$
$$2FeS + 3O_2 \longrightarrow 2FeO + 2SO_2$$
$$PbO + C \longrightarrow Pb + CO$$
$$PbO + CO \longrightarrow Pb + CO_2$$
$$Fe_2O_3 + C \longrightarrow 2FeO + CO$$
$$CO_2 + C \longrightarrow 2CO$$

在原料搭配处理锌浸出渣时，炉料中 FeO 含量会升高，FeO 在 1 300～1 400 ℃的高温下会发生如下反应：

$$6Fe_2O_3 + 2C \longrightarrow 4Fe_3O_4 + 2CO$$
$$2Fe_3O_4 + 2C \longrightarrow 6FeO + 2CO$$

以上两个反应是吸热反应，焦炭除了与 PbO 发生还原反应，还要还原 FeO，因此要保证反应可以顺利进行，必须保持焦滤层有足够的温度。

基夫赛特直接炼铅法在国外已有 10 多年的工业生产实践，已成为当今世界上技术成熟可靠、技术经济指标先进的直接炼铅工艺。目前，世界上共有 8 座基夫赛特炉在运行，包括哈萨克斯坦的乌斯基-卡缅诺戈斯克铅冶炼厂、意大利的维斯麦港铅冶炼厂、玻利维亚的卡拉奇帕姆帕铅冶炼厂、哈萨克斯坦的卢博科伊厂、哈萨克斯坦的 Vnit-Svetmet 中间试验工厂、加拿大科明科特雷尔铅冶炼厂，以及中国的株洲冶炼集团股份有限公司和江西铜业集团的冶炼厂。以下主要以江西铜业集团为例说明基夫赛特炼铅法的应用情况。

江西铜业集团在江西省九江市工业园区建设年产 400 kt 铅锌冶炼项目[项目分两期建设，一期年产 20 万 t 铅锌（铅锌各 10 万 t），建设用地和总图布局按年产 40 万 t 考虑]综合回收铜冶炼产出的含铅锌物料，一期项目于 2011 年四季度建成投产。

项目采用铅锌联合冶炼工艺：铅冶炼项目采用基夫赛特直接炼铅工艺生产粗铅，选用连续脱铜炉（CDF 炉）进行粗铅连续除铜，电解精炼采用大极板立模浇铸阳极、阴极自动制造、阴阳极自动排距、残极自动洗刷等先进技术；锌冶炼项目采用常规湿法炼锌工艺，焙烧矿经浸出净化后进行电积，锌电积采用大极板和自动剥锌等先进技术。铅锌联合工艺旨在在铅冶炼和锌冶炼内部建立物料循环系统，即利用基夫赛特炉处理锌系统的浸出渣，利用锌系统处理烟化炉产出的次氧化锌，提高金属回收率，实现资源综合利用最大化和"三废"排放量最小化，达到清洁生产，为实现铅锌联合冶炼循环经济产业，对进一步提升我国铅锌冶炼工艺水平和推动铅锌行业节能减排工作的落实具有重大意义。

江西铜业集团基夫赛特炉冶炼工艺包含原料和熔剂的配料、炉料的混合和干燥、基夫赛特炉熔炼、粗铅和炉渣的排放、余热回收和烟气收尘等工序，如图 4.10 所示。

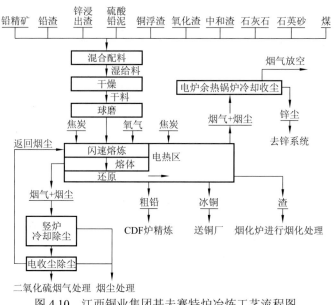

图 4.10 江西铜业集团基夫赛特炉冶炼工艺流程图

（1）配料工序。基夫赛特炉熔炼所需的各种物料包括：铅精矿、铅渣、锌浸出渣、硫酸铅泥、铜浮渣、氧化渣、中和渣、石灰石、石英砂和煤，分别在不同的主矿仓贮存，采用集中连续定量配料。经配料和混合获得的满足熔炼要求且成分稳定的炉料，经初筛分去掉原料中的杂物后用胶带输送机送混合料干燥、球磨工序，焦炭经干燥筛分后由胶带输送机送往熔炼区的焦炭仓，焦炭经计量后一部分与炉料均匀混合加入基夫赛特炉竖炉内冶炼，另一部分则由电热区入炉。

（2）混合料干燥、球磨工序。经配料后的炉料采用蒸汽干燥机加热干燥，使干燥后排出物料含水小于 1%。混合料干燥后进行球磨，球磨后的炉料经筛分后得到合格的混合炉料，输送至基夫赛特炉的上料仓存储。

（3）基夫赛特炉熔炼，基夫赛特炉分为三个主要部分：反应竖炉、电热区和直升烟道设置在同一固定的炉床上。反应竖炉和电热区由隔墙分开，如图 4.11 所示。

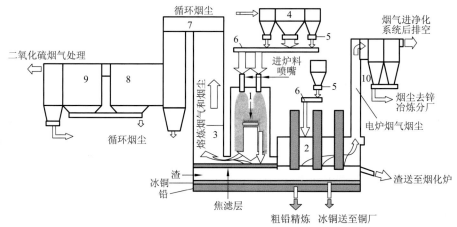

图 4.11 江西铜业集团基夫赛特炉熔炼设备连接示意图

1—反应塔；2—电炉；3—上升烟道；4—给料仓；5—带称重装置的给料设备；
6—给料机；7—余热锅炉辐射部；8—余热锅炉对流部；9—电除尘器；10—电炉余热锅炉

炉料在竖炉内完成硫化物的氧化反应并使炉料颗粒熔化，产出金属氧化物、金属铅滴和其他成分所组成的熔体，熔体在通过熔池表面的焦炭过滤层时，其中大部分氧化铅被还原成金属铅而沉降到熔池底部，熔体流经水冷隔墙下口进入电热区，在电热区渣中部分氧化锌被加入电热区的焦炭还原挥发，同时渣、铅进一步沉降分离，然后分别通过渣口和放铅口排出。竖炉熔炼区排出含 SO_2 的烟气，通过直升烟道进入余热锅炉回收余热，随后经静电除尘器收尘后送往硫酸分厂制酸；余热锅炉和电收尘器所收集的烟尘进入烟尘仓，经螺旋给料机计量返回竖炉熔炼。电热区产出烟气含有大量的锌蒸气，通入空气复燃，使锌蒸气氧化成氧化锌进入电热区余热锅炉冷却，进入烟气净化系统除杂后放空。电热区余热锅炉收下的烟尘送往锌冶炼系统。

2012 年 2 月江西铜业集团的基夫赛特炉正式点火升温，3 月基夫赛特炉投料，经过 6 个月的试运行基夫赛特炉转入正式生产。基夫赛特炉在连续运行 2 年后，于 2014 年进行停炉冷修。冷修过程发现炉膛完好无损，无铅渗透现象，由于炉顶使用了保护性气氛，电炉拱顶和电极密封环耐火砖无损坏，但也发现电炉区温度控制过高导致了电炉侧墙部分的耐火砖有一定的损坏，另外，还发现烧氧作用对铅口水套有烧损。基夫赛特炉冷修完成后，于 2014 年 5 月恢复生产，运行状况日趋良好。

几年的生产运行充分证明了基夫赛特工艺的优势，产铅容易，运行可靠，铅锌联合冶炼可完全平衡锌厂产出的废渣，基夫赛特炉渣经烟化炉烟化产出的氧化锌在锌厂得到回收。表 4.1 列出了江西铜业集团基夫赛特炉生产过程中主要技术经济指标。

表 4.1　江西铜业集团基夫赛特炉生产过程中主要技术经济指标

项目	指标	参数	项目	指标	参数
混合炉料含铅/%	29.35		电热区电耗/(kW·h/t)	140	对炉料
燃料率/%	7	对炉料	电极单耗/(kg/t)	2～4	对炉料
烟尘率/%	8	对炉料	竖炉焦炭单耗/(kg/t)	20～40	对炉料
脱硫率/%	97.5		电热区焦炭单耗/(kg/t)	5～10	对炉料
竖炉烟气 SO_2 体积分数/%	22		铅直收率/%	90～92	炉料→粗铅
渣含铅/%	3～4		银直收率/%	98	炉料→粗铅
工业氧消耗/(m³/t)	150～190	氧气纯度大于98%			

基夫赛特炼铅法自 20 世纪 80 年代投入工业生产，其特点是利用工业氧气和电能，属于硫化矿自热闪速熔炼，并运用了廉价的碎粒焦炭还原 PbO 渣的独特方法。经过几十年的发展，已成为工艺先进、技术成熟、能满足环保要求的现代直接炼铅法，具有以下特点。

（1）连续作业。氧化脱硫和还原在一座炉内连续完成，直接产出含铅 95%～99.1% 的粗铅，生产环节少。

（2）原料适应性强。随着基夫赛特炼铅技术的发展，可以处理各种不同品位（Pb 20%～70%，S 13.5%～28%，Ag 100～8 000 g/t）的硫化铅矿或氧化铅矿，还可搭配处理各种含铅烟灰及渣料、废铅蓄电池糊，特别是能搭配处理锌湿法系统产出的浸出渣，避免了采用回转窑工艺处理锌浸渣时生成低浓度 SO_2 烟气的污染问题。

（3）主金属回收率高，铅锌工艺产生的废渣可以相互处理，提高了金属回收率，减轻了废渣堆放造成的环保压力。主金属铅的回收率大于 98%，渣含铅量低于 3%，金、银入粗铅率为 99% 以上，还可回收原料中 60% 以上的 Zn。

（4）环保效果好、烟气 SO_2 浓度高、烟气量少。烟气 SO_2 浓度可达到 20% 以上，可用来直接制酸；烟气量少，带走的热量少，余热利用好。

（5）烟尘率低，为投料量的 5%～7%，返料少，烟尘直接返回炉内冶炼。

（6）能耗低。采用富氧闪速熔炼，强化了冶金过程，采用细磨技术使精矿细化，充分利用了精矿表面巨大的活性能，精矿热能利用率高，只需补充少量辅助燃料达到自热熔炼，生产率高，余热利用好；另外烟尘率低，仅占炉料的 5%～7%，且可直接返回炉内冶炼。每吨粗铅的能耗为 0.35 t 标准煤。

（7）炉子寿命长。基夫赛特炉采用良好的冷却结构，使用大量铜水套，可实现三年炉修一次，沉淀池水套的使用寿命一般在十年以上，炉修主要是对铅口水套进行更换。

（8）炉子生产率高。精矿的直接熔炼取代了传统的氧化烧结焙烧与鼓风炉还原熔炼两大过程，生产工序减少，流程缩短，实现自动化操作和控制，劳动生产率高。

但该工艺也存在不足，首先是粒度控制严格，一般控制在 0.5 mm 以下，最大不能超过 1 mm；其次炉料水分要求严格，必须小于 1%。而且与其他直接炼铅法相比，原料准备相对复杂，投资较高。

4. 铅富氧闪速熔炼法

富氧闪速炼铅炉是在借鉴现代铜闪速熔炼并充分吸纳基夫赛特炼铅工艺优点的基础上研发的新型闪速炼铅炉，其主体设备由闪速熔炼炉和还原贫化电炉构成，如图 4.12 所示，铅的熔炼和炉渣贫化还原分别在两台装置中联合完成。主体的闪速熔炼炉由带氧焰喷嘴的反应塔、设有热焦滤层的沉淀池、带膜式壁的上升烟道三部分组成。反应塔为圆形，采用 1 层铜水套+7 层铬镁砖耐火材料的"大三明治"结构，耐火材料外部设有铜水套。塔顶和沉淀池均设有备用氧油枪，供停料保温用。塔顶中央设有一个中央扩散型炉顶料枪，如图 4.13 所示（王成彦 等，2016）。

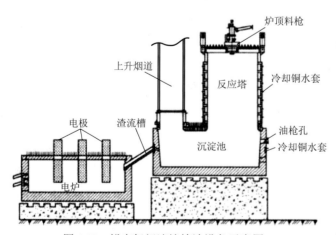

图 4.12　铅富氧闪速熔炼法设备示意图

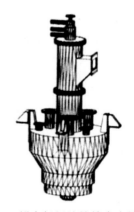

图 4.13　铅富氧闪速熔炼中央扩散型
精矿喷枪示意图

粒径小于 1 mm、含水量小于 1%的粉状炉料从喷枪咽喉口处给出，工业纯氧在咽喉口呈高速射流状，将含铅物料引入并经喇叭口分散成雾状送入反应塔。含水量小于 5%、粒径 5～25 mm 的兰炭从塔顶的两个加料管单独加入，有 5%～10%的兰炭参与燃烧反应补充反应热。氧化脱硫后大于 1 350 ℃的熔融物料在经过漂浮在熔池面的炽热焦滤层时，超过 85%的 PbO 与焦滤层产生的 CO 及 C 反应被还原成金属 Pb，铅-渣分离后从沉淀池底部虹吸放出，含铅量小于 10%的熔融渣再经溜槽自流至贫化电炉深度还原。为降低熔炼烟尘率，在熔池顶部设置了一排铜水套压舌，在下压烟气的同时，实现对熔池顶部耐火砖的挂渣保护。上升烟道垂直向上，直接与余热锅炉辐射冷却段相连。

还原贫化电炉控制约 1 250 ℃的还原温度，还原剂为 5～30 mm 的粒煤，由电炉进料口加入。为保证炉渣中铅、锌的还原效果，喷吹适量压缩空气搅动熔体，保证渣含铅量小于 2%、含锌量小于 2%，挥发进入电炉烟气的锌、铅蒸气经二次吸风燃烧、冷却降温后，进入布袋收尘系统回收锌、铅。电炉在还原过程中形成的冰铜从冰铜口单独放出。电炉粗铅从放铅口虹吸放出。

与炼铜闪速炉不同，闪速炼铅炉在熔池上保持厚 150～200 mm 的焦炭层，熔融物先经焦炭层过滤，PbO 与 C 反应后才进入沉淀池，另外闪速炼铅炉的上升烟道为直立式，垂直向上与锅炉辐射区连接，与炼铜闪速炉斜升烟道连接辐射冷却室也不相同。与基夫赛特炉不同，闪速炼铅炉只有反应塔、沉淀池和一个上升烟道，反应塔设有一个中央扩散型精矿喷嘴；基夫赛特炉的反应塔、沉淀池与电炉互为一体，有 2 个上升烟道，其沉淀池的氧化区和还原区设有隔墙，反应塔顶设有 4 个精矿喷嘴，炉体结构复杂。

在操作和控制条件上，闪速炼铅法也与基夫赛特法有本质的区别，如氧势控制、渣型控制、脱硫率控制、冰铜层控制、底铅温度控制等，正是由于上述操作和控制条件的改变，才确保了铅精矿中伴生铜的高效回收（在原料含铜 0.4%的条件下，可以生产出含铜约 8%的冰铜，铜回收率大于 85%）。

由于融合了富氧闪速强化熔炼脱硫、炽热焦滤层高效还原和电炉强制搅拌还原等过程，不仅大幅拓展了含铅物料的适用范围，使低品位铅矿及二次铅物料的经济利用成为现实，淘汰了烟化炉，而且大幅降低了铅冶炼系统的综合能耗，有效解决了铅冶炼的污染，形成了清洁、高效、流程短、适应性高、伴生金属回收率高的直接炼铅新工艺。铅富氧闪速熔炼工艺流程如图 4.14 所示。

铅富氧闪速熔炼法的特点如下。

（1）炉体结构及工艺生产过程简单，操作和运行条件简便稳定。取消烟化炉，真正实现了铅、锌的一次回收。

（2）伴生有价金属回收率高。物料中的铜大部分以硫化物形态在贫化电炉中富集，并形成冰铜相产出（冰铜含铜量大于 8%），外排电炉渣含铜量小于 0.1%，铜回收率大于85%；约 99.5%的金银在粗铅中得到富集并在铅精炼过程中得到回收。

（3）单独设置的还原贫化电炉大大提高了锌的还原挥发效果。通过采用喷吹压缩空气也较基夫赛特电炉贫化区的温度低，炉墙无须使用铜水套，加之配套辅助设备少，并取消了烟化炉，设备全部国产化。在同等生产规模下，铅富氧闪速熔炼法的投资仅为基夫赛特法的 60%。

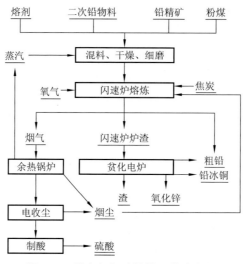

图 4.14　铅富氧闪速熔炼工艺流程图

（4）采用独特的操作技术，大幅提高了熔炼渣与铅之间的热传导效果，基本避免了黏渣层的形成。反应塔熔炼温度（1 350 ℃）、熔渣温度（1 150 ℃）和底铅温度均较低，对耐火材料的浸蚀小。从铅虹吸口排出的铅温小于 700 ℃，几乎没有铅雾产生，操作条件、劳动安全和工业卫生条件好。

（5）反应塔和上升烟道之间设有很宽的熔池面和渐压式的铜水套压舌，能更好地缓冲高温气流对熔池顶部耐火材料的冲刷浸蚀，并利于烟尘沉降，铜水套的使用也可以实现对熔池顶部耐火材料的挂渣保护。二次补风装置保证了烟气中 PbS 蒸气和 CO 的完全氧化，避免了 PbS 和 CO 在余热锅炉对流区的二次燃烧并改变烟尘性质，消除了烟灰堵塞余热锅炉烟道的隐患。

2011 年由北京矿冶研究总院负责设计的国内第一座铅富氧闪速熔炼厂在河南省灵宝市华宝产业有限责任公司的鑫华铅厂正式投产，设计规模为年产 10 万 t 粗铅。

图 4.15 所示为鑫华铅厂铅富氧闪速熔炼厂的铅熔炼工艺流程。熔炼部分设有配料干燥、磨破、气力输送、闪速熔炼工序和配套烟气处理系统、炉渣电炉还原熔炼及配套烟气处理系统等设备。闪速炉烟气处理系统包括余热锅炉、高温静电收尘器、烟尘返回系统及配套制酸系统，闪速炉渣经配套的一台 3 200 kW 的电炉还原熔炼，电炉烟气经复燃室热交换器、布袋收尘后并入熔炼系统的通风系统进行处理。

2011 年 5 月，整个炼铅系统设备调试完毕，达到工艺条件后，开始正式生产。生产过程中，通过调整入炉料配比，减少炉料内的熔剂量，提高入炉料的发热值，增加投料量，降低辅助供热的氧油枪的油量，控制吨矿氧料比，使铅闪速炉实现自热熔炼，降低能耗。投产的物料平均铁硅比（Fe/SiO_2）为 0.52、钙硅比（CaO/SiO_2）为 0.3，并使用大量的二次铅物料，原料平均含锌量只有 3.2%，有效硫质量分数只有 5%，且单批物料大于 600 t 的只有 12 种，其主要化学成分见表 4.2。为满足生产的渣型要求和提高有效硫含量，生产中配加了约 10% 含金约 20 g/t、含碳约 15% 的卡林金矿和约 20% 含金约 10 g/t 的黄铁矿。配制后的入炉料含铅量约为 30%。

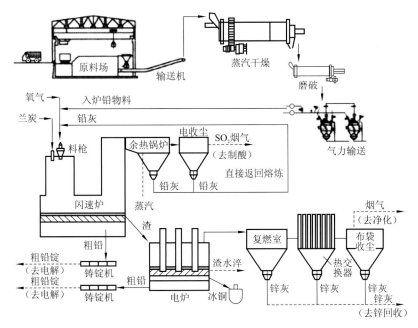

图 4.15　鑫华铅厂铅富氧闪速熔炼厂的铅熔炼工艺流程图

表 4.2　投产用精矿种类及成分

物料	干重/t	化学成分(质量分数)/%							
		Pb	Zn	S	Cu	SiO$_2$	Fe	CaO	有效 S
山西精矿	1 381	53.70	3.06	6.10	0.21	8.72	7.54	2.17	1.73
银家精矿	935	40.00	2.74	6.83	0.44	15.33	9.18	2.92	1.41
山东碳金	2 000	32.13	2.17	8.84	0.00	20.45	6.11	6.30	2.51
商州铅泥	682	39.30	4.60	13.50	0.03	10.49	6.93	3.28	1.80
栾川精矿	882	45.00	2.65	9.00	0.88	8.60	9.12	5.57	4.00
澳洲精矿	1 182	31.38	4.07	18.86	0.16	18.74	4.23	3.39	11.96
陕西精矿	1 067	35.94	2.79	21.90	0.90	9.66	19.07	6.80	16.08
陕西碳金	1 663	35.11	1.77	5.14	0.09	27.55	3.77	6.50	1.44
灵瑞精矿	959	47.23	1.24	13.81	0.38	6.92	11.38	4.51	5.92
汝阳精矿	558	60.00	6.00	11.73	0.25	13.00	5.08	2.72	6.30
洛宁精矿	653	58.41	6.81	12.15	0.34	9.79	5.22	2.73	9.40

该厂生产过程中出现的主要情况如下。

（1）铅闪速熔炼渣含铅量通常保持在 8%～12%（最低降至 3%）。经电炉贫化还原，电炉弃渣含铅量小于 2%（最低小于 1%）、含锌量小于 2%（最低小于 1%）、平均含银量小于 6 g/t，含金量小于 0.1 g/t、含铜量小于 0.1%，粗铅品位大于 98%。

（2）铅闪速炉反应塔顶中央喷嘴工艺富氧由使用压缩空气转为工业纯氧，反应塔顶负压控制在-10～-30 Pa，减少了烟气量，有效降低烟尘率，平均 6%～10%，且全部闭路返回熔炼，铅闪速熔炼烟尘含铅量大于 65%、含锌量小于 3%。

（3）提高入炉混合料热值，氧的供应量要稍高于炉料完成氧化的理论消耗量，以保证炉料脱硫率达98%～100%，炉顶油耗降至设计值30 L/h，达自热熔炼。

（4）铅闪速炉反应塔下部烟气温度维持在1 400℃左右，一次粗铅产率大于80%。

（5）铅闪速炉的氧量和焦炭的设计消耗量与实际相等。在恒定连续作业情况下，焦炭的有效利用率最佳。

（6）通过控制铅闪速炉直升烟道下部二次配风量，使炉内发生的焦炭二次燃烧反应在沉淀池出口处基本完成，使直升烟道顶部水平段入口处烟气温度为600～700℃，烟灰无烧结现象。

（7）还原电炉炉内负压控制在-5～-20 Pa，烟气温度控制在1 000℃左右，电极消耗量比设计值大得多，这是由于铅闪速炉处理入炉料铅品位只有30%左右，最低达25%，导致吨铅产渣量增大，即吨铅耗电极量增加。

（8）熔炼系统吨铅实际电能消耗高于设计指标。不论反应塔的操作条件如何，耗电几乎恒定不变，但由于铅闪速炉入炉品位低，吨铅电耗增加。

（9）余热锅炉的效果比预想好，工艺烟气的热能回收率高，锅炉产4.0 MPa饱和蒸汽12～15 t/h。

综上所述，铅的富氧闪速熔炼法融合了富氧闪速强化熔炼脱硫、炽热焦滤层高效还原和电炉强制搅拌还原等过程，使用工业纯氧实现了物料在反应塔的快速强氧化脱硫（3～5 s完成氧化反应，脱硫率大于98%），利用炽热焦滤层实现了脱硫熔融物料在熔池内的快速高效还原，在一个炉体内实现了反应塔的高氧势快速脱硫和熔池的低氧势快速还原铅两个过程，金属铅产生的主要途径是氧化铅的高温碳还原。由于改变了铅的还原途径，大大增强了工艺对物料的适应性，入炉料含铅可以降至25%，甚至更低。铅及伴生有价金属回收率高。铅总回收率提高了3%，达到98.5%；金银入粗铅率提高到99%；铜直接以铅冰铜产出，回收率大于85%；锌直接以氧化锌灰形态产出，回收率大于90%；直接产出含铅、锌小于2%的弃渣，取消烟化炉。铅富氧闪速熔炼技术系统综合能耗低。包括锌挥发的能耗在内，吨粗铅冶炼综合能耗（标准煤）小于220 kgce。

4.1.2　湿法炼锌

锌冶炼存在如下特殊性：①锌的沸点低，在火法冶炼温度下难以液态产出；②锌的氧化物稳定性高，还原挥发难度较大；③难以从锌的硫化物直接氧化得到金属；④锌的负电性大，电积过程对净化要求高。因此，这在一定程度上影响了锌冶炼技术的发展。

锌冶炼的新技术包括：硫化锌精矿直接电解、溶剂萃取-电解法提锌、喷吹炼锌法、硫化物直接还原法、Zn-MnO同时电解法、改变湿法炼锌的电化体系等，其中部分技术尚未得到工业应用。在将来相当长一段时间内，锌冶炼工艺的开发还很难取得较大的进展，锌冶炼技术的发展还将集中在现有技术的完善方面。

20世纪90年代以来，特别是进入21世纪后，有色金属工业向高效、节能、清洁和安全方向发展。世界炼锌技术的发展趋势是生产规模日益高度集中，以先进工艺技术为基础，工艺设备大型化，生产过程的连续化、机械化，计算机过程控制技术的广泛应用和计算机过程控制及信息系统集成技术的推广。

设备大型化在湿法炼锌方面尤其突出。国外锌冶炼厂已采用的沸腾焙烧炉面积达到 123 m², 日处理锌精矿 800 t, 目前还准备建设日处理 1 000 t 的炉子, 浸出槽容积为 400 m³、净化槽容积为 200 m³, 浸出矿浆浓密槽直径为 65~70 m, 高压浸出釜容积已经超过 300 m³。采用大电解槽、大极板电积工艺, 大型极板面积达 2.6 m², 超大型极板面积达 3.4 m², 普遍采用机械化剥锌和极板整理、装出槽生产线; 生产过程的自动化控制程度普遍很高; 劳动生产率高达 400 t/(人·a) 以上。

湿法炼锌由于资源综合利用好、单位能耗相对较低、对环境友好程度高, 是国际锌冶金发展的主流, 其产量接近总产量的 90%。硫化锌精矿加压直接酸浸技术是湿法炼锌的重大技术进步, 特别是两段加压浸出的工业应用实现了名副其实的全湿法炼锌。目前, 世界上常用的湿法炼锌工艺有加压浸出（zinc pressure leaching, ZPL）工艺和带压直接浸出（atmospheric direct leaching, ADL）工艺。

1. ZPL 新工艺

硫化锌精矿 ZPL 工艺流程分一段氧压浸出和二段氧压浸出。一段氧压浸出为加压浸出与焙烧、浸出、电积的联合流程, 二段氧压浸出为自成一体的浸出工艺, 其原理流程分别如图 4.16 和图 4.17 所示。

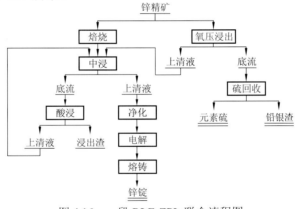

图 4.16　一段 RLE-ZPL 联合流程图

RLE 为焙烧-浸出-电积（roast-leach-electrowinning）

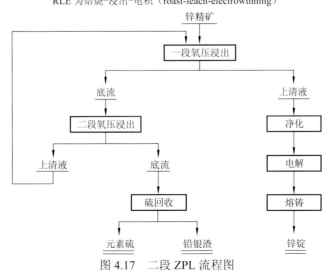

图 4.17　二段 ZPL 流程图

ZPL 工艺过程分物料准备、浸出、闪蒸、调节及硫回收等工序。物料准备工序是通过湿式球磨使锌精矿粒度达到 45 pm，球磨矿浆经分级使矿浆固相质量分数为 70%。在矿浆中加入添加剂，其作用是防止熔融硫包裹硫化锌精矿而阻碍锌的进一步浸出。浸出是将球磨后的矿浆及废电解液加入压力釜，通入氧气，控制温度 150 ℃，氧压 0.7 MPa，反应 1 h，硫化锌中硫被氧化成单质硫，锌成为可溶硫酸锌。锌的浸出率可达到 97%～99%。闪蒸及调节是将压力釜浸出后的矿浆加入闪蒸槽及调节槽，在压力釜中生成的单质硫是熔融状态，矿浆进入闪蒸槽后，控制温度为 120 ℃，保持熔融状态的硫。从闪蒸槽中可回收蒸汽供生产使用，矿浆再进入调节槽冷却，控制温度为 100 ℃，使单质硫成为固态冷凝。调节槽冷却后的矿浆送入浓密机浓缩，浓缩上清液送往净化、电积、熔铸生产电锌，浓密机底流送硫回收工序。硫回收工序是将浓密机底流进行浮选回收硫精矿，浮选尾矿经水洗后送渣场堆存。含硫精矿送入粗硫池熔融，再通过加热过滤，从未浸出的硫化物中分离出熔融单质硫，然后将熔融硫送入精硫池产出含 S>99% 的单质硫。加热过滤产生的过滤渣含有的稀有金属和贵重金属待回收。

ZPL 工艺的高压釜是由碳钢作外壳，用铅及耐酸砖作内衬。高压釜内用隔板隔成 4～6 个室，每个室内配有机械搅拌槽，如图 4.18 所示。球磨后的矿浆经分级使矿浆固相质量分数为 70%，加入浸出添加剂后，泵入高压釜第 1 室。

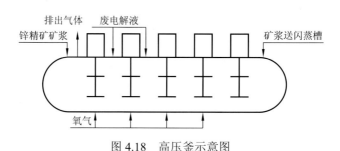

图 4.18　高压釜示意图

浸出添加剂能使熔融硫呈疏散球状，防止熔融硫包裹硫化锌精矿而阻碍锌的进一步浸出。废电解液分别泵入高压釜第 1 室、第 2 室，同时向釜内通入浓度 98% 以上的氧气，控制反应温度 150 ℃、氧分压 0.7 MPa、釜压 1.1 MPa、反应时间 1～1.5 h，进行连续浸出，使硫化锌中硫被氧化成单质硫，锌成为可溶硫酸锌。浸出矿浆进入闪蒸槽降压降温，使元素硫呈熔融状态，同时回收闪蒸槽中蒸汽供生产使用。

ZPL 工艺的特点为：①锌回收率高，综合回收好。氧压浸出技术的锌浸出率大于 98%，锌回收率可达 97%，通过浮选及加热过滤可获得纯度为 99.9% 的单质硫，总硫回收率可达 88%，同时可回收高含量的 Pb-Ag 渣送铅冶炼系统，可对稀散金属的综合回收提供较常规湿法工艺更为有利的条件。②原料适应性广，生产成本低。氧压浸出对原料适应性广，可处理含铁量高的低品位锌精矿、铅锌混合精矿及锌冶炼厂产出的含铁酸锌和铁氧体的残渣，生产成本低。此工艺既可结合焙烧-浸出工艺来提高生产能力，又可全部使用锌精矿独成系统生产，具有很大的市场竞争力。③投资省，环保效果好。氧压浸出的最大特点是以单质硫的形态回收锌精矿中的硫，工艺流程简单，不需要沸腾焙烧、烟气制酸工序。基建投资小，对大气不产生环境污染。同时，铁可以赤铁矿作为副产品回收，其含铁量为 60%，可外销，能够解决铁出路问题，能满足日益严格的环保要求。④以单质硫的形态回收硫，便于储存和运输，且不受硫酸市场的限制。⑤设备制作标准高，自动化程度高。工艺主要过程都是在密闭容器中进行，现场环境条件好。

2001 年我国西部矿业集团有限公司也着手引入氧压浸出技术，并在 2013 年正式投产建设了第一座 10 万 t/a 的锌精炼厂。由于该公司所处地势海拔高，矿物中含铁量较高，注重回收金属铟，是其引用氧压浸出工艺的主要原因。

图 4.19 所示为西部矿业集团有限公司氧压浸出炼锌工艺流程。采用两段逆流氧压浸出，第一段浸出是为了保证浸出液中含有较多的锌和较少的酸、铁，便于铟置换反应的进行，满足净化及电积的要求。第二段浸出是为了进一步提高锌及其他有价金属的浸出率。

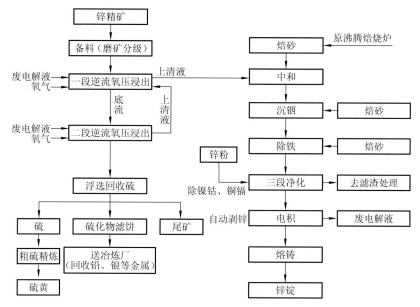

图 4.19　西部矿业集团有限公司氧压浸出炼锌工艺流程图

锌精矿送氧压浸出之前经过湿式球磨机碾磨，然后经过旋流器分级后，底流重新返回碾磨，而溢流进入高效浓密机，经过球磨工序后的锌精矿要求 98% 以上精矿粒度达到 50 μm。进入浓密机的锌精矿通过浓密机泵入浸出釜，然后加入添加剂进行一段浸出。浓密机的上清液返回球磨工序。球磨后的矿浆、废电解液泵入第一段压力釜，通入 98% 以上的氧气，使精矿中的硫氧化，锌成为硫酸锌。浸出矿浆经过闪蒸槽降压降温至 120℃ 使硫呈熔融状态，然后通过调节槽调温至 90～100℃，使熔融状态的硫冷却呈固体。调节后的矿浆送一段浓密机分离，上清液即浸出硫酸锌溶液，送沉铟工序，底流送往二段压力釜进一步浸出。西部矿业集团有限公司采用两段逆流氧压浸出工艺，锌浸出率大于 98%，铟浸出率达到 80%，可以使大部分铁沉积，大多数铟和锌保留在浸出液中，通过中和、除铁、沉淀回收铟，最终通过电积工序得到锌，实践证明该工艺优于传统的常规浸出工艺。

2. ADL 新工艺

硫化锌精矿常压直接浸出过程是基于闪锌矿在硫酸介质中的氧化溶出进行的，总反应式为

$$ZnS + H_2SO_4 + 0.5O_2 \longrightarrow ZnSO_4 + S^0 + H_2O$$

实际上，闪锌矿在硫酸中的直接溶出过程是非常缓慢的，但在铁存在的情况下，闪锌矿浸出速率将明显提高。铁在闪锌矿浸出过程中起到氧的电子传递作用，即 Fe^{3+} 氧化闪锌矿使锌溶出，发生的反应为

$$ZnS + Fe_2(SO_4)_3 \longrightarrow ZnSO_4 + 2FeSO_4 + S^0$$

Fe^{3+} 被还原成 Fe^{2+}，Fe^{2+} 进而被氧气氧化，发生的反应为

$$2FeSO_4 + H_2SO_4 + 0.5O_2 \longrightarrow Fe_2(SO_4)_3 + H_2O$$

虽然闪锌矿 ADL 工艺过程与 ZPL 工艺相近，但相较而言，ADL 工艺条件要温和得多，温度仅接近于溶液沸点（约 $100\,℃$），且总压力不超过 20 kPa，因此在 ADL 工艺条件下反应进行缓慢，耗时 $10\sim20$ h 甚至更长时间才能取得 95% 以上的锌浸出率。与闪锌矿氧化浸出不同的是，来自 RLE 流程的中性浸出渣主要发生简单的酸溶反应。中性浸出渣中锌主要以铁酸锌形态存在，在近 $100\,℃$ 及硫酸质量浓度高于 30 g/L 的条件下，铁酸锌的溶解过程为

$$ZnO \cdot Fe_2O_3 + 4H_2SO_4 \longrightarrow ZnSO_4 + Fe_2(SO_4)_3 + 4H_2O$$

通过控制酸度，使浸出液中硫酸质量浓度保持在 $10\sim30$ g/L 时，也可使铁酸锌溶出与铁矾沉淀同步进行，化学反应式如下：

$$ZnO \cdot Fe_2O_3 + 6H_2SO_4 + (NH_4)_2SO_4 \longrightarrow 2NH_4Fe_3(SO_4)_2(OH)_6 + 3ZnSO_4$$

浸出液在返回中性浸出前可以采用针铁矿法除铁，采用威尔兹窑（Waelz kilns）挥发氧化锌粉中和溶液中的余酸，Union Miniere 公司的 ADL 工艺即采用上述方法处理浸出液，过程中发生如下化学反应：

$$2FeSO_4 + 3H_2O + 0.5O_2 \longrightarrow 2FeO(OH) + 2H_2SO_4$$
$$2H_2SO_4 + 2ZnO \longrightarrow 2ZnSO_4 + 2H_2O$$

沉铁过程总反应式为

$$2FeSO_4 + 2ZnO + H_2O + 0.5O_2 \longrightarrow 2FeO(OH) + 2ZnSO_4$$

比利时 Union Miniere（现 Umicore）公司于 20 世纪 90 年代初提出了 ADL 专利技术，其工艺流程如图 4.20 所示。

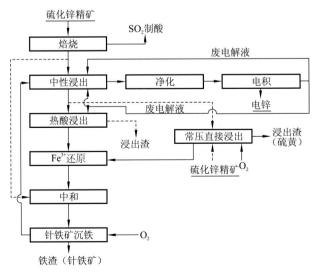

图 4.20　Union Miniere 公司的 ADL 工艺流程图

Union Miniere 公司的 ADL 工艺流程与传统 RLE 相近，也包含锌精矿焙烧、锌焙砂中性浸出、中性浸出液净化及电沉积锌等工序。但 Union Miniere 公司的 ADL 工艺处理中性浸出渣的方式有别于传统 RLE 工艺，即：将中性浸出渣与部分锌精矿一并在中等强度的硫酸（55～65 g/L）及略低于溶液沸点（90 ℃）条件下进行直接浸出，中性浸出渣中的铁酸锌不断溶解，溶出的 Fe^{3+} 进而参与反应。为保证闪锌矿氧化效果，矿浆中 Fe^{3+} 质量浓度控制在 2～5 g/L。鉴于 Cu^{2+} 在反应中具有重要的催化作用，浸出过程中 Cu^{2+} 质量浓度保持在 1 g/L 左右。此外，为保证闪锌矿浸出速率，控制铁酸锌中的锌与硫（闪锌矿及其他可反应硫化物中的硫）的物质的量比不低于 0.3∶1。由于反应在强氧化条件下将显著放缓，矿浆电位不得高于 610 mV（vs.SHE）；而当矿浆电位低于 560 mV 时，硫化物直接酸溶并释放出 H_2S，不仅腐蚀不锈钢反应容器，还将导致铜以硫化物形式沉淀，从而阻止反应进行。因此，浸出过程中控制矿浆电位在 560～610 mV，中性浸出渣及锌精矿经 ADL 浸出 7.5 h，锌浸出率可达 95%。

浸出液经硫化锌精矿还原处理后，溶液中的 Fe^{3+} 质量浓度降至 5 g/L 以下，经中和使游离 H_2SO_4 降至 10 g/L 以下，溶液中的 Fe^{2+} 进而被氧气缓慢氧化并水解生成针铁矿沉淀，溶液除铁后再返回中性浸出工序。Union Miniere 公司的 ADL 工艺只是实现部分中性浸出渣与部分锌精矿合并处理，这可以在一定程度上增大产能（增大 5%～10%），若要进一步扩大产能，则可以将全部的中性浸出渣送常压直接浸出处理。另外，Union Miniere 公司还申请了一项两段浸出工艺的专利，处理工艺如图 4.21 所示。铁酸锌溶解在第一段中完成耗时 5 h；闪锌矿氧化溶出主要在第二段进行，耗时约 6 h。

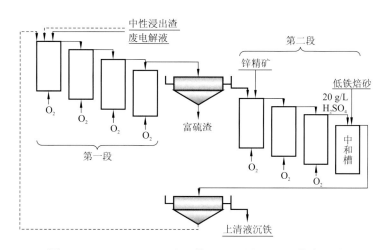

图 4.21　Union Miniere 公司的 ADL 两段浸出工艺流程图

除第二段的最后一个反应器（即图 4.21 中的中和槽）外，各浸出槽均需鼓入氧气。在两段浸出过程中，硫酸及 Fe^{3+} 浓度须严格控制，如果硫酸质量浓度低于 10 g/L，则锌溶出过程将变得非常缓慢；当硫酸质量浓度高于 35 g/L 时，锌焙砂的消耗量又将大大提高。Fe^{3+} 质量浓度保持在 0.1～2.0 g/L，当 Fe^{3+} 质量浓度高于 2.0 g/L 时，易生成细晶粒铅铁矾，这将带来浆液澄清和过滤问题。经两段浸出，浸出液中的铁主要以 Fe^{2+} 形式存在，中和余酸后可直接送针铁矿沉铁工序。

在两段浸出之间设置了浓密过滤工序用于分离富硫渣。由富硫渣可进一步回收单质硫和铅、银等有价金属。Union Miniere 公司的 ADL 反应器配有进料、氧气鼓入、溢流出料和汲取管式搅拌器等装置。搅拌器或采用轴中空，或采用螺旋涡轮和吸泥套管。Union Miniere 公司还曾提出两种搅拌设置：一种搅拌按轴向放置并保持恒定转速，使固体物保持悬浮状态，并起到分散氧的作用；另一种为变速汲取管式搅拌，偏心放置，以循环利用未反应的氧。除上述外，该反应器还配备有温控及矿浆氧化/还原电位、氧气流量、搅拌转速的测量装置。

Union Miniere 公司的 ADL 工艺技术最初只服务于比利时 Balen 炼锌厂，后于 1994 年转让给了韩国锌业公司（Korea Zinc）。基于该技术，韩国锌业公司温山（Onsan）冶炼厂的电锌年产能由 1989 年的 19 万 t 增至 2000 年的 40 万 t。

Outotec 公司前身是 Outokumpu Technology，后独立出来并于 2007 年 4 月起改用现名。Outotec 公司于 20 世纪 90 年代中期开发了锌精矿 ADL 工艺，其初衷是在常压条件下使闪锌矿溶解与赤铁矿沉淀同步进行。Outotec 公司的 ADL 工艺流程如图 4.22 所示。

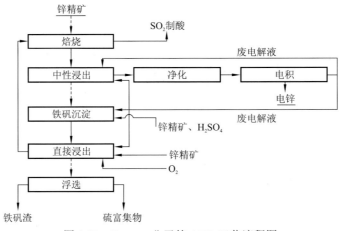

图 4.22　Outotec 公司的 ADL 工艺流程图

Outotec 公司的 ADL 工艺与 Union Miniere 公司的 ADL 工艺很相近，也是将直接浸出与 RLE 中的锌精矿焙烧、锌焙砂中性浸出及浸出液净化、电积等工序合并使用，取消浸出渣回转窑挥发，浸出渣与锌精矿一并在直接浸出槽中处理。

在直接浸出槽中，温度控制在 100 ℃左右，为保证较高的初始酸质量浓度（不小于 60 g/L），废电解液在浸出初期引入。铁矾沉淀渣在进入直接浸出槽时，与锌精矿的料比控制在 1 t 锌精矿/15 m³ 铁矾矿浆。虽然矿浆中初始 Fe^{3+} 质量浓度高于 10 g/L，但由于前一工序为铁矾沉淀，溶液中仍残余有硫酸铵，直接浸出过程中铁沉淀会持续进行，导致铁浓度会逐渐降低。浸出 20 h 后，硫酸质量浓度稳定在 20 g/L 左右，此时总铁质量浓度也降至 8 g/L 以下，其中一半以上的铁以 Fe^{2+} 形式存在。正是由于铁矾渣中的锌在直接浸出过程中又进一步溶出，才使得 Outotec 公司的 ADL 工艺锌浸出率可达 98%左右。浸出渣经浮选以分离单质硫、未反应硫化物（主要是黄铁矿）与铁矾渣。硫富集物中单质硫品位由 20%提高至 80%以上。硫富集物经膜式过滤洗涤，而铁矾渣则送带式过滤洗涤，铁矾渣滤饼进一步经 Na_2S 处理以回收可溶锌。Outotec 公司的 ADL 反应器为常压搅拌浸出槽（帕丘克槽），高达 30 m，在富氧空气搅拌下借助浆液高度使浸出槽底部压力达到 0.3 MPa，从而实现过去只有加压浸出设备才能完成的锌精矿的直接浸出。近年，Outotec 公司又设计出新的 ADL 塔式反应器，该反应器也是利用矿浆静压力制造出"加压"条件。位于反应器底部的是一个鼓形槽，其容积占反应器总有效容积的一半左右，鼓形槽为锌精矿"加压"浸出反应提供了充足的空间。为避免反应器初启动或中途因故停运时发生固体颗粒沉降，鼓形槽内还另外配备有搅拌装置。位于反应器中部的是一个反应塔，其与底部鼓形槽连接，锌精矿直接浸出所需的压力取决于反应塔的高度。反应塔内有套管，套管内外矿浆流向不同，套管外矿浆向上流动，而套管内矿浆则向下流动，最终矿浆在反应器上部实现平稳循环。在套管内的氧分散区域，虽然氧气弥散于矿浆之中且流向与矿浆相同，但气泡流速明显低于矿浆，由此，气泡在流动过程中易发生振动，气-液质量传输所需的能量得以降低，还可以保证氧的利用率最大化，在位于反应器上部的套管内设置有下吸式搅拌装置。搅拌装置设置于反应器上部，既有利于日常保养维护，也可以起到矿浆泵的作用，套管外的矿浆流速也保持在 1 m/s 左右。

就矿浆搅拌方式而言，Outotec 公司的 ADL 塔式反应器完全不同于传统的机械搅拌。Outotec 公司的 ADL 塔式反应器能耗低于 $0.1\ kW/m^3$，而传统的机械搅拌反应器能耗高，约为 $1.0\ kW/m^3$。当然，Outotec 公司的 ADL 塔式反应器毕竟有别于高压釜，反应器内温度低于 $100\ ℃$，压力最高也不过 1.0 MPa，因此，该反应器并不能满足高温高压的条件，其应用也有局限性。Outotec 公司的 ADL 工艺于 1998 年应用于芬兰科科拉（Kokkola）锌厂的扩产项目，当年该厂锌产能由 17.5 万 t 增至 22.5 万 t。据报道，在科科拉锌厂扩产后，锌浸出率可增至 98%左右。2004 年，Outotec 公司的 ADL 工艺还在挪威奥达（Odda）得到工业应用。我国的株洲冶炼集团股份有限公司于 2008 年引进了 Outotec 公司的 ADL 工艺，2009 年建成投产，与现有 RLE 工艺并行后，锌年产能扩大至 10 万 t 以上。

株洲冶炼集团股份有限公司直接浸出采用两段逆流方式并搭配针铁矿沉铁工序，在直接浸出锌精矿的同时还处理浸出渣，并综合回收铟，设计建厂拟采用的工艺流程如图 4.23 所示。但后来对工艺进行了改进，将原设计的一段低酸浸出和一段高酸浸出，改为两段均为高酸浸出。

株洲冶炼集团股份有限公司直浸采用的工艺流程如下。

（1）锌精矿经给料输送机输送至球磨，磨到 45 μm 矿石占比大于 90%，然后进入矿浆浆化阶段（1 台浆化槽），浆化过程中加入电解废液、浓硫酸及抑泡剂，浆化过程中发生的反应为

$$CaCO_3 + 2H_2SO_4 \longrightarrow CaSO_4 + CO_2(g) + H_2O$$
$$MgCO_3 + 2H_2SO_4 \longrightarrow MgSO_4 + CO_2(g) + H_2O$$

（2）浆化完成后，将矿浆打到矿浆给料槽（1 台），然后进入 8 台 ADL 反应器（图 4.22）中进行酸性浸出（实际是高酸浸出，控制出口酸度 25～35 g/L，温度 95～100 ℃，每吨精矿消耗氧气 100～150 m^3），浸出过程中发生的反应为

$$MeS + H_2SO_4 + 0.5O_2 = MeSO_4 + H_2O + S^0\downarrow, \qquad Me = Zn、Fe、Cu、Cd$$
$$Fe_2(SO_4)_3 + MeS \longrightarrow 2FeSO_4 + MeSO_4 + S, \qquad Me = Zn、Fe、Cu、Cd$$
$$2FeSO_4 + H_2SO_4 + 0.5O_2 \longrightarrow 2Fe_2(SO_4)_3 + H_2O$$
$$ZnO·Fe_2O_3(ZnFe_2O_4) + 4H_2SO_4 = ZnSO_4 + Fe_2(SO_4)_3 + 4H_2O$$

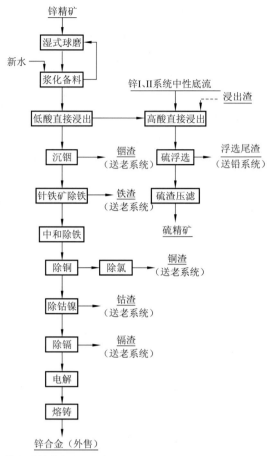

图 4.23　株洲冶炼集团股份有限公司 Outotec 公司的 ADL 工艺流程图

（3）高酸浸出后的矿浆直接进入硫浮选阶段（温度 80～90 ℃），硫浮选阶段分一次粗选、二次精选和一次扫选，精选溢流经过洗涤压滤后成为硫渣（含硫 70%～80%）堆存，精选底流回粗选、扫选溢流回粗选，扫选底流经过浓密机和压滤机后，固体成为高酸浸出渣送基夫赛特炉配料，液体（含 Fe^{3+} 6～10 g/L，Fe^{2+} 2～3 g/L，H_2SO_4 25～35 g/L，Zn 150 g/L，Cu 0.5～2 g/L）进入还原-预中和阶段（共 6 个槽，3 个还原槽，3 个中和槽）。

（4）还原阶段向槽中加入 ZnS 精矿粉，将溶液中的 Fe 尽量都转化为 Fe^{2+}，为针铁矿 FeOOH 沉铁做准备，还原后进行预中和是向溶液中加入锌焙砂，目的是控制溶液的 pH 为 2～3，结束后，溶液进行沉降，底流返回进入浆化槽中，溶液进入沉铟沉铁阶段。

（5）沉铟是通过向冷却后的酸性浸出液加入挥发窑氧化锌，控制溶液的酸度，以返回的沉铟渣做晶种，溶液中的铟离子以氢氧化铟的形式沉淀去除。沉铟阶段采用 3 个反应器，主要反应为

$$ZnO + H_2SO_4 = ZnSO_4 + H_2O$$
$$In_2(SO_4)_3 + 6H_2O = 2In(OH)_3\downarrow + 3H_2SO_4$$

（6）沉铁过程主要是对沉铟后的溶液进行挥发窑氧化锌中和，控制溶液的酸度，以返回的针铁矿作晶种，同时鼓入空气，控制铁离子的氧化速度，产出针铁矿除铁、沉铁阶段采用 6 个反应器，主要反应为

$$ZnO + H_2SO_4 \Longrightarrow ZnSO_4 + H_2O$$

$$Fe_2(SO_4)_3 + 6H_2O \longrightarrow 2Fe(OH)_3\downarrow + 3H_2SO_4$$

$$Fe_2(SO_4)_3 + 4H_2O \longrightarrow 2FeOOH\downarrow + 3H_2SO_4$$

沉铁过程中，少量的锌和铜也会随着铁一起沉淀。挥发窑烟灰中的铅会以硫酸铅或铅矾的形式沉淀。但同时也会有以下副反应发生：

$$Fe_2(SO_4)_3 + Na_2SO_4 + 12H_2O \Longrightarrow 2NaFe_3(SO_4)_2(OH)_6\downarrow + 6H_2SO_4$$

由于针铁矿沉铁过程中放出 H，在沉铁时加入锌焙砂调节 pH，另外还要通入一定量的氧气，控制沉铁后溶液中全铁质量浓度小于 30 mg/L。之后溶液过浓密机和压滤机，废渣为针铁矿渣，溶液送入二系统的中浸工段开始净化。

除上述工艺外，澳大利亚 MIM 公司于 20 世纪 90 年代末也提出一项锌精矿 ADL 专利技术（即 MIM Albion 工艺）。MIM Albion 工艺有别于 Outotec 公司或 Union Miniere 公司的 ADL 工艺，它并非通过在常压设备中营造"加压"浸出条件来改善锌浸出动力学，而是通过对矿石（超）细磨，增大矿石颗粒表面积以达到改善浸出的目的。在 MIM Albion 工艺中，80% 矿石被磨至小于 20 μm 甚至更细，进而在 90 ℃ 及鼓氧条件下在 H_2SO_4-$Fe_2(SO_4)$ 介质（$[H_2SO_4]$ = 50 g/L，$[Fe^{3+}]$ = 10 g/L）中浸出，矿浆比重（质量比）为 10%，为防止起泡，向浸出体系中加入木质素（2 kg/t 锌精矿），经 8 h 浸出，锌浸出率可达 97% 以上。2002 年，MIM 公司即宣布在澳大利亚北领地麦克阿瑟河（McArthur River Northern Territory, Australia）采用 MIM Albion 工艺上马了扩产项目并完成了可行性研究。对 MIM Albion 工艺而言，矿石（超）细磨是关键。虽然 MIM Albion 工艺采用艾萨磨机（ISA Mill）有助于提高能效，但矿石（超）细磨毕竟是高能耗作业，不仅成本高，而且易导致后续固液分离困难。此外，MIM Albion 工艺可否适用于锌浸出渣的直接处理也未见报道。

4.2　铅锌冶金生产环保法规与标准

4.2.1　政策及标准

根据《中华人民共和国环境保护法》等有关法律法规，铅锌冶炼及矿山采选污染物排放要符合国家《工业炉窑大气污染物排放标准》（GB 9078—1996）、《大气污染物综合排放标准》（GB 16297—1996）、《污水综合排放标准》（GB 8978—1996），以及固体废物污染防治法律法规、危险废物处理处置的有关要求和有关地方标准的规定（表 4.3）。防止铅冶炼 SO_2 及含铅粉尘污染以及锌冶炼热酸浸出锌渣中汞、镉、砷等有害重金属离子随意堆放造成的污染，确保 SO_2、粉尘达标排放。严禁铅锌冶炼厂废水中重金属离子、苯和酚等有害物质超标排放，按《铅、锌工业污染物排放标准》（GB 25466—2010）执行。国家规定所有新、改、扩建项目必须严格执行环境影响评价制度，持证排污（尚未实行排污许可证制度的地区除外），达标排放。现有铅锌采、选、冶炼企业必须依法实施强制性清洁生产审核，生态环境部门对现有铅锌冶炼企业执行环保标准情况监督检查，定期发布环保达标生产企业名单，对达不到排放标准或超过排污总量的企业决定限期治理，治理不合格的，应由地方人民政府依法决定给予停产或关闭处理。

表 4.3 铅锌冶金废物排放法规

标准名称	标准分类	标准号
《工业炉窑大气污染物排放标准》	工艺标准-废气	GB 9078—1996
《大气污染物综合排放标准》	工艺标准-废气	GB 16297—1996
《污水综合排放标准》	工艺标准-废水	GB 8978—1996

到 2025 年，全国单位国内生产总值能源消耗比 2020 年下降 13.5%，能源消费总量得到合理控制，化学需氧量、氨氮、氮氧化物、挥发性有机物排放总量比 2020 年分别下降 8%、8%、10% 以上、10% 以上是《"十四五"节能减排综合工作方案》确定的指标，铅锌工业也应执行此指标。

随着我国有色金属工业生产工艺的改进和污染治理技术的进步，以及国家对环境保护工作要求日趋严格，现行的排放标准已明显不能适应有色金属行业污染防治的要求。表 4.4 列出了铅锌冶金废物排放标准。

表 4.4 铅锌冶金废物排放标准

标准分类	标准名称	标准号
排污许可证	《再生铜、铝、铅、锌工业污染物排放标准》	GB 31574—2015
排放标准	《大气污染物综合排放标准》	GB 16297—1996
	《工业炉窑大气污染物排放标准》	GB 9078—1996
	《污水综合排放标准》	GB 8978—1996
工艺标准	《危险废物贮存污染控制标准》	GB 18597—2023
	《危险废物鉴别标准 浸出毒性鉴别》	GB 5085.3—2007
污染治理标准	《危险废物鉴别标准 急性毒性初筛》	GB 5085.2—2007

4.2.2 制定新标准的法律依据

《中华人民共和国环境保护法》第十六条规定："国务院环境保护主管部门根据国家环境质量标准和国家经济、技术条件，制定国家污染物排放标准。"

《中华人民共和国大气污染防治法》第九条规定："国务院环境保护主管部门或者省、自治区、直辖市人民政府制定大气污染物排放标准，应当以大气环境质量标准和国家经济、技术条件为依据。"《中华人民共和国水污染防治法》第十四条规定："国务院环境保护主管部门根据国家水环境质量标准和国家经济、技术条件，制定国家水污染物排放标准。"第十五条规定："国务院环境保护主管部门和省、自治区、直辖市人民政府，应当根据水污染防治的要求和国家或者地方的经济、技术条件，适时修订水环境质量标准和水污染物排放标准。"

《中华人民共和国海洋环境保护法》第十八条规定："国家和有关地方水污染物排放标准的制定，应当将海洋环境质量标准作为重要依据之一。"

国家环境保护总局于 2007 年 3 月 1 日发布的《加强国家污染物排放标准制修订工作

的指导意见》的总则中规定："根据有关法律规定，国家污染物排放标准根据国家环境质量标准和国家技术、经济条件制定""承担国家污染物排放标准制修订计划项目的单位，应按本文件的规定开展相关工作"；其中，"国家污染物排放标准的体系结构和设置要求"中第七条规定："行业型污染物排放标准原则上按生产工艺的特点设置，确定排放标准的合理适用范围，应全面考虑本标准与相关排放标准的关系，避免适用范围的重叠，要严格控制行业型排放标准的数量。"

国家环境保护总局于 2007 年 2 月 27 日发布的《关于环保部门现场检查中排污监测方法问题的解释》规定"排放标准中规定的污染物排放方式、排放限值等是判定排污行为是否超标的技术依据，在任何时间、任何情况下，排污单位的排污行为均不得违反排放标准中的有关规定""环保部门在对排污单位进行监督性检查时，可以环保工作人员现场即时采样或监测的结果作为判定排污行为是否超标以及实施相关环境保护管理措施的依据。"

国家环境保护总局于 2005 年 9 月 19 日发布的《污染源自动监控管理办法》第十条规定："列入污染源自动监控计划的排污单位，应当按照规定的时限建设、安装自动监控设备及其配套设施，配合自动监控系统的联网。"第十一条规定："新建、改建、扩建和技术改造项目应当根据经批准的环境影响评价文件的要求建设、安装自动监控设备及其配套设施，作为环境保护设施的组成部分，与主体工程同时设计、同时施工、同时投入使用。"

铅锌工业主要大气污染物及其排放限值见表 4.5。

表 4.5　铅锌工业主要大气污染物及其排放限值

项目	颗粒物/(mg/m³)	SO₂/(mg/m³)	硫酸雾/(mg/m³)
粗铅冶炼	100	二级 850，三级 1 430	—
铅精炼	100	二级 850，三级 1 430	—
锌冶炼	100	二级 850，三级 1 430	—
干燥窑	200	二级 850，三级 1 430	—
制酸	—	960	45

铅锌工业主要废水污染物排放限值见表 4.6。

表 4.6　铅锌工业主要废水污染物排放限值　　（单位：mg/L，pH 除外）

污染物	标准值	污染物	标准值
pH	6～9	总砷	0.5
COD	100	总铜	0.5
SS	70	总镍	1.0
总铅	1.0	硫化物	1.0
总锌	2.0	氟化物	10
总镉	0.1	总 α 放射性	1
总汞	0.05	总 β 放射性	10

4.2.3　产污环节

世界上粗铅冶炼采用的几乎全是火法，湿法炼铅虽已进行长期试验研究，有的已进行了半工业试验，但仍未投入工业应用。目前我国铅冶炼工艺基本采用火法炼粗铅、电解法生产精铅。铅冶炼生产工艺及主要产污环节见图 4.24。

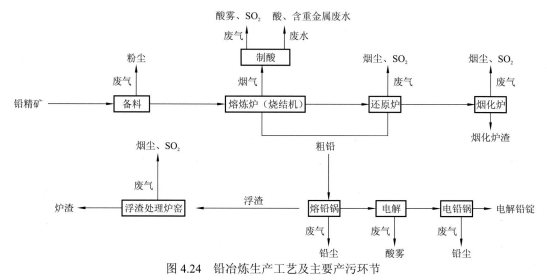

图 4.24　铅冶炼生产工艺及主要产污环节

本图只表明铅冶炼工艺原理过程及其污点，具体情况按照各企业所采用不同工艺方法和设备不同而不尽相同；
还原炉包括鼓风炉、密闭鼓风炉、侧吹还原炉、底吹还原炉等

整体看来，在整个铅冶炼及制酸过程中产生了多种废气，量大且危害严重。低浓度 SO_2 回收难度大，SO_2 无组织排放及铅、砷等污染需要得到有效控制，必须认真对待，加以合理治理，保证废气治理工程正常、稳定运行，确保排出的废气烟尘、SO_2 和铅等重金属排放浓度均达到国家排放要求。

（1）由于铅冶炼工艺的特点，硫化铅冶炼 SO_2 排放量大、非稳态，某些工艺过程中 SO_2 周期内气量变化达一倍，SO_2 浓度变化达上百倍（1 000～100 000 mg/Nm³），烟气温度高，含尘量大，需要解决烟气极端非稳态（气量变化达一倍，SO_2 浓度变化达到上百倍）的 SO_2 排放问题。

（2）铅冶炼烟气含尘量大。毒性污染物 As_2O_3、ZnO、PbO 及汞、氯化合物等以烟尘的形态存在于烟气中。需要研究解决冶炼烟气中重金属治理和回收问题，防治重金属排放的污染。

（3）我国铅锌工业所排放的废气污染物主要是各类重金属及其化合物、颗粒物、SO_2、硫酸雾等。在排放的颗粒物成分中，铅、锌、汞、砷等重金属及其化合物占了很大比重，因此控制颗粒物的同时，也同时控制了烟气造成的重金属污染。

1. 铅冶炼废气烟尘污染来源

铅冶炼废气中颗粒污染物来源及特性见表 4.7。

表 4.7 铅冶炼废气中颗粒污染物来源及特性

源型	颗粒物种类	来源	主要污染物成分	含尘量/(g/Nm³)
有组织排放				
点源	粉尘	铅精矿仓中给料、输送、配料等过程产生	铅、锌、镉、汞、铜、砷、铊、锰、铋、锡等	5~10
点源	烟尘	熔炼炉①	铅、锌、砷、汞等及其氧化物	100~200
点源	烟尘	烧结机	铅、镉、汞、锌、砷、铜、铊等及其氧化物	25~40
点源	烟尘	还原炉②	铅、锌、砷、镉、铜等	8~30
点源	烟尘	烟化炉	铅、锌的氧化物	50~120
点源	烟尘	澳斯麦特炉③	铅、锌、砷等及其氧化物	100~200
点源	铅尘	熔铅锅	铅、锌、砷、镉等及其氧化物	1~2
点源	铅尘	电铅锅	熔化氧化产生的含铅烟尘	1~2
点源	烟尘	浮渣反射炉	铅、锌、砷、镉、铜、碲、铟等及其氧化物	5~10
点源	粉尘	熔炼炉、鼓风炉、烟化炉、浮渣处理炉窑、铸渣机和铸锭机等加料口、出铅口及出渣口等处产生的环保烟气烟尘	铅、锌、镉、汞、铜、砷、铊、锰、铋、锡等	1~5
无组织排放				
面源	粉尘	道路、堆场和厂房扬尘等	铅、锌、镉、汞、铜、砷、铊、锰、铋、锡等	

注：①熔炼炉包括水口山（SKS）炼铅炉、艾萨（ISA）富氧顶吹炉、基夫赛特炉等；
②还原炉包括密闭鼓风炉、侧吹还原炉、底吹还原炉等；
③澳斯麦特炉指用于有色金属熔炼的一种工业炉

2. 铅冶炼废气中 SO_2 污染物来源及特性

铅锌工业废气中的 SO_2 主要有两个来源，一是原料含硫，二是燃料含硫。SO_2 排放基本上都是来自各种工业炉窑产生的烟气。ISP 法生产铅锌废气排放量在 100 000 m³/t 左右，直接炼铅法废气排放量则在 20 000~30 000 m³/t，而 SO_2 的主要排放源制酸尾气、鼓风炉、烟化炉等的烟气排放量为 6 000~100 000 m³/t。具体来源及特性见表 4.8。

表 4.8 铅冶炼废气中 SO_2 污染物来源及特性

源型	烟气种类	来源	含 SO_2 量/%
有组织排放			
点源	烧结烟气	烧结机（ISP 法）	平均 1.0~6.0，最低 0.2，采用富氧技术可达 10 以上
点源	熔炼烟气	SKS 炼铅法	8~15
点源	熔炼烟气	密闭鼓风炉	<0.5%
点源	熔炼烟气	基夫赛特法	20~50

源型	烟气种类	来源	含 SO_2 量/%
点源	熔炼烟气	卡尔多炉	0～16
点源	熔炼烟气	奥托昆普、HUAS 炼铅闪速炉	>20
点源	熔炼烟气	奥斯麦特炉	0.1～12
点源	还原烟气	富氧侧吹铅渣处理炉	10
点源	烟气	烟化炉、还原炉	0.02～10
点源	烟气	浮渣反射炉	<1
无组织排放			
面源	烟气	系统漏气、生产操作时在出铅口、出渣口等处产生的烟气	无规则、波动大

由于各铅冶炼企业采用的工艺不一致,按照收尘后烟气中的 SO_2 气体浓度不同,各工序或设备产生的烟气分为 5 种情况,见表 4.9。

表 4.9　烟气中 SO_2 不同浓度情况

项目	情况一	情况二	情况三	情况四	情况五
SO_2 体积分数/%	<1.5	1.5～3.5	3.5～5.0	5.0～8.0	>8.0

3. 其他污染物

为防范环境风险,铅冶炼企业对每一批矿物原料均应进行全成分分析,严格控制原料中汞、砷、镉、铊、铍等有害元素含量。无汞回收装置的冶炼厂,不应使用汞含量高于 0.01% 的原料。含汞的废渣作为铅冶炼配料使用时,应先回收汞,再进行铅冶炼。通常情况下,铅冶炼企业基于投资和成本控制的原因,采用配料控制的方式保证每批次原料、辅料入炉的各种有害元素含量不超标,以保证冶炼过程中不会对环境产生危害,并达到经济合理。

1）经除尘后烟气中的重金属

经除尘后的冶炼烟气中仍含有一定量的重金属污染物,主要是铅锌蒸气或铅锌蒸气冷凝形成的超细颗粒,汞蒸气,气态或微粒形态的砷及其化合物,铜、镉、铋等重金属微粒,其他微小颗粒和盐类。由于颗粒细小,或在一定温度下以气态存在,这部分污染物不能在收尘系统中除去,从而进入下一工序。

2）硫酸酸雾

铅锌冶炼企业中排入空气中的硫酸雾基本上来自制酸工序。目前直接炼铅炉出口烟气 SO_2 体积分数一般可达到 7%～8%,国内两转两吸制酸转化率为 99.5%～99.7%,SO_3 总吸收率可达到 99.98%,以此推算,尾气 SO_3 质量浓度在 50 mg/m³ 以上,换算为酸雾则大于 61.25 mg/m³。而实际上,在制酸初期高温的 SO_2 烟气与水一接触会产生大量酸雾。虽在干燥塔前设有电除雾器进行除雾处理,但电除雾器因故障率较高经常导致除雾效率达不到要求,再加上后续流程仍会有酸雾产生,外排尾气中的酸雾浓度一般达不到现行标准要求,有时甚至达到一百到几百毫克每立方米,因此企业应采取措施去除酸雾。目前行之有效的方法是在二吸塔顶安装纤维除雾器,可确保尾气中酸雾达标。

3）铅电解酸雾

铅电解车间产生的酸雾通过在电解槽阳极区覆盖高压聚乙烯粒料或采用槽面覆盖的方式，可以减少酸雾的溢出，同时通过设置轴流风机强制车间通风，可保证电解车间酸雾达到《工作场所有害因素职业接触限值　第 1 部分：化学有害因素》（GBZ 2.1—2019）中容许浓度限值要求。但是，电解槽中覆盖塑料小球或槽面覆盖会导致生产操作不便，生产厂家采用较少；强制通风需要对外排风进行处理，减少厂界环境污染。

4.3　我国铅锌冶金技术新方向

4.3.1　ISP 技术的应用

由于铅、锌矿物共生现象较普遍，尤其有些矿物呈细粒嵌布状，选矿困难且费用昂贵，因此，用一种工艺同时冶炼铅、锌已成为人们寻求的目标。铅锌密闭鼓风炉熔炼法是英国帝国熔炼公司首创的一种同时熔炼铅、锌的方法，原称帝国熔炼法（imperial smelting process，ISP）。其发展和推广者主要是以原董事长 DerekTemple 博士为代表的英国铅、锌联合会。ISP 自 1946 年开始研究，20 世纪 60 年代被应用于工业生产后得到迅速发展，有 11 个国家的 15 座炉生产，至 90 年代末有 13 个国家 18 座炉生产，锌产量占当时世界总产量的 14%以上。

ISP 工艺目前广泛应用于铅锌硫化物精矿冶炼。铅锌硫化物精矿经配料后进行烧结，硫化物氧化产生的 SO_2 进入烟气，经净化后制酸，烧结形成的含铅锌氧化物的烧结块（要求残硫质量分数低于 1%）送鼓风炉熔炼。用预热的焦炭作还原剂，氧化铅被还原为粗铅，并与炉渣一道排入前床，分离后得到粗铅；氧化锌被还原为锌蒸气，自炉顶随烟气进入铅雨冷凝器，烟气被铅雨冷却，温度由 1 020～1 060 ℃迅速降至 440～460 ℃。锌（气）冷凝溶解于铅液中，含锌的铅液冷却分离后得到粗锌（含锌 97%～98.5%）。冷凝器排出的炉气经洗涤回收蓝粉后，是含 CO 的低热值煤气，可供空气预热器及焦炭预热器等使用。

发展规模经济是确保经济效益的关键，ISP 工艺流程较长，但其生产能力取决于几种主要设备。改变烧结机、鼓风炉等设备的规格，能力就会发生变化，而厂内布局及建筑面积均无须大变化，因此，各家都在强化生产（如提高鼓风速率、改善原料制备、提高鼓风和焦炭预热温度、改善冷凝效率等）的同时，不断扩大设备生产能力。典型大型化发展过程的案例有我国的韶关冶炼厂，我国在 20 世纪 60 年代末引进 ISP 技术，设计规模为 5 万 t/a，1975 年在韶关冶炼厂投入生产，1987 年经改扩建后达到 7.5 万 t/a 的生产能力，1992 年改扩建后达到 10 万 t/a 的生产能力。这两次改扩建均是在原有生产场地利用大修期进行的。1996 年建成二系统（85 万 t/a），二系统建设过程中，同步甚至提前对一系统的一些关键设备也做了更新改造。

4.3.2　铅锌废料的奥斯麦特炉处理

韩国锌业公司温山冶炼厂有 5 台奥斯麦特炉，其中 2 台处理 QSL 炉渣，2 台处理锌浸出渣，1 台处理废电池糊等含水铅废料。

奥斯麦特炉处理 QSL 炉渣是为了回收渣中的铅、锌，QSL 炉渣含 Pb 5%～10%，Zn 14%～16%。炉渣从 QSL 炉渣口放出后通过流槽直接流入奥斯麦特炉进行烟化，喷入粉煤作还原剂，使渣中的 Pb、Zn 还原挥发，得到次氧化锌烟尘。

奥斯麦特炉处理的浸出渣是针铁矿渣，其化学成分为 Zn（13%～15%）、Pb（2%）、Fe（35%）、S（4%～6%）、H_2O（25%～30%）。奥斯麦特炉处理浸出渣采用双炉作业，1 台为熔化炉，1 台为贫化炉。浸出渣与无烟煤、石英石等混合制粒后加入熔化炉，沉降室粗颗粒烟尘返加炉内，余热锅炉和电收尘的烟尘浆化后吸收烟气中的 SO_2，生成 $ZnSO_4$，在浸出渣过程中生成 $ZnSO_4$ 溶液，并放出高浓度的 SO_2 气体，送制酸车间。熔炼炉的熔体流入贫化炉进一步贫化。两台炉得到的氧化物烟尘成分有所差异，熔炼炉的氧化物含 Zn 49.5%、Pb 15.4%，贫化炉的氧化物含 Zn 67.1%、Pb 8.1%。

实践证明，奥斯麦特炉应用于铅锌冶炼渣处理非常成功，与传统的烟化炉或回转窑相比具有如下显著特点。

（1）奥斯麦特炉不仅能处理火法冶炼的炉渣，还可以处理湿法炼锌的浸出渣。含水量 25%～30%的渣可直接入炉冶炼，能耗和金属回收率等指标均优于烟化炉或回转窑。

（2）能连续作业，克服了烟化炉间断作业所带来的问题。连续作业可使其烟气连续，有利于余热利用和烟气脱硫。

（3）处理能力大，每台炉的日处理能力可达 400～500 t。

4.3.3　铅锌冶炼低浓度 SO_2 的处理

在铅锌冶炼过程中，许多炉窑产生的烟气 SO_2 浓度很低，无法通过制酸来回收其中的硫，如铅鼓风炉、挥发窑和烟化炉等，其烟气 SO_2 质量浓度一般在 4 000～8 000 mg/m³，远远高于国家关于工业炉窑的 SQ 排放标准（850 mg/m³），不能直接排放。用氧化锌吸收技术处理其烟气，不仅可吸收其中的 SO_2，而且可利用 SO_2 制酸。一般来说，可采用余热锅炉或电收尘的烟尘浆化后，在洗涤塔中喷淋，生成 $ZnSO_3$，经过浓密后浸出，在浸出过程中生成 $ZnSO_4$，并放出高浓度 SO_2（体积分数>10%）的气体。$ZnSO_4$ 溶液可用于湿法炼锌或制硫酸锌产品，剩余气体用于制酸回收 SO_2。这种方法特别适用于锌冶炼厂。

4.3.4　铅锌冶炼发展方向

随着我国环保政策的要求日益严格，铅锌冶炼领域对技术进步的需求日益强烈，铅锌冶炼技术发展主要集中在提高效率、节能和保护环境的现代铅锌冶炼技术方面。铅锌冶炼技术发展动向主要集中在"通过对传统烧结-鼓风炉流程的改进，集中于大型化、高强度，提高生产率，降低焦炭消耗，提高烟气 SO_2 的捕集利用率来改造传统技术，延长服务期；发挥传统鼓风炉优势，处理富铅渣，完善直接炼铅新工艺；在已经成熟的直接炼铅工艺中，富铅锌渣的处理仍然影响新工艺在能耗和效率上的进一步提高，故仍需进一步完善与补充已应用的直接炼铅锌技术，环境友好的铅锌富氧闪速熔炼和短流程连续熔炼新工艺，液态高铅锌渣直接还原等技术仍是国家鼓励研发的新技术"。铅锌精炼工艺技术中大阴极大电解槽、低电流密度和长周期电解的开发与应用是铅电解近几年的发展趋势。另外，与国外相比，我国铅锌冶炼厂绝大部分规模小、装备水平低，劳动生产率低，综合利用水平差，今后的发展方向应该加大集中度，扩大企业生产规模，提高装备水平，并建成铅锌联合企业，发挥铅锌冶炼互补优势，走循环经济道路，提高资源综合利用水平。

4.4 铅锌冶炼能耗与协同处理 CO_2 技术

4.4.1 综合情况

实现行业节能目标（表 4.10）的关键是淘汰落后，尽管淘汰落后的执法难度很大，但是必须坚决实施。随着铅锌存量加大，再生铅锌的比重不断加大，加上产业结构和技术结构的调整，通过努力，目标是有可能实现的。

表 4.10 铅锌行业 2010～2020 年节能预测目标 （单位：t 标准煤/t）

品种	2000 年	2010 年	2020 年
10 种有色金属	4.809	4.595	4.45
铅	1.513	1.473	1.365
锌	2.624	2.493	2.368

为了实现总的目标，国家发展和改革委员会在《铅锌行业准入条件》中对现有企业与新准入企业能耗标准（表 4.11）作了具体的规定。行业和企业只有通过各种措施实现单项指标，才能保证实现总的目标。

表 4.11 铅锌行业能耗标准 （能耗单位：kg 标准煤/t，电耗单位：kW·h/t）

品种	新建企业		现有企业	
	综合能耗	电耗	综合能耗	电耗
铅冶炼	600		650	
粗铅	450		460	
电铅（直流）		120		121
电锌（直流）	1 700	2 900	1 850	3 100
蒸馏锌	1 600		1 650	
坑采矿山原矿	7.1			
露天开采矿山铅锌矿	1.3			
选矿	14			
矿石耗电量		45		
再生铅	130	100		

注：表中数据是指不得低于的标准

4.4.2　株洲铅锌冶炼能耗及温室气体排放情况

降低能源消耗率以减少温室气体排放量，节约资源以谋求可持续发展，建设环境友好型社会已成为人们的共识。作为全国污染物排放大户的铅锌冶炼企业，应该更加具有紧迫感和使命感。近年来，因铅酸蓄电池、镀锌和干电池行业的快速发展拉动铅锌冶炼企业的产能增长，2010 年我国铅锌冶炼企业达 674 家，具有点多面广、分布不规则的特点，在生产过程中产生许多亟待解决的问题，如颗粒物、SO_2、硫酸雾排放，物质和能源消耗过高等问题。如何进一步降低能耗率，使物质、能源、废弃物梯级循环利用，企业内部各工序节点的生态化，实现铅锌冶炼企业低能耗、低污染、低排放，减少温室气体排放是一项值得研究的课题。

株洲冶炼集团股份有限公司源于 1956 年的株洲冶炼厂，主要生产铅锌及其合金产品，目前生产活动主要为锌绿色冶炼及综合回收铟、银、铜、镉等金属。公司已形成30 万 t 锌冶炼产能、38 万 t 锌基合金深加工产能，锌产品总产能 68 万 t，位居全国首位，火炬牌锌合金的市场占有率处于第一梯队。近年来，该企业在生态化低碳发展方面做了一些有益探索，主要表现在以下几个方面。

1. 加快物质集成

2005 年，该企业建立了铅锌联合冶炼产业化模式，利用铅系统处理锌系统产生的二次物料、锌系统处理铅系统产生的二次物料，形成良性的内部物料循环，使铅、锌两大系统只产生一种无害弃渣。随后该企业落实四步走战略：第一步，投资 17.2 亿元，引进国际先进的芬兰奥托昆普常压富氧直接浸出炼锌工艺、日本三井金属公司大板机械剥锌机等先进装备，年生产能力为 10 万 t 析出锌，使资源的综合利用率提高了 15 个百分点，年降低能耗约 1.3 万 t 标准煤，减少 CO_2 的排放；第二步，投资 11.9 亿元，引进国际先进的基夫赛特直接炼铅工艺，年生产能力为 12 万 t 粗铅、13.6 万 t 硫酸、1.93 万 t 次氧化锌，搭配处理锌直接浸出尾矿渣 9.6 万 t/a、硫化物热滤渣 2 万 t/a，大大减少 SO_2 的排放；第三步，新建 10 万 t/a 直接炼铅系统，取代传统的烧结-鼓风粗铅生产工艺，实现铅的清洁生产；第四步，新建 10 万 t 常压富氧浸出系统，实现锌的清洁生产。在落实四步走战略过程中融合信息化和管理现代化，使节能减排工作落到实处。

2. 狠抓能量集成

加强电力管理，通过移峰填谷提高用电负荷率；利用余热发电量达 3 650 万 kW·h/a。采用无功补偿技术使功率因数达到 0.96 以上，节电 400 万 kW·h/a；开展合同能源管理，对水泵进行节能改造，节电效率提升到 35%；强化内部能源管理，开展能源审计，促进节能降耗。通过上述措施，每年节能 20 000 余吨标准煤，综合能源消耗同口径同比下降5.1%，产品综合能耗同比下降 6.19%，完成节能 27 745 t 标准煤。

3. 加速废水集成

该企业的工业废水是以含 Zn^{2+} 为主的重金属酸性废水，采用石灰两段中和沉淀工艺，总处理能力达 1 200 m^3/h，处理后的净化水达到了《污水综合排放标准》（GB 8978—1996）中的一级标准。该企业分两期建成了规模为 500 m^3/h 的净化水回用系统，每年回用净化水 350 万 t，使废水污染负荷削减了 40%。该企业还投资 60 万元规范整治了 12 个主要车间的废水排放口，全部安装在线监控，实行废水排污成本考核。该企业取消了 200 个澡堂，新建的洗浴中心实行集中管理，每年节约生活用水 100 万 m^3，减少进入水处理总排的废水量约 160 万 m^3。2009 年投资 1 亿元新建重金属废水处理资源化项目，采用生物制剂和膜处理工艺，到 2010 年该企业工业废水基本实现"零排放"。

4. 综合利用固废

2006 年该企业投资 2 200 万元对新渣场的固废进行分类管理，并对有害固废按照"三防"要求规范堆存，在渣场修建沉淀池和集水池，同时在渣场四周修筑防渗墙，彻底解决了新渣场的环境隐患问题。同时加快对老渣的处理进程和挥发窑渣综合利用步伐，先后建成了两条综合利用老渣场窑渣的生产线，加快了老渣山窑渣处理资源化及土地生态修复进度，综合利用老窑渣 50 多万 t，在完成老窑渣综合利用后，实现废渣"零堆存"。

通过对株洲冶炼集团股份有限公司发展模式实证分析，该企业通过艰苦探索，在发展铅锌冶炼生态化低碳模式过程中取得了重要进展。

4.4.3　铅锌冶炼温室气体排放推算

铅锌冶炼系统整个生命周期可分为配料、粗炼、精炼共 3 个阶段，每个阶段都需要耗费大量的原料和能源，整个过程会产生大量温室气体排放。采用投入-产出（input-output，I-O）法分析每个工序单位产品产生的温室气体（谷卫胜，2016）。基于温室气体的定义，以二氧化碳（CO_2）、甲烷（CH_4）、氮氧化物（NO_x）为研究对象，分析铅冶炼系统的碳足迹。以水口山（SKS）法铅冶炼工艺为例，对铅冶炼系统碳足迹边界进行确定。SKS 法铅冶炼系统是将硫化铅精矿、二次物料、溶剂、烟尘和必要的固体焦炭燃料经过混合并制成颗粒后，从氧气底吹炉的炉顶料仓加入底吹炉，在高温下发生氧化脱硫反应熔炼，产出粗铅、高铅渣及烟气，然后高铅渣被送到鼓风炉并在高温下与溶剂、焦炭等发生还原反应，产生二次粗铅、烟气和铅渣，粗铅铸锭后经过电解精炼用于制造精铅。SKS 法铅锌冶炼系统碳足迹研究边界见图 4.25。

铅冶炼系统各工序中物质、元素的质量是守恒的，在各工序内运用投入-产出法分析工序内单位产品产生的温室气体（CO_2、CH_4 和 NO_x），计算铅冶炼系统整个生命周期内的碳足迹。根据图 4.26 所示的投入-产出模型和表 4.12 所示的各工序投入和产出，可得到下列变量矩阵形式。

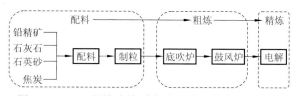

图 4.25　SKS 铅锌冶炼系统碳足迹研究边界示意图

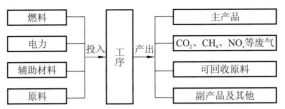

图 4.26　SKS 铅冶炼系统投入-产出模型

表 4.12　SKS 铅冶炼系统碳足迹投入和产出

投入	产出		
	CO_2	CH_4	NO_x
原料	a_1	a_2	a_3
燃料	b_1	b_2	b_3
电力	c_1	c_2	c_3
…	…	…	…
N	n_1	n_2	n_3

投入项：

$$A = \begin{bmatrix} a & b & c & \cdots & n \end{bmatrix}$$

温室气体排放因子：

$$C = \begin{bmatrix} a_1 & a_2 & a_3 \\ b_1 & b_2 & b_3 \\ c_1 & c_2 & c_3 \\ \vdots & \vdots & \vdots \\ n_1 & n_2 & n_3 \end{bmatrix}$$

CO_2 当量排放量：

$$m_{CO_{2eq}} = ACB = [m_{CO_2}, m_{CH_4}, m_{NO_x}][1 \quad 25 \quad 298]^T$$

式中：m_{CO_2} 为 CO_2 排放量；m_{CH_4} 为 CH_4 排放量；m_{NO_x} 为 NO_x 排放量；$B = [1, 25, 298]$，为 CO_2 当量因子，是在特定长度的评估期内某温室气体相对相同质量 CO_2 的暖化能力，即 CO_2 当量因子为 1，CH_4 的 CO_2 当量因子为 25，N_2O 的 CO_2 当量因子为 298。

选取企业 A 作为分析案例。综合我国实际铅生产情况，根据《IPCC 国家温室气体清单指南》，得到铅冶炼过程所需原料及能源的温室气体排放因子，见表 4.13。

根据企业 A 能源平衡表，可知该企业当年共配料 17.41 万 t，原材料精矿粉消耗量为 15.74 万 t，石灰石 0.58 万 t，基于上述计算方法，对配料物流与投入产出进行分析，将其转化为单位制粒矿 I-O 表，如表 4.14 所示。从表 4.14 可看出：1 t 制粒矿的 $m_{CO_{2eq}}$ 为 458.65 kg，其中动力煤产生的 $m_{CO_{2eq}}$ 最大，为 373.84 kg，占配料工序 $m_{CO_{2eq}}$ 的 81.51%，电力、蒸汽、热水的 $m_{CO_{2eq}}$ 分别为 66.83 kg、8.32 kg 和 9.66 kg。从温室气体种类来计算，配料工序中，CO_2 的 $m_{CO_{2eq}}$ 为 249.11 kg，占 54.31%；CH_4 的 $m_{CO_{2eq}}$ 为 0.94 kg，占 0.20%；NO_x 的 $m_{CO_{2eq}}$ 为 208.60 kg，占 45.48%。

表 4.13　中国实际铅生产 SKS 铅冶炼系统所需原料及能源的温室气体排放因子

温室气体	动力煤 /(kg/t)	烟煤 /(kg/t)	焦炭 /(kg/t)	石灰石 /(kg/t)	蒸汽 /(kg/MJ)	热水 /(kg/MJ)	电力 /(kg·kW/h)	煤气 /(kg/m³)
CO_2	2 210	2 880	3 390	440	13×10^{-3}	42×10^{-3}	0.95	0.748
CH_4	220.54×10^{-3}	—	125.45×10^{-3}	—	—	—	0.40×10^{-3}	2.65×10^{-4}
NO_x	$7\,527\times10^{-3}$	—	$5\,090\times10^{-3}$	—	—	—	1.44×10^{-3}	0.97×10^{-3}

表 4.14　企业 A SKS 铅冶炼系统所需原料及能源的温室气体排放因子　　（单位：kg）

投入	产出			
	CO_2	CH_4	NO_x	CO_{2eq}
84 kg 动力煤	185.64	1.85×10^{-2}	0.63	373.84
47.89 kW·h 电力	45.49	19.16×10^{-3}	0.07	66.83
0.64 GJ 蒸汽	8.32	—	—	8.32
0.23 GJ 热水	9.66	—	—	9.66
合计				458.65

　　粗炼工序的单位产品温室气体排放质量的 I-O 表见表 4.15。从表 4.15 可见：1 t 粗铅的 $m_{CO_{2eq}}$ 为 3 002.39 kg，其中焦炭产生的 $m_{CO_{2eq}}$ 最大，为 2 225.56 kg，占粗炼工序 $m_{CO_{2eq}}$ 的 74.13%；动力煤、烟煤、石灰石、电力、蒸汽、热水的 $m_{CO_{2eq}}$ 分别为 279.64 kg、408.96 kg、29.92 kg、51.28 kg、3.25 kg 和 3.78 kg。从温室气体种类来计算，在粗炼工序中，CO_2 的 $m_{CO_{2eq}}$ 为 2 156.81 kg，占 71.84%；CH_4 的 $m_{CO_{2eq}}$ 为 2.15 kg，占 0.07%；NO_x 的 $m_{CO_{2eq}}$ 为 208.89 kg，占 6.96%。

表 4.15　粗炼工序的单位产品温室气体排放质量的 I-O 评估　　（单位：kg）

投入	产出			
	CO_2	CH_4	NO_x	CO_{2eq}
63 kg 动力煤	139.23	1.39×10^{-2}	0.47	279.64
142 kg 烟煤	408.96	—	—	408.96
453 kg 焦炭	1 535.57	5.7×10^{-2}	2.31	2 225.56
68 kg 石灰石	29.92	—	—	29.92
38 kW·h 电力	36.10	1.52×10^{-2}	0.05	51.28
0.25 GJ 蒸汽	3.25	—	—	3.25
0.09 GJ 热水	3.78	—	—	3.78
合计				3 002.39

　　精炼工序的单位产品温室气体排放质量的 I-O 表见表 4.16。从表 4.16 可见：1 t 精铅的 $m_{CO_{2eq}}$ 为 245.30 kg，其中煤气产生的 $m_{CO_{2eq}}$ 最大，为 151.14 kg，占精炼工序 $m_{CO_{2eq}}$ 的 61.61%，电力、蒸汽、热水的 $m_{CO_{2eq}}$ 分别为 75.68 kg、10.92 kg 和 7.56 kg。从温室气体种

类来计算，在精炼工序中，CO_2 的 $m_{CO_{2eq}}$ 为 178.24 kg，占 72.66%；CH_4 的 $m_{CO_{2eq}}$ 为 1.50 kg，占 0.61%；NO_x 的 $m_{CO_{2eq}}$ 为 65.56 kg，占 26.73%。

表 4.16　精炼工序的单位产品温室气体排放质量的 I-O 评估　　　　　　（单位：kg）

投入	产出			
	CO_2	CH_4	NO_x	CO_{2eq}
145 m^3 煤气	108.46	$3.84×10^{-2}$	0.14	151.14
54 kW·h 电力	51.30	$2.16×10^{-2}$	0.08	75.68
0.84 GJ 蒸汽	10.92			10.92
0.18 GJ 热水	7.56			7.56
	合计			245.30

企业 A 铅冶炼系统中各工序单位产品温室气体排放质量见表 4.17。从表 4.17 可见，粗炼工序单位产品的 $m_{CO_{2eq}}$ 远比其他工序的高，这是因为粗炼过程能耗大，且焦炭、动力煤、烟煤等耗能类型对应的 $m_{CO_{2eq}}$ 较大，而配料工序和精炼工序能耗较小，$m_{CO_{2eq}}$ 较小。从能源类型分析，焦炭、煤气、动力煤、烟煤是铅生产过程中 $m_{CO_{2eq}}$ 的主要贡献者。

表 4.17　企业 A 铅冶炼系统各工序的单位产品温室气体排放质量

参数	工序			总计
	配料	粗炼	精炼	
$m_{CO_{2eq}}$ /kg	458.65	3 002.39	245.30	3 706.34
比例/%	12.37	81.00	6.61	100.00

4.4.4　铅锌冶碳减排技术

我国精铅产量占全球的 42.3%，而铅储量占全球的 17.8%。受益于铅蓄电池等废料回收，再生铅产量占精铅产量比例达 45%，2020 年我国铅行业吨铅综合 CO_2 排放量为 1.86 t（汤伟 等，2021）。火法炼铅是铅冶炼主要工艺，占比约 85%，也是铅冶炼的主要碳排放源。目前直接炼铅技术获得了长足发展，很多新建铅冶炼工厂都使用了该技术。当前已经完成工业化的直接炼铅法包含 Kaldo 技术、水口山（SKS）技术、富氧底吹（或侧吹）直接还原技术及基夫赛特技术等。未来集约化连续冶炼工艺与装备大型化是实现铅冶炼低碳发展的重要途径。

我国精锌产量占全球的 46.5%，2020 年我国锌行业吨锌综合 CO_2 排放量为 5.19 t。湿法冶炼是锌冶炼主要工艺，占比超过 80%。湿法炼锌技术发展迅速，如开发出硫化锌精矿的直接氧压浸出（谷卫胜，2016）和常压富氧直接浸出（李若贵，2009）技术。目前湿法炼锌技术发展集中于设备大型化、废渣综合回收及过程自动化控制等。新型高效火法炼锌工艺整合了现有侧吹浸没燃烧熔池熔炼技术和电冶炼技术的优势，可以有效利用熔渣显热，降低能耗及碳排放量（Du et al.，2018），有望成为处理锌精矿及锌二次物料的主要冶炼技术，为锌冶炼低碳发展做出较大的贡献。

第5章 铝冶炼行业大气污染物与温室气体协同控制

氧化铝工业在国民经济的发展中占有十分重要的地位。我国所生产的氧化铝大多作为主要原料用于电解铝工业生产金属铝。同时，氧化铝在电子、石油、化工、耐火材料、陶瓷、磨料、阻燃剂、造纸及制药等许多领域也得到了广泛的应用。从世界范围看，氧化铝生产绝大部分采用铝土矿为原料，仅有少部分采用非铝土矿原料，如俄罗斯采用霞石为原料生产氧化铝。世界上从铝土矿生产氧化铝的主要方法是拜耳法，少数厂采用烧结法、联合法及其他方法。国外铝土矿多属于三水铝石型矿，而且 SiO_2 含量较低。目前除我国和俄罗斯等少数国家的氧化铝厂外，世界上约85%的氧化铝产品是用流程简单、能耗低、产品质量好的拜耳法从三水铝石型铝土矿中生产出来的。2022 年全球氧化铝产品产量前六国家合计占比高达88%，分国家来看，全球产量前六的国家分别是中国、澳大利亚、巴西、印度、俄罗斯和阿联酋。我国是全球氧化铝第一大生产国，产量占比达 56%。得益于上游铝土矿供应能力的不断提升，近年来我国氧化铝产量保持稳步增长。据国家统计局数据，截至 2022 年，全国氧化铝产量为 8 186.2 万 t，同比上涨 6%。2013 年以来，国内氧化铝建成产能呈稳步增长趋势，2022 年我国氧化铝建成产能达到 9 675 万 t。

氧化铝生产以铝土矿为原料，世界上主要采用碱法工艺，主要包括烧结法、拜耳法及联合法。国外 90% 以上的铝土矿均为高铝、低硅、高铁、易溶出的三水铝石，因此生产工艺多采用拜耳法。我国虽然铝矿资源丰富，但除占矿石储量 1.54% 的三水铝石外，其余全部为高铝、高硅、低铁、难溶的一水硬铝石，品位较低。因此氧化铝生产大都采用溶出条件苛刻、流程长且复杂、能耗高、成本较高的混联法或烧结法工艺。随着各厂引进国际先进技术和设备，我国已成功开发了选矿拜耳法和石灰拜耳法，使中低铝硅比矿石的应用得到了突破。今后各氧化铝厂必将逐步实现技术经济指标先进的以拜耳法工艺为主的工艺流程。

5.1 铝冶炼工艺

5.1.1 氧化铝冶炼

1. 拜耳法氧化铝冶炼工艺流程

拜耳法是当今世界上生产氧化铝的主要方法，其主要过程是用氢氧化钠溶液和少量的石灰在一定温度和压力下溶解铝土矿中的三氧化二铝，得到铝酸钠溶液与残渣共存的混合溶液，使溶液与残渣分离，精制的铝酸钠溶液在降温、添加氢氧化铝作晶种及搅拌等条件下，沉淀析出新的氢氧化铝。氢氧化铝经焙烧后得到氧化铝。该法适用于处理铝硅比高（氧化铝与氧化硅质量比>10）的铝矿石。利用较高品位的铝矿石与碱液、石灰及返回母液按比例混合后磨制成料浆，经预脱硅后在高温高压的条件下直接溶出铝酸钠，再经赤泥分离、种子分离、氢氧化铝焙烧等工序制得成品氧化铝。该工艺流程短，没有熟料烧成过程，综合能耗低，废气排放量少，物耗低，赤泥产生量少，经济技术指标先进。该工艺可生产砂状氧化铝，产品活性强，比表面积大，有利于电解铝烟气干法净化系统使用。拜耳法氧化铝冶炼工艺流程及排污节点如图5.1所示。

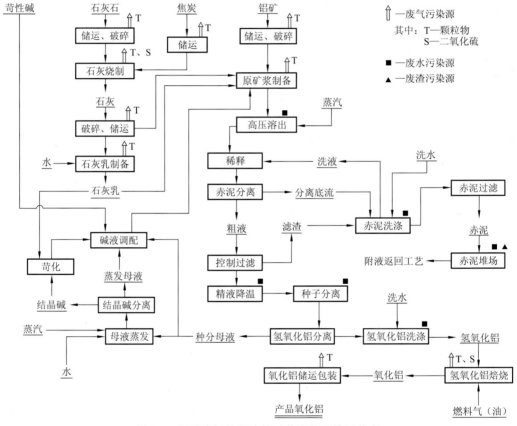

图5.1 拜耳法氧化铝冶炼工艺流程及排污节点

2. 烧结法

烧结法又称碱石灰烧结法，其主要生成过程是将铝土矿、碳酸钠溶液和石灰按配料比例混合配制成生料浆，在回转窑内烧结成由铝酸钠（$Na_2O \cdot Al_2O_3$）、铁酸钠（$Na_2O \cdot Fe_2O_3$）、原硅酸钙（$\beta\text{-}2CaO \cdot SiO_2$）和钛酸钙（$CaO \cdot TiO_2$）组成的熟料，然后用稀碱液溶出熟料中的铝酸钠，再经过脱硅使溶液提纯，精制的铝酸钠溶液一部分通入 CO_2 气体进行碳酸化分解，另一部分进行晶种分解得到氢氧化铝和分解母液，氢氧化铝焙烧后得到氧化铝。分解母液一部分用于熟料溶出，一部分经蒸发浓缩再去配制原料。该法适用于处理铝硅比低（氧化铝与氧化硅质量比>3）、碱浸出性能较差的铝矿石。将铝土矿破碎后与石灰、纯碱、无烟煤及返回母液按比例混合，磨成生料浆，喷入烧成窑制成熟料，再经熟料溶出、赤泥分离、铝酸钠分解、氢氧化钠焙烧等工序制得成品氧化铝。烧结法生产氧化铝工艺流程如图 5.2 所示。该工艺流程长、能耗高、污染物产生量大，利用低品位铝土矿作原料是该工艺的最大优点，符合我国铝土矿资源的特点。烧结法工艺废气主要来自石灰烧制工段、熟料烧成工段和氢氧化铝焙烧工段。另外，物料破碎、筛分、运输等加工过程也会产生大量粉尘。

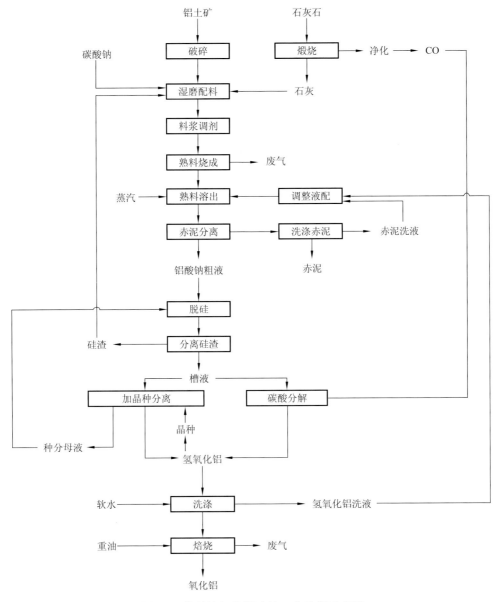

图 5.2　烧结法氧化铝冶炼工艺流程示意图

3. 联合法

联合法又称拜耳-烧结联合法，它可以充分发挥拜耳法和烧结法的优点，取得更好的经济效果，联合法有并联、串联和混联等多种形式。根据我国铝土资源情况，通常采用混联法。混联法的优点是拜耳法与烧结法同时并存，拜耳法产出的赤泥与高硅铝土矿、石灰石作为烧结法的原料一起配料，其余部分与拜耳法和烧结法流程基本相同，采用混联法生成氧化铝时，氧化铝总回收率较高，碱的消耗较少，质量也好于烧结法。混联法生产氧化铝工艺流程见图 5.3。

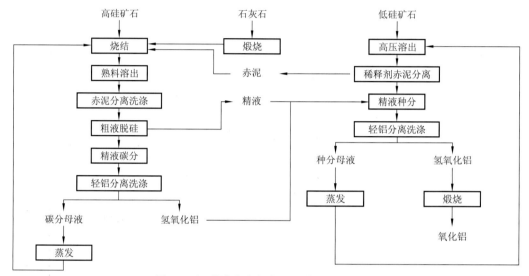

图 5.3　混联法生产氧化铝工艺流程示意图

5.1.2　炭素煅烧

铝用炭素材料是铝电解用炭素材料的统称，根据在电解槽中的位置和作用不同，可分为阳极材料和阴极材料两大类。炭素阳极材料用作铝电解槽的阳极，把电流导入电解槽，并参与电化学反应；阴极材料用作电解槽的内衬，用以盛装铝液和电解质，并把电流导出电解槽外。炭素阳极材料的主要成分是碳元素，这些碳元素来自生产原料石油焦、煤沥青等，并经过各种形式的加工处理，因此其结构形态有所区别。因为炭素阳极材料生产原料的来源不同，所含杂质的种类和含量也不相同。这些都会对炭素阳极材料在铝电解过程中的行为产生影响。

5.1.3　电解铝工艺

在社会经济稳步发展的当今时代，电解铝及铝加工材料被广泛用于建筑、电力、交通、机械、轻工、国防等社会的各领域，我国电解铝产业也迅速发展。电解铝工业使我国的国民经济得到了很大的提升，但同时也对我国的环境产生了很大影响。高消耗、高污染是我国电解铝生产的主要问题，初次污染物排放超过国际标准，土壤、农作物、牲畜、人体中有明显二次污染物积累，不仅影响食品安全，更严重危害人体健康。现代铝工业生产中，均使用霍尔-埃鲁电解法生产原铝，其工艺流程如图5.4所示。

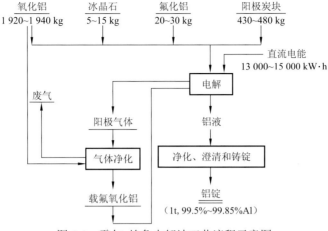

图5.4　霍尔-埃鲁电解法工艺流程示意图

电解铝生产用氧化铝（Al_2O_3）为原料，冰晶石（Na_3AlF_6）为熔剂，通入直流电进行电解，形成冰晶石-氧化铝熔盐电解法。直流电通入电解槽，在阴极和阳极上发生电化学反应，得到电解产物，阴极上是液体铝，阳极上是气体 CO_2（75%～80%）和 CO（20%～25%）。电解温度一般为 930～970 ℃。氧化铝熔融于冰晶石形成的电解质熔体（或电解质）的密度约为 2.1 g/cm³，铝液密度为 2.3 g/cm³，两者因密度差而上下分层。铝液用真空抬包抽出后，经过净化和过滤，获得的原铝纯度可达到 99.5%～99.85%，浇铸成多种商品铝锭或铝合金锭。阳极气体中还含有少量气态和固态的氟化物，需要回收利用。电解铝的生产工艺流程见图5.5。

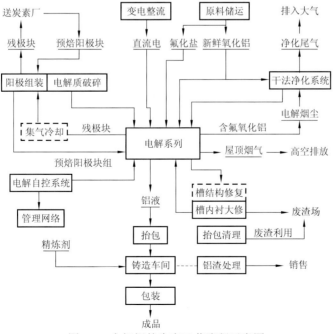

图5.5　电解铝的生产工艺流程示意图

5.1.4 再生铝工艺

近年来，我国再生铝产量持续上升，从 2018 年的 695 万 t 增长至 2022 年的 782 万 t，年均复合增长率为 2.99%。发展再生铝产业不但是解决铝工业发展资源的重要途径，也是实现铝行业碳减排的主要途径之一。再生铝已经成为我国铝工业的重要组成部分，近年来，我国再生铝产量占原铝的比重为 20%左右。2022 年再生铝产量为 782 万 t，原铝产量为 4 021 万 t，再生铝产量占比 19.4%。2023 年，我国再生铝产量约为 805.6 万 t，在今后 10 年内年均复合增长率可达 5%。我国再生铝工业主要不足之处是：闭环回收系统尚处于起步阶段，仅少数企业如河南明泰铝业股份有限公司、河北立中有色金属集团有限公司等全铝饮料罐制造企业进入了较为完善与完整的废铝闭环系统，约占废铝回收量的 10%，高效的闭环回收系统大致可于 2035 年以后形成。

我国废铝回收、流通、预处理和再生利用的主要区域大多是围绕着铝的回收和再生铝消费市场而自发形成的，主要区域板块有浙江永康、广东南海、湖南汨罗等。只要遵循市场规律、运用现代化的生产管理制度，不断进行技术创新和工艺改进，我国再生铝行业大有前景。随着《中华人民共和国循环经济促进法》的出台，再生铝行业势必会在更加健全的体制下健康发展。

5.2 铝冶炼污染物排放与相应排放标准

5.2.1 政策及标准

为规范电解铝行业投资建设秩序，2017 年以来，针对行业产能过剩情况，我国政府不断推进铝行业供给侧结构性改革，鼓励和引导低竞争力产能退出市场，巩固化解电解铝过剩产能成果，严控新增电解铝产能，严格执行产能置换，加强环保监督，开展环境整治行动、控制排放总量，促进铝行业有序、绿色健康发展。通过制定行业能效标杆水平和基准水平，分类推动项目提效达标，限期分批改造升级和淘汰落后产能以及阶梯电价方式，倒逼行业进行节能降碳技术改造，加快淘汰落后产能。近几年我国电解铝相关政策及标准如表 5.1 和表 5.2 所示。

表 5.1　近年来我国电解铝相关政策

发布时间	发布机构	政策文件	主要内容
2020 年 3 月	工业和信息化部	《铝行业规范条件》	推进铝行业供给侧结构性改革，促进行业技术进步，推动行业高质量发展。规范条件适用于已建成投产的铝土矿开采、氧化铝、电解铝、再生铝企业，是促进行业技术进步和规范发展的引导性文件，不具有行政审批的前置性和强制性
2021 年 8 月	国家发展和改革委员会	《关于完善电解铝行业阶梯电价政策的通知》	完善阶梯电价分档和加价标准，严禁对电解铝行业实施优惠电价政策，加强加价电费收缴工作，完善加价电费资金管理使用制度，加强阶梯电价执行情况监督检查

发布时间	发布机构	政策文件	主要内容
2021 年 10 月	国务院	《2030 年前碳达峰行动方案》	推动有色金属行业碳达峰。巩固化解电解铝过剩产能成果，严格执行产能置换，严控新增产能。推进清洁能源替代，提高水电、风电、太阳能发电等应用比重。加快再生有色金属产业发展，完善废弃有色金属资源回收、分选和加工网络，提高再生有色金属产量
2022 年 2 月	国家发展和改革委员会	《高耗能行业重点领域节能降碳改造升级实施指南（2022 年版）》	到 2025 年，通过实施节能降碳技术改造，铜、铝、铅、锌等重点产品能效水平进一步提升。电解铝能效标杆水平以上产能比例达到 30%，铜、铅、锌冶炼能效标杆水平以上产能比例达到 50%，4 个行业能效基准水平以下产能基本清零，各行业节能降碳效果显著，绿色低碳发展能力大幅提高
2022 年 6 月	工业和信息化部等六部门	《工业水效提升行动计划》	有色金属行业关键核心技术攻关方向：有色冶炼重金属废水深度处理与回用、湿法冶金高含盐废水循环利用、重金属冶金污酸废水处理及资源化等。有色金属行业水效提升改造升级重点方向：有色矿山酸性废水源头控制和优化调控、选矿废水分质回用、有色冶炼重金属废水处理与回用等
2022 年 7 月	工业和信息化部、国家发展和改革委员会、生态环境部	《工业领域碳达峰实施方案》	坚持电解铝产能总量约束，研究差异化电解铝减量置换政策，防范铜、铅、锌、氧化铝等冶炼产能盲目扩张，新建及改扩建冶炼项目须符合行业规范条件，且达到能耗限额标准先进值。实施铝用高质量阳极示范、铜锍连续吹炼、大直径竖罐双蓄热底出渣炼镁等技改工程。突破冶炼余热回收、氢法炼锌、海绵钛颠覆性制备等技术。依法依规管理电解铝出口，鼓励增加高品质再生金属原料进口。到 2025 年，铝水直接合金化比例提高到 90% 以上，再生铜、再生铝产量分别达到 400 万 t、1 150 万 t，再生金属供应占比达 24% 以上。到 2030 年，电解铝使用可再生能源比例提至 30% 以上

表 5.2 我国电解铝相关现行标准

标准分类	标准名称	标准号
行业标准	《排污许可证申请与核发技术规范 有色金属工业——铝冶炼》	HJ 863.2—2017
行业标准	《铝冶炼产品能耗标准》	YS 103—1992
团体标准	《绿电铝评价及交易导则》	T/CNIA 0168—2022

5.2.2 产污环节

铝冶炼烟气属于轻有色金属冶炼废气，氧化铝厂废气和烟尘主要来自熟料窑、焙烧窑和水泥窑等窑炉。此外，物料破碎、筛分、运输等过程也散发大量的粉尘，包括矿石粉、熟料粉、氧化铝粉、碱粉、煤粉和煤粉灰。氧化铝厂含尘废气的排放量非常大。电解铝厂废气来源于电解槽，主要的污染物是氟化物，其次是氧化铝卸料、输送过程中产生的各类粉尘。铝厂的炭素车间主要污染物是沥青烟。氧化铝厂废气和烟尘主要来自熟料窑、焙烧窑、水泥窑等生产设备。烧结法和联合法工艺的大气污染源主要是熟料烧成窑，其次是氢氧化铝焙烧炉。拜耳法工艺没有熟料烧成窑，氢氧化铝焙烧炉是其主要污染源。国内工业生产氧化铝的技术主要有烧结法、拜耳法（包括选矿拜耳法）、联合法三种。其中，烧结法、联合法由于生产能耗较高，除少部分特种氧化铝生产仍采用烧结法外，其他均采用拜耳法工艺。

（1）熟料窑。熟料窑烟气温度高，湿度和黏度大，烟气含硫，其含硫浓度取决于燃料煤含硫量。由于熟料碱度较高，相当于燃料烟气的脱硫剂，所以烟气中的 SO_2 可得到一定程度的净化，排放烟气中 SO_2 浓度较低。

（2）氢氧化铝焙烧炉。我国氢氧化铝焙烧炉燃料有天然气、人工煤气和重油。采用回转窑焙烧氢氧化铝配备立式除尘器，尾气达标比较困难。

（3）自备热电站。氧化铝厂无论采用烧结法还是拜耳法生产工艺，其基本原理都是采用碱液浸出铝土矿中的氧化铝，在溶出工段需消耗大量高温高压蒸汽，故氧化铝生产企业均设有自备热电站。燃煤锅炉吨位比较大，烟尘和 SO_2 排放量大，是重要的废气污染源。此外，物料破碎、筛分、运输等过程也散发大量粉尘，包括矿石粉、熟料粉、氧化铝粉、碱粉、煤粉和煤粉灰等，这些粉尘排放节点较多且分散，也是造成环境污染的重要原因。

如图 5.6 所示，铝工业冶炼废气排放量大，成分也比较复杂。因为原料的来源渠道不同、选用的燃料不同、采用的熔炼技术不同，所以废气中的污染物也不同，但大多数都相似，见表 5.3 和表 5.4。颗粒状废物主要是熔炼过程中产生的金属氧化物和非金属氧化物，如 Mg、Zn、Ca、Al、Fe、Na 等的氧化物和氯化物，还有大量碳粒灰分等，该部分构成了烟尘；气体污染物主要有 CO、CO_2、NO_x、SO_2、HCl、HF、烃类化合物及易挥发的金属氧化物或金属、氯气等。大部分的废气污染物经过捕集后可返回原料再利用或经过处理作为副产品使用。

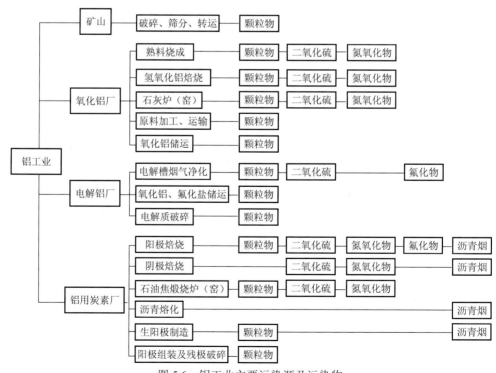

图 5.6　铝工业主要污染源及污染物

表 5.3 氧化铝生产过程中的废气污染源及污染物种类

工序	拜耳法	烧结法	联合法
原料堆场	颗粒物	颗粒物	颗粒物
铝土矿和石灰石破碎及储运	颗粒物	颗粒物	颗粒物
石灰炉	颗粒物、CO、CO_2、SO_2		
熔盐加热炉	颗粒物、SO_2、CO_2、CO、NO_x	颗粒物、SO_2、CO_2、CO、NO_x	颗粒物、SO_2、CO_2、CO、NO_x
烧成煤制备及上煤系统		颗粒物	颗粒物
熟料烧成窑		颗粒物、SO_2、CO_2、CO、NO_x	颗粒物、SO_2、CO_2、CO、NO_x
熟料破碎及储运		颗粒物	颗粒物
氢氧化铝焙烧炉	颗粒物、SO_2、CO_2、CO、NO_x	颗粒物、SO_2、CO_2、CO、NO_x	颗粒物、SO_2、CO_2、CO、NO_x
氧化铝储运及包装	颗粒物	颗粒物	颗粒物

表 5.4 氧化铝生产过程废气排放量表

序号	系统	单位	废气排放量	
			烧结法和联合法	拜耳法
1	原料系统（原燃料储运、制备，石灰烧制、储运等）	$m^{3①}$	3 000～7 000	650～1 300
2	熟料烧成窑	$m^{3②}$	3 200～5 000	—
3	烧成系统及熟料破碎、储运	$m^{3②}$	1 200～2 200	—
4	氢氧化铝焙烧炉	$m^{3①}$	1 700～2 500	
5	氧化铝储运、包装	$m^{3①}$	400～700	

注：①标态（温度 273 K，压力 101 325 Pa）下，生产 1 t 氧化铝所排废气量；②标态下，生产 1 t 熟料所排废气量

氧化铝厂焙烧炉 SO_2 排放浓度取决于燃料硫含量，焙烧气源有天然气和自制煤气。由表 5.5 可知，使用天然气的焙烧烟气 SO_2 排放质量浓度一般在 10 mg/m³ 以下。天然气成本较高，使用自制煤气发生炉煤气占较大比重。氧化铝厂焙烧炉烟气 SO_2 平均质量浓度为 18～240 mg/m³。

表 5.5 氧化铝厂焙烧炉烟气 SO_2 排放浓度统计

企业名称	治理措施	浓度范围/(mg/m³)	浓度均值/(mg/m³)		
			2014 年	2015 年	2016 年
企业 A	天然气、自制煤气+湿法脱硫	3.06～459.52	18.42	133.11	58.28
		1.24～181.87	77.76	—	46.09
		5.18～315.76	135.36	106.69	170.02
		9.85～236.9	68.5	105.14	157.39
		1.93～315.76	57.36	57.46	118.94
企业 B	自制煤气+湿法脱硫	1.69～256.76	56.89	66.04	114.24
		186～248	211	211	211
企业 C	天然气、自制煤气+湿法脱硫	42.77～318.3	177.6	153.86	151.07
		47.17～563.2	240.1	96.54	102.39
企业 D	自制煤气+湿法脱硫	2.17～143.9	59.14	60.3	87.06
		1.85～181.6	79.95	46.94	94.4
		1.87～134.73	52.08	55.81	35.25
		6.28～155.99	100.61	71.76	67.42
		17.68～169.43	56.87	90.98	67.86

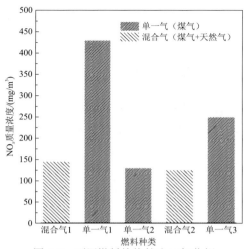

图 5.7 不同燃料焙烧炉出口氧化铝
焙烧烟气 NO_x 质量浓度

氧化铝厂焙烧炉烟气 SO_2 平均质量浓度为 18～240 mg/m^3；混烧 NO_x 质量浓度一般在 150 mg/m^3 左右，单烧煤气 NO_x 质量浓度一般在 250～430 mg/m^3，氧化铝焙烧烟气中 NO_x 产生类型为热力型，如图 5.7 所示。

1. 火法铜冶炼工业废气来源及分类

拜耳法工艺大气污染源主要来自氢氧化铝焙烧工段，其烟气产生情况与烧结法氢氧化铝焙烧工段相同。拜耳法生产氧化铝基本工艺流程及产排环节见图 5.8。

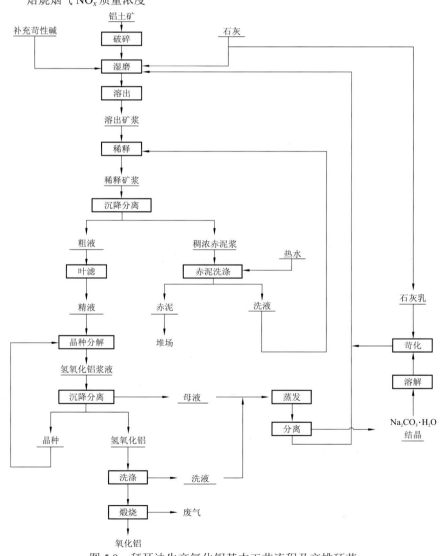

图 5.8　拜耳法生产氧化铝基本工艺流程及产排环节

氧化铝厂废气中主要的大气污染物是粉尘和 SO_2，余热资源主要在氧化铝熟料回转窑及氢氧化铝焙烧工艺中产生。烧结法和联合法生产氧化铝最主要的废气污染源是熟料烧成窑和氢氧化铝焙烧窑，熟料窑烟气量大，含尘浓度高。自备热电站排放烟尘占全厂总排放量的 2/3 以上，早期采用煤粉炉配备麻石水膜除尘器，很难满足排放标准的要求。近期新建或改扩建工程中，锅炉选型上优先采用循环流化床炉，综合利用氧化铝生产系统不能使用的碎石灰石进行炉内脱硫除尘。烧结法氧化铝冶炼工艺流程及排污节点见图5.9。混联法生产工艺流程及排污环节见图5.10。

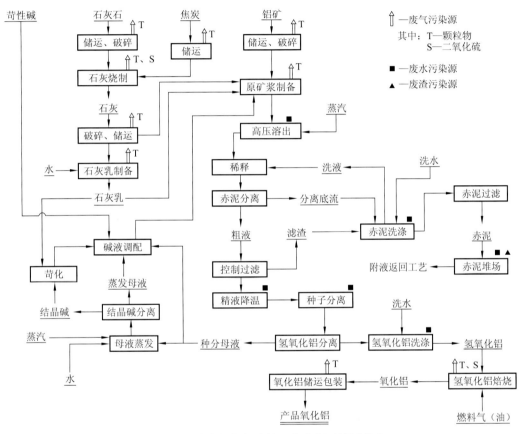

图 5.9　烧结法氧化铝冶炼工艺流程及排污节点

各氧化铝厂熟料烧成窑和氢氧化铝焙烧炉烟气污染控制措施以除尘脱硫为主，如表 5.6 所示。各氧化铝厂的熟料烧成窑烟气和粉尘性质较为相似，主要特点是烟气温度高（200～250 ℃）、湿度大、粉尘黏性高。

烧成煤含硫量是决定熟料烧成窑烟气 SO_2 浓度的主要因素。由于熟料具有碱性，其中又配入在高温下具有还原性的煤粉，因而产生一定的脱硫作用，使烟气得到了一定程度的净化，降低了 SO_2 的排放浓度。

国内氢氧化铝焙烧炉由于燃料的含硫量不同，焙烧炉 SO_2 排放浓度（标态）变化很大，范围为 60～604 mg/m³。

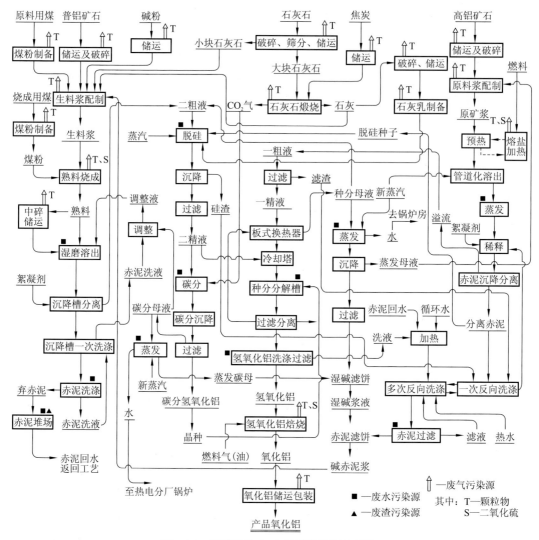

图 5.10 混联法生产工艺流程及排污环节

表 5.6 氧化铝厂熟料烧成窑粉尘排放浓度指标

序号	排放浓度（标态）/(mg/m³)	初始浓度范围（标态）/(mg/m³)	除尘效率/%	台数
1	60～100	20 000～40 720.3	99.2～99.76	8
2	114.2～189.9	1 470.8～40 800	84.5～99.7	12
3	210.8～300	20 000～34 373.7	98.4～99.1	4
4	550～604	33 650～41 622	98.4～98.5	2

2. 炭素煅烧烟气特点及来源

铝用炭素煅烧烟气中含有颗粒物、SO_2 和 NO_x 等大气污染物，焙烧炉烟气中含有沥青烟、粉尘（也可能为耐火料）、氟化物、SO_2 和 NO_x 等大气污染物。铝用阳极炭素生产工艺流程及产污节点如图 5.11 所示。

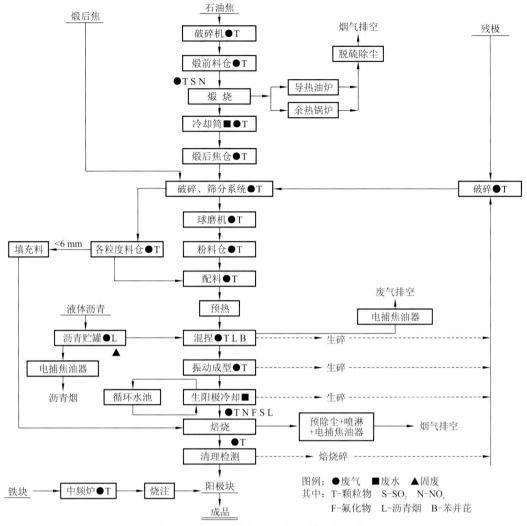

图 5.11　阳极炭素生产工艺流程及产污节点

　　炭素煅烧工序烟气主要特点：煅烧烟气量小、SO_2 浓度高，伴随有 NO_x 和粉尘。通过对不同企业煅烧烟气进行测试，将折算到氧体积分数为 15%时，煅烧烟气 SO_2 和 NO_x 浓度（体积分数）测试结果见表 5.7。由表 5.7 可以看出，煅烧烟气 SO_2 浓度与氧浓度有关；罐式炉比回转窑煅烧烟气中 NO_x 浓度高；不同的煅烧工艺及操作管理，净化系统漏风率不一样，导致烟气中氧浓度变化较大。

表 5.7　炭素厂烟气成分测试数据

企业编号	测试位置	O_2/%	NO_x/(mg/m³)	SO_2/(mg/m³)
A	罐式炉锅炉出口	15.4	130	2 575
B	罐式炉 1 锅炉出口	17.5	146	2 506
	罐式炉 2 锅炉出口	14.5	211	2 591
C	罐式炉锅炉出口	18.2	111	673
D	回转窑出口	6.3	65	1 095

当煅烧烟气氧浓度折算到 15%时，石油焦硫含量与煅烧烟气 SO₂ 浓度关系如图 5.12 所示。由图 5.12 可以看出，铝用阳极石油焦硫质量分数越高，煅烧烟气中 SO₂ 质量浓度越高。

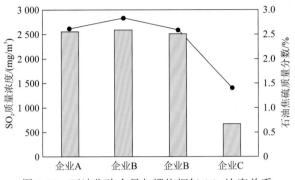

图 5.12　石油焦硫含量与煅烧烟气 SO₂ 浓度关系

3. 电解铝生产烟气特点及排放

电解铝生产工艺流程及产污节点如图 5.13 所示。强大直流电经电解槽导入，槽内的电解质经过复杂的电化学反应，使得槽内的氧化铝被分解，液态金属铝在槽内底部析出，用真空包装抽出运至锻造处经高炉除渣后由锻造机浇铸成铝锭，最后将其冷却、捆扎。我国现有的电解铝企业大部分配套阳极电解铝生产系统。

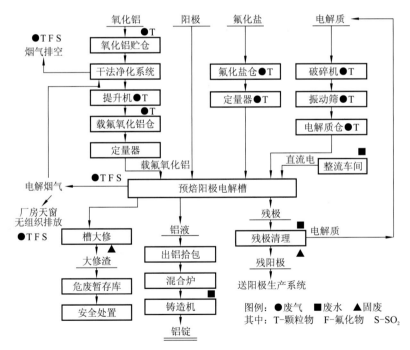

图 5.13　电解铝生产工艺流程及产污节点

（1）电解铝在电解过程中要使用到氟铝酸钠这一物质，电解完成之后会产生各种各样的含氟有害气体。这些有毒有害气体对植物的生长会造成很大危害，较轻微的可使叶片出现黑色斑点，慢慢变黄而最终脱落，使植物的存活率大大降低；重者可在大面积范围内，使植物在很短时间内死亡。

（2）粉尘危害。电解铝生产粉尘主要有石油焦粉尘、氧化铝粉尘和沥青烟尘。铸造时的送料、排料、铸后混捏机、螺旋散热机以及铸造磨粉会产生沥青烟尘和粉尘；电解厂房内、氧化铝储运过程中会产生氧化铝粉尘；末端处理工艺的配料、筛分、粗碎等过程均有粉尘产生。

（3）电磁辐射。电解铝的电磁危害很大。手机辐射是电磁辐射的一种，而电解铝厂的电磁波辐射在十几千米之外的地区比手机的辐射高出一千多倍。

电解铝烟气主要特点：烟气流量大，SO_2 浓度低，含有粉尘与氟化物，氧浓度高，NO_x 浓度极低。每吨铝阳极净耗约为 410 kg。每吨电解铝产生的烟气量为 75 000～100 000 Nm^3。根据铝用阳极中硫含量和不同电解槽容量烟气量的差异，电解烟气中 SO_2 的浓度也会产生一定的差异。电解烟气干法净化中氧化铝对 SO_2 的脱除效率很低。净化系统排放口 SO_2 排放浓度如表 5.8 所示。进入干法脱氟系统前的汇总管 SO_2 与 NO_x 排放浓度如表 5.8 和表 5.9 所示。

表 5.8　电解烟气 SO_2 排放浓度

企业编号	污染物排放位置	SO_2 质量浓度/(mg/Nm³)	硫体积分数/%
A	200 kA 电解排放口	120	1.3
	500 kA 电解排放口	127	1.3
B	1#～6#电解排放口	70	0.8
C	1#、2#电解排放口	150～180	1.6
D	电解排放口	200	1.7
E	电解一厂排放口	97	1.0
	电解二厂排放口	84	1.0
F	400 kA 电解排放口	71	0.8

表 5.9　电解烟气中污染物排放浓度

企业编号	位置	SO_2 质量浓度/(mg/m³)	NO_x 质量浓度/(mg/m³)	O_2 体积分数/%	硫体积分数/%
G	烟气汇总管	20	2.7	20.9	0.4
H	烟气汇总管	100.1	2.7	20.6	1.2

为了防止环境污染，保护和改善生活环境和生态环境，保证人体健康，促进经济和社会的可持续发展，我国先后颁布了各种环境保护法律和行政法规，为污染物排放控制提供了法律法规保证。

（1）国家环境保护部分法律

已颁布的有：《中华人民共和国环境保护法》；《中华人民共和国大气污染防治法》；《中华人民共和国水污染防治法》；《中华人民共和国固体废物污染环境防治法》；《中华人民共和国环境噪声污染防治法》；《中华人民共和国环境影响评价法》等有关法律。

（2）国家环境保护部分行政法规

已颁布的有：《建设项目环境保护管理条例》；《规划环境影响评价条例》；《生态

环境标准管理办法》等有关法规。

（3）环境质量标准和污染物排放标准

近30年来我国建立了包括国家和地方两级环境标准在内的较为完备的国家环境质量标准和污染物排放标准体系。随着环境质量要求的变化，环境质量标准和污染物排放标准要相应地进行修改，总的方向是要求越来越严格，也越来越完善。这也反映出我国保护和改善生活环境和生态环境，保障人民健康，促进经济和社会可持续发展的需求。

①环境质量标准包括：《环境空气质量标准》（GB 3095—2012）；《地表水环境质量标准》（GB 3838—2002）；《地下水质量标准》（GB/T 14848—2017）。另外，还有一项重要的要求，就是环境容量的问题，这个标准或要求掌握在国家和地方两级政府中，它们根据不同地区的条件下达指标。与铝工业有关的环境质量标准见表5.10。

表 5.10　铝工业部分污染物排放执行的环境质量标准

环境要素	标准	功能区划	项目	取值时间	标准值	
					单位	数值
环境空气	《环境空气质量标准》（GB 3095—2012）	II 类	总悬浮颗粒物 SO₂	日平均	mg/m³（标态）	0.3
				日平均	mg/m³（标态）	0.15
				小时平均	mg/m³（标态）	0.50
				日平均	μg/m³（标态）	7
地表水环境	《地表水环境质量标准》（GB 3838—2002）	III 类	pH	—	—	6～9
			石油类		mg/L	≤0.05
			COD$_{er}$		mg/L	≤20
			BODs		mg/L	≤4
			氟化物		mg/L	≤1.0
			溶解氧		mg/L	≥5
			氨氮		mg/L	≤1.0
			高锰酸盐指数		mg/L	≤6
地下水环境	《地下水质量标准》（GB/T 14848—2017）	III 类	pH		—	6.5～8.5
			总硬度		mg/L	≤450
			溶解性总固体		mg/L	≤1 000
			氨氮		mg/L	≤0.2
			氟化物		mg/L	≤1.0

②污染物排放标准包括：《大气污染物综合排放标准》（GB 16297—1996）；《工业炉窑大气污染物排放标准》（GB 9078—1996）；《污水综合排放标准》（GB 8978—1996）；《危险废物填埋污染控制标准》（GB 18598—2019）；《危险废物贮存污染控制标准》（GB 18597—2023）；《危险废物鉴别标准　浸出毒性鉴别》（GB 5085.3—2007）；《一般工业固体废物贮存和填埋污染控制标准》（GB 18599—2020）。铝工业部分污染物排放标准见表5.11。

表 5.11　铝工业部分污染物排放标准

污染类型	标准	级别	污染物名称	标准值
空气污染物	《工业炉窑大气污染物排放标准》（GB 9078—1996）	二级	氟化物	6 mg/m³
			粉尘	100 mg/m³
			SO_2	850 mg/m³
			沥青烟	50 mg/m³
废水	《污水综合排放标准》（GB 8978—1996）	一级	pH	6～9
			氟化物	10 mg/m³
			COD	100 mg/m³
			BODs	20 mg/m³
			SS	70 mg/m³
			石油类	5 mg/m³
			氨氮	15 mg/m³
噪声	《工业企业厂界环境噪声排放标准》（GB 12348—2008）	Ⅱ类	噪声	白天：65 dB（A）
				夜晚：55 dB（A）
固废	《危险废物鉴别标准　腐蚀性鉴别》（GB 5085.1—2007）《危险废物鉴别标准　浸出毒性鉴别》（GB 5085.3—2007）		赤泥	pH≥12.5 或 pH≤2.0
			无机氟化物	100 mg/L

在解决铝工业污染物排放控制问题上，一方面必须注重淘汰落后生产工艺技术与设备，从源头减少污染物排放量，实现清洁生产工艺要求；另一方面，在污染物排放控制方面采用先进的技术和设备，提高污染物排放控制流程的自动化控制水平，保证环保设施 100%正常运行。使污染物排放达到国家颁布的污染物排放标准，使周围的环境质量达到国家颁布的环境质量标准，有效控制污染物排放总量，并符合当地污染物排放总量指标要求。

2013 年 7 月 18 日工业和信息化部发布实施《铝行业规范条件》，其中有关电解铝"三废"的要求如下。

（1）工艺技术和装备——新建及改造电解铝项目，必须采用 400 kA 及以上大型预焙槽工艺。现有电解铝生产线要达到 160 kA 及以上预焙槽。禁止采用湿法工艺生产铝用氟化盐。铝用炭阳极项目采用中、高硫石油焦原料时，必须配备高效的烟气脱硫净化装置，并实现达标排放，禁止建设 1.5×10^4 t/a 以下的独立铝用炭阳极项目和 2×10^4 t/a 以下的独立铝用炭阴极项目。

（2）资源消耗及综合利用——电解铝新建和改造的电解铝系统，氧化铝单耗原则上应低于 1 920 kg/t 铝，原铝液消耗氟化盐原则上应低于 18 kg/t 铝，炭阳极净耗应低于 410 kg/t 铝，新水消耗应低于 3 t/t 铝。现有电解铝企业，氧化铝单耗原则上应低于 1 920 kg/t 铝，原铝液消耗氟化盐原则上应低于 20 kg/t 铝，炭阳极净耗应低于 420 kg/t 铝，新水消耗应低于 3 t/t 铝。

（3）环境保护——铝土矿、氧化铝、电解铝及再生铝项目应严格执行建设项目环境影响评价管理制度，落实各项环境保护措施，生产项目未经环境保护部门验收不得正式投产。铝土矿矿山开发要注重土地和环境保护，根据"边开采、边治理"的原则，严格执行矿山生态恢复治理保障金制度，编制矿山生态保护与治理恢复方案，并按照方案进行矿山生态、地质环境恢复治理和矿区土地复垦。氧化铝、电解铝及再生铝企业污染物排放要符合《铝工业污染物排放标准》（GB 25465—2010），污染物达标排放，企业污染物排放总量不超过生态环境部门核定的总量控制指标。企业要做到工业废水深度处理后循环利用，减少排放。电解铝项目氟排放量必须低于 0.6 kg/t 铝，氧化铝厂、电解铝厂、铝用炭素厂应按生态环境部门要求开展自行监测，在烟尘净化系统烟囱尾气排放点安装污染物自动监控设施，定期向社会公告自行监测结果；应对电解车间、焙烧车间天窗等部位定期进行无组织排放监测；新建及现有再生铝项目配套生产设备中需配备废铝熔炼烟气、粉尘高效处理装置，做到烟气、粉尘收集过滤后达标排放；同时对所产生的固体废弃物进行无害化处置，防止产生二次污染；对赤泥进行浸出毒性鉴别，如属于危险废物应严格执行危险废物管理相关规定，尚不能利用的赤泥需完全实现无害化处置。申请规范当年及上一年度未发生重大及以上突发环境事件。

关于电解铝排放要求及措施如下。

（1）废气排放控制

铝电解工业废气特征污染物为氟化氢，氟化物的挥放量大小也是衡量铝电解污染控制的标准。电解槽烟气采用氧化铝吸附氟化氢干法净化措施，氟化物排放浓度可控制在 2 mg/t 铝以下，颗粒物粉尘排放浓度控制在 10 mg/m³ 以下。阳极焙烧炉烟气采用干法或湿法净化措施，氟化氢排放浓度一般低于国家排放标准 6 mg/m³，沥青烟排放浓度低于国家排放标准 40 mg/m³。工业粉尘采用先进袋式除尘器净化技术，粉尘排放浓度低于 50 mg/m³。

（2）废水排放控制

首先要控制排水量，提高工艺流程的循环水利用率，使循环水利用率达到 90% 以上。其他工业废水经过集中处理达一级排放标准后用作循环水或补充水。生活水经过集中处理达到一级排放标准后用于农灌和厂区绿化。

（3）固废处置

我国目前对电解槽大修废料的处理一般采用渣场存放。电解槽的大修场必须采取渣场外围构筑导流截洪沟的措施，减少雨水对废渣的淋溶和浸泡，对渣场底部进行整平，用黏土铺垫多层夯实，采用人工防渗材料铺垫，达到防渗要求，当到服务年限后，用土覆盖，同时设防渗层，覆盖后进行植树绿化。

4. 再生铝工业排放水平及污染防控

我国再生铝工业污染物的排放情况尚无全面的统计数据，本小节按照本次企业排污调查国内几家大型再生铝企业的平均排污水平，再根据 2012 年度的再生铝产量，估算该年再生铝工业主要（特征）大气污染物排放总量，见表 5.12。

表 5.12　再生铝工业主要（特征）大气污染物排放总量

序号	有害污染物	排放总量/t
1	二氧化硫	4 320
2	颗粒物	864
3	氟及氟化物	135
4	氯化氢	—
5	化学需氧量	270

表 5.12 中的污染物排放总量是采用国内大型企业的排污指标计算的，大型企业由于生产工艺较先进，管理水平较高，污染物去除率较高，其单位产品的排污量应低于国内再生铝工业平均排污水平。因此，我国再生铝工业实际的污染物排放总量必然高于表中所列的估算值，但相差不会太大。对国内再生铝生产企业来说，企业产生的废水主要是初期雨水、工业废水和生活污水。

工业废水主要是预处理废水和生产过程中的冷却水。其中冷却水全部循环利用，而预处理废水可以大部分循环利用，小部分经过处理后外排，目前有的企业可以做到不外排，全部循环使用。此外，还有许多质量好的废铝不需要进行水洗，也就没有预处理废水。因此，企业现有的废水检测数据是很不完整的。不同企业废水检测项目也各有不同。目前企业外排的主要是生活污水、雨水、场地冲洗水和部分预处理废水。由于产生的不定量性和企业生产工艺的不同，相对于工业废水，生活废水和场地冲洗水统计难度很大。本小节的统计方法是按照本次企业排污调查国内几家大型再生铝企业的规模和排污水平，大致估算 2012 年再生铝工业外排污水排放总量，约为 224 万 t；COD 排放量约为 270 t。

根据 2012 年全国主要污染物排放总量及再生铝行业主要污染物排放量，可得出再生铝行业主要污染物排放量占全国污染物排放总量的比例，如表 5.13 所示。

表 5.13　再生铝行业主要污染物排放量占全国污染物排放总量的比例

污染物	排放量/t	全国排放总量/万 t	占总量比例/%
二氧化硫	4 320	2 468.1	0.018
颗粒物	864	1 685.6	0.005
氟及氟化物	135	—	—
氯化氢	264	—	—
化学需氧量	270	1 381.8	0.002

再生铝的原料是各种废铝，目前国内废铝回收占总利用量的 50%以上，其余为进口含铝废料。据海关统计，2013 年进口含铝废料 250 万 t。我国铝废料出口量一直很少，2013 年仅 1 347 t。根据有关预测，2013 年以后，自 20 世纪 90 年代以来消费的铝制品会陆续进入报废回收。

从"大气十条"、史上最严的《中华人民共和国环境保护法》（2014 年修订版），到"水十条""土十条"，我国近年来在环保法规领域举措不断，众多法律、规章的出台和修订完善，体现出我国政府在推进生态文明建设，防治污染和其他公害，保障公众健康，促进经济社会发展与环境保护相协调方面的高度重视。在这样的大背景下，2015年4月3日，环境保护部公布了《再生铜、铝、铅、锌工业污染物排放标准》（GB 31574—2015），新建的企业自2015年7月1日执行该标准规定，现有企业自2017年1月1日执行该标准规定。标准执行后一方面将促进再生有色金属行业淘汰落后产能、促进产业升级、调整产业布局的步伐，改善地区生态环境，另一方面也将对企业的生产经营产生较大的影响。目前再生有色金属行业执行的是《污水综合排放标准》（GB 8978—1996）、《大气污染物综合排放标准》（GB 16297—1996）、《工业炉窑大气污染物排放标准》（GB 9078—1996）。《再生铜、铝、铅、锌工业污染物排放标准》（GB 31574—2015）是首个专门针对再生有色金属行业制定的污染物排放标准，该标准旨在进一步控制再生有色金属工业污染物排放、防止其污染物排放对环境造成污染和危害、促进再生有色金属工业生产技术装备和污染控制技术的进步。

《再生铜、铝、铅、锌工业污染物排放标准》（GB 31574—2015）明确了适用的范围。再生铝以废杂铝为原料，生产铝及铝合金的企业执行该标准。

目前，国内再生铝厂利用的铝及铝合金废料主要来源于国外进口和国内产生。各类铝及铝合金废料的质量有明显的不同。

我国从世界上约70个国家和地区大量进口铝及铝合金废料。进口数量最多的9个国家依次是美国、西班牙、法国、德国、英国、日本、澳大利亚、比利时和俄罗斯。从美国进口的数量多年来都在15万～20万t。进口铝及铝合金废料的成分，只有少数分类是清晰的，大多数是混杂的。一般可分为以下几类。

（1）单一品种的铝及铝合金废料。此类铝及铝合金废料一般都是某一类废零部件，如内燃机的活塞、汽车减速箱壳体、汽车前后保险杠和铝门窗等。这些铝及铝合金废料在进口时已经分类清晰，品种单一，且都是批量进口，是优质的再生铝废料。例如亚洲铝业（中国）有限公司进口的铝及铝合金废料均是单一品种的铝合金废旧型材废料。

（2）切片。铝及铝合金切片是档次较高的铝及铝合金废料。供应商在处理报废汽车、设备和各类废家用电器时，都采用机械破碎的方法将其破碎成碎料，然后再进行机械化分选，分选出的铝及铝合金废料称为铝及铝合金切片。铝及铝合金切片质地较为纯净，容易进一步分选，运输方便，是优质铝及铝合金废料。目前在国际市场的铝及铝合金废料贸易中，切片的占有量最大，各类切片正在向标准化发展。档次高的切片是比较纯净的各种铝及铝合金混合物，绝大部分不用任何处理即可入炉熔炼，档次较低的切片一般含铝及铝合金在80%以上，含有不同量的其他杂质，主要是废钢铁和废铜等有色金属，还含有少量的橡胶等，经人工分选之后，可得到纯净的铝及铝合金废料。

（3）混杂的铝及铝合金废料。此类废料成分复杂，物理形态各异，除废杂铝之外，还含有一定数量的废钢铁、橡胶、废铜、废铅、废锌等有色金属和木材、塑料、石子和泥土等，部分铝及铝合金废料与废钢铁机械结合在一起。此类废料复杂，废料块较大，表面清晰，便于分选。

（4）焚烧后的含碎铝废料。此类是档次较低的一种含铝废料，主要是各种报废家用电器等的粉碎物，分选出一部分废钢后再经焚烧形成的物料。焚烧的目的是去除橡胶、塑料等可燃物质。此类含铝废料一般含铝在 40%～60%，其余主要是垃圾、废钢铁和极其少量的铜等有色金属。其中铝的粒度一般在 100 mm 以下，在焚烧的过程中，一些铝和熔点低的物料如锌、铅和锡等都熔化，与其他物料形成表面琉璃状的物料，肉眼很难鉴别。

（5）混杂的碎铝及铝合金废料。此类废料是最低档次的铝及铝合金废料，很像垃圾，其成分极为复杂，其中含各种铝及铝合金废料 40%～50%，其余是废钢铁、少量的铅和铜（小于 1%），大量的垃圾、石子、土、塑料、废纸等，土约占 25%，废钢铁占 10%～20%，石子占 3%～5%。

5. 废气推荐可行技术

氧化铝生产过程产生的气固化在熟料中：燃煤熔盐炉采用除尘器和湿法膜能以窑中大部分硫以硫酸盐的形式固化在熟料中；燃煤熔盐炉采用除尘器和湿法脱硫设施；石灰炉（窑）采用袋式除尘器、电除尘器等。

电解铝生产过程产生的有组织排放颗粒物，采用袋式除尘器、电除尘器处理即可满足排放标准限值要求；电解烟气采用密闭罩集气、氧化铝吸附干法净化设施。

6. 废水推荐可行技术

铝冶炼生产废水一般采用混凝沉淀法净化处理，可按排放标准的要求排放或回用。

5.3 污染物排放量核算

5.3.1 废气核算

根据排放标准浓度限值、单位产品基准排气量、产能确定大气污染物许可排放量。

1. 年许可排放量

年许可排放量等于主要排放口年许可排放量，计算如下：

$$E_{i许可} = E_{i主要排放口}$$

式中：$E_{i许可}$ 为排污单位第 i 项大气污染物年许可排放量；$E_{i主要排放口}$ 为排污单位第 i 项大气污染物主要排放口年许可排放量。

2. 主要排放口年许可排放量

主要排放口年许可排放量用下式计算：

$$E_{i主要排放口} = \sum_{i}^{n} C_i \times Q_i \times R_i \times 10^{-9}$$

式中：C_i 为第 i 种大气污染物许可排放浓度限值；R_i 为第 i 个主要排放口对应生产设施的主要产品产能；Q_i 为第 i 个主要排放口单位产品基准排气量，参照表 5.14 和表 5.15 取值。

表 5.14 铝冶炼排污单位主要排放口基准排气量表 （单位：m³/t 产品）

序号	工序	产排污节点	排放口	基准排气量
1		熟料烧成窑	烟气治理措施排放口	5 500 m³/t 熟料
2	氧化铝	氢氧化铝焙烧炉	烟气治理措施排放口	2 200 m³/t 氧化铝
3		石灰炉（窑）	烟气治理措施排放口	4 000 m³/t 石灰
8		电流强度小于 300 kA 预焙阳极电解槽	烟气治理措施排放口	110 000 m³/t 铝
9	电解铝	电流强度大于或等于 300 kA，且小于 400 kA 预焙阳极电解槽	烟气治理措施排放口	100 000 m³/t 铝
10		电流强度大于或等于 400 kA 预焙阳极电解槽	烟气治理措施排放口	98 000 m³/t 铝

表 5.15 锅炉废气基准烟气量取值表

锅炉	热值/(MJ/kg)	基准排气量/(Nm³/t)
燃煤锅炉（标 m³/kg 燃煤）	12.5	6.2
	21	9.9
	25	11.6
燃油锅炉（标 m³/kg 燃油）	38	12.2
	40	12.8
	43	13.8
燃气锅炉（标 m³/m³）	—	12.3

注：燃用其他热值燃料的，可按照《动力工程师手册》进行计算

3. 特殊时段许可排放量

特殊时段排污单位日许可排放量按公式计算。地方制定的相关规定中对特殊时段许可排放量有明确规定的从其规定。国家和地方生态环境主管部门依法规定的其他特殊时段短期许可排放量应当在排污许可证当中载明。

$$E_{日许可} = E_{前一年环境统计日均排放量} \times (1-\alpha)$$

式中：$E_{日许可}$ 为铝冶炼排污单位重污染天气应对期间或冬防阶段日许可排放量；$E_{前一年环境统计日均排放量}$ 为铝冶炼排污单位前一年环境统计实际排放量折算的日均值；α 为重污染天气应对期间或冬防阶段日产量或排放量减少比例。

5.3.2 废水核算

水污染物年许可排放量根据水污染物许可排放浓度限值、单位产品基准排水量和产能核定。

铝冶炼排污单位废水排放只有一个主要排放口，即企业废水总排放口。铝冶炼排污单位主要排放口的废水污染物年许可排放量即为排污单位年许可排放量。年许可排放量和主要排放口年许可量计算公式如下：

$$D_i = \sum_{i}^{n} C_i \times Q \times R \times 10^{-6}$$

式中：D_i 为主要排放口第 i 种水污染物年许可排放量；C_i 为第 i 种水污染物许可排放浓度限值；R 为主要产品产能；Q 为主要排放口单位产品基准排水量，取值参见《铝工业污染物排放标准》（GB 25465—2010）。

5.3.3 无组织排放控制要求

铝冶炼排污单位无组织排放节点和控制措施见表 5.16。

表 5.16 铝冶炼排污单位生产无组织排放控制要求表

序号	工序	指标控制措施
1	运输	（1）冶炼厂内粉状物料运输应采取密闭措施 （2）冶炼厂内大宗物料转移、输送应采取皮带通廊、封闭式皮带输送机或流态化输送等输送方式，皮带通廊应封闭。带式输送机的受料点、卸料点采取喷雾等抑尘措施；或设置密闭罩，并配备除尘设施 （3）冶炼厂内运输道路应硬化，并采取洒水、喷雾、移动吸尘等措施 （4）运输车辆驶离冶炼厂前应冲洗车轮，或采取其他控制措施
2	冶炼	（1）原煤贮存于封闭式煤场，场内设喷水装置，在煤堆装卸时洒水降尘；不能封闭的应采用防风抑尘网。铝土矿堆场应设置防风抑尘网，防风抑尘网高度不低于堆存物料高度的 1.1 倍。石灰/石灰石等固态辅料应采用库房贮存 （2）氧化铝生产原矿浆磨制工序应在封闭厂房内进行。石灰石煅烧炉（窑）、熟料烧成窑等炉窑的加料口、出料口，氢氧化铝焙烧炉出料口，固态原辅料破碎，石灰卸灰、氧化铝包装工段应设置集气罩，并配备密闭抽风收尘设施。受料产尘点采取洒水或喷雾等抑尘措施；或设置密闭罩，并配备除尘设施。赤泥堆场应采取边坡覆土种草绿化或洒水等抑尘措施
		（3）电解铝生产工序应在封闭厂房内进行。电解槽运行过程中应保持槽罩无破损、变形；应采用先进电解槽计算机自动控制技术，打壳等操作应实现自动化，无须开启槽板进行操作；出铝时应开启一扇槽罩，更换阳极时应开启两扇槽罩，捞碳渣、取样分析等应开启一扇槽罩，严格控制开槽操作时间；采用清扫车清洁电解车间地面及电解槽上部结构，应保持电解车间地面及电解槽上部结构清洁，不得采用压缩空气吹扫等易产生扬尘的清理措施。氧化铝和氟化盐贮运、电解质破碎等工段产尘处应设置集气罩，并配备密闭抽风收尘设施

5.3.4 其他

新、改、扩建项目的环境影响评价文件或地方相关规定中有原辅材料、燃料等其他污染防治强制要求的，还应根据环境影响评价文件或地方相关规定，明确其他需要落实的污染防治要求。

5.4 我国铝冶炼技术新方向

5.4.1 氧化铝

我国氧化铝工业 60 多年的发展大致可分为三个阶段：20 世纪 50～70 年代，主要是从无到有阶段，建立烧结法、发展联合法，完善工艺、稳定生产、积累经验。20 世纪 80～

90 年代初，主要是总结生产实践经验，学习国外先进技术，国内研究开发与引进消化相结合，稳定和发展了生产，奠定了一水硬铝石矿生产氧化铝工艺技术更高发展的基础。20 世纪 90 年代以后，氧化铝工业技术进步速度明显加快，也就是在前两个阶段技术发展量变的基础上，开始实现一水硬铝石矿生产氧化铝技术质的飞跃。所谓"质的飞跃"，表现在以下三个方面。

首先是在生产上全面开发和应用了一系列具有重大革命意义的国内外先进技术和装备，如连续化（连续化管道溶出、间接加热连续脱硅、连续碳酸化分解等）、自动化生产过程实时监控（熟料窑自动控制和各种温度、压力、流量、质量、液位等自动控制）、高效节能（间接加热、降膜蒸发、流态化焙烧等），以及设备大型化。这一系列先进技术装备的应用有力地促进了生产技术经济指标大幅提高和生产力的飞速发展。

其次是对以前一水硬铝石原料生产氧化铝必须使用高铝硅比原料（即富矿）的方法有了不同的认识。"十一五"规划纲要提出节约能源节约资源的发展战略，烧结法生产企业以往"吃富矿"的发展模式被禁止。在这样的情况下，以前已经认为不可能的或无效的铝土矿选矿脱硅和富矿（强化）烧结技术的研究又被提上议事日程，并展开了试验。这些试验均突破了各自的技术瓶颈，取得了圆满的成功，从而把一水硬铝石生产氧化铝的技术推进到一个新的高峰。

最后是氧化铝工业的各项技术经济指标获得全面提高，我国氧化铝产量已跃居世界第二位，碱耗和能耗大幅度降低，生产成本与国外企业逐步接近。总之，用一水硬铝石生产氧化铝在我国已经取得了举世瞩目的成就，各项技术经济指标特别是生产成本逐步接近国外企业先进水平这一事实，充分说明我国用一水硬铝石原料和国外用三水铝石原料生产氧化铝的差距已经不大，一水硬铝石原料也并不一定是生产氧化铝的劣质原料。

近十年来，通过自主科研开发以及引进国外技术的消化吸收和再创新，我国氧化铝生产技术有了很大的进步，各项技术经济指标不断改善。

5.4.2 电解铝

我国铝工业是一个年轻的工业。在新中国成立之后，经过 70 余年的努力，铝工业已经有了很大的发展，建成了从矿石、氧化铝、铝的工业生产体系。自从 20 世纪 80 年代初，我国对铝加工行业制定了一整套"优先发展铝"的方针，并加大对电解铝工业的投资后，我国电解铝工业就进入了快速发展的新阶段。我国电解铝的发展历程，大致经历了以下三个阶段。

第一阶段为 1954～1957 年。1954 年抚顺铝厂开始生产铝，采用苏联设计的 45 kA 侧插棒自焙阳极电解槽，形成第一系列，年生产能力达 2.5 万 t，我国开始了电解铝的生产。氧化铝由山东分公司供给，碳阳极和冰晶石由该厂自给。以后独立设计了第二、第三系列，至 1957 年生产能力达到 7 万 t。这是我国铝工业的起步阶段。

第二阶段为 1958～1980 年。中共中央、国务院于 1958 年 9 月发布了《关于大力发展铜铝工业的指示》后，全国掀起了大办电解铝厂的热潮，电解铝工业的规模有相当大的发展。1959 年，兰州铝厂、包头铝厂等相继建成投产；1964 年 9 月，冶金部在郑州成立了中国铝业公司；1966 年 9 月贵州分公司建成投产，同年，贵州分公司完成自焙槽改造，成为我国第一家拥有预焙槽技术的厂家；1970 年起，青铜峡铝厂、连城铝厂、贵州分公司电解分厂相继投产。电解槽的型式也增加到侧插棒自焙阳极电解槽、上插棒自焙阳极电解槽和预焙阳极电解槽三种，到 20 世纪 70 年代末期，全国电解铝产量已经达到 36 万 t，初步形成了八大铝厂的布局。这阶段生产采用的技术，以引进苏联的 60 kA 上插棒自焙阳极电解槽、75 kA 预焙槽，同时以自行研发 135 kA 自焙电解槽为主，我国还自行设计研制了 80 kA 预焙槽，并在抚顺铝厂试验成功。这一阶段，我国电解铝工业虽然受到"三年困难时期"和"文化大革命"严重干扰和影响，但是总体上是前进、发展的，并为后来的发展奠定了良好的基础。但从可持续发展角度来看，这一时期我国百废待兴，经济基础的薄弱决定了环保意识的淡薄，污染治理、节约能源的理念根本在当时国民经济濒临崩溃边缘。直至 1973 年第一次全国环境保护会议召开，我国才初步开始关注电解铝工业的环境污染问题。

　　第三阶段从 20 世纪 80 年代至今，是电解铝快速发展的时期。1981 年 12 月，贵州分公司从日本引进 10 A 大型预焙槽，第一个 8 万吨铝电解生产线成功投产，标志着我国电解铝技术发展到一个新阶段。1982 年 2 月 25 日，《人民日报》发表题为《要重视发展有色金属工业》的社论，第一次公开披露我国有色金属工业发展战略思路："在今后的一段时间内，要本着优先发展铝，适当发展铅锌，有条件地发展铜这个原则，发展有色金属工业"，1983 年 4 月，中国有色金属工业总公司成立，在"优先发展铝"的战略方针指导下，我国的电解铝工业迎来了崭新的发展，加快了在我国中西部地区发展铝工业的步伐。我国自行设计并建造的 135 kA 预焙槽，以及贵州、青海和广西分公司建造的 160 kA 预焙槽，标志着电解槽大型化的开始。20 世纪 90 年代初，计划经济向市场经济转轨的进程中我国经济进一步快速发展，铝的需求大量增长，电解铝成为国民经济发展中最短缺的商品之一，很多国有大中型铝厂纷纷挖潜改造、改进工艺、扩大产能。1992 年，我国电解铝产量达 109 万 t，首次突破百万吨大关。1995 年郑州轻金属研究院和贵州铝镁设计院等单位试验成功的 280 kA 大型预焙烧试验则是一个新的里程碑。从贵州铝厂 4 台 180 kA 试验槽开始，至沁阳 280 kA 试验槽，平果铝业公司 320 kA 大型预焙槽及沈阳铝镁设计研究院的 SY350 大型预焙槽的研发成功，标志着我国大型预焙槽技术已经走上成熟，从物理场的模拟技术、氧化铝超浓相输送技术、烟气干法净化技术、计算机监测和控制技术到配套的大功率供电电源高性能的多功能天车及炭素技术等都达到或接近世界先进水平。新建的大型电解槽都配备烟气净化设施，生产操作和控制的自动化程度较高，成为我国铝工业的骨干力量。这一时期，我国的环保工作也取得了重要转机。我国确立了"经济建设城乡建设和环境建设要同步规划、同步实施同步发展，实现经济效益、社会效益和环境效益的统一"的指导方针，为处理发展与环境的关系指明了正确方向。电解铝工业在这一思想的指引下，许多国家大型项目在挖潜改造时，都采用了较大规模的预焙槽，在经济效益增加的同时也提升了环境质量。

　　我国铝行业发展存在较多的问题，如产能过剩、成本偏高、原材料对外依存度较高和环保压力大等问题。对铝行业的发展而言，电解铝便捷属于资源密集型产业，在国内铝土资源总量的限制和供求关系相对稳定的情况下其增长空间较小，而对于可重复利用的再生铝，因为其具有成本低、污染少、可循环利用的特点，将成为铝行业未来发展的主要方向。总体来说，受资源和环境约束的影响，绿色可持续发展已成为铝行业发展未来必然的趋势。

5.5 铝冶炼工艺大气污染物协同 CO_2 控制技术

5.5.1 铝冶炼碳排放情况

电解铝行业是典型的高耗能产业，也是高碳排放产业，并且电解铝行业的高碳排放特性从属于其高耗能特性。因此，虽然我国电解铝能耗指标处于国际先进水平，但作为全球电解铝第一大国，"碳达峰、碳中和"行动势必对我国电解铝行业产生深远影响。

通过分析全球原铝生产碳排放量和碳排放强度，以及各工序的碳排放强度变化趋势，揭示原铝生产量、电解铝交流电耗和电力能源结构是影响碳排放的 3 个主要因素。其中电力能源结构是影响碳排放强度的最重要因素，电力碳排放强度的提高完全抵消了非电力碳排放强度大幅下降的贡献。因此，控制电力碳排放是降低电解铝碳排放的重中之重。今后，我国将进一步降低电解铝交流电耗，调整电力能源结构、大幅提高绿电使用比例，为实现"碳中和"目标和应对气候变化作出更大贡献。

根据国际铝业协会（The International Aluminium Institute，IAI）公布的数据：2019 年、2020 年和 2021 年全球原铝生产量分别达到 6 365.7 万 t、6 532.5 万 t、6 724.3 万 t；2019 年全球原铝生产碳排放量（全口径）达到 10.13 亿 t，后续年度的碳排放量数据 IAI 尚未公布。2005～2019 年的 15 年间，全球原铝生产碳排放量从 5.40 亿 t 逐步提升至 7.23 亿 t（2010 年）、9.34 亿 t（2015 年），直至 10.13 亿 t，累计增长了 87.6%，复合年均增长 4.3%。同期全球原铝生产量分别为 3 190.5 万 t（2005 年）、4 235.3 万 t（2010 年）、5 845.6 万 t（2015 年）及 6 365.7 万 t（2019 年），累计增长 99.5%，复合年均增长 4.7%。可见，全球原铝生产碳排放量增幅略小于原铝生产量增幅，这也意味着全球原铝生产吨铝平均碳排放量即碳排放强度总体呈下降趋势。

5.5.2 铝冶炼电力消耗情况

根据权威部门资料，2005～2019 年的 15 年间，全球电解铝交流电耗从 15 080 kW·h/t 逐步降低至 14 255 kW·h/t，累计降低 5.5%。同期我国电解铝交流电耗从 14 574 kW·h/t 逐步降低至 13 531 kW·h/t，累计降低 7.2%。我国区域电解铝交流电耗则呈现稳定态势，15 年加权平均值为 15 220 kW·h/t，最高为 15 407 kW·h/t（2013 年），最低为 14 921 kW·h/t（2017 年），总体变化幅度较小。可见，在非中国区域电解铝交流电耗基本持平的情况下，我国电解铝交流电耗的持续下降成为全球电解铝交流电耗降低的关键因素，从而有利于降低电解铝工序电力碳排放强度（张文娟，2013）。

5.5.3 铝冶炼降碳减排情况

2005～2019 年的 15 年间，全球累计原铝生产量约为 7.36 亿 t（增长 99.5%），累计碳排放量约为 123.5 亿 t（增长 87.7%），累计碳排放强度约为 16.8 t CO_2eq/t。电解铝工序碳排放强度占全球原铝生产碳排放强度的 75.8%；其中电解铝工序电力排放强度占比

78.8%，占整个原铝生产碳排放强度的 59.7%，起主导作用。全球原铝生产碳排放强度小幅下降主要得益于氧化铝工序碳排放强度下降；电解铝工序中非电力碳排放强度大幅降低了 26.1%，但电力碳排放强度却上升了 13.0%。

我国是全球电解铝交流电耗持续下降的主要推动者和贡献者，电耗长期处于世界领先水平。15 年间全球电解铝交流电耗累计降低 5.5%，我国电解铝交流电耗累计降低 7.2%，非中国区域则基本持平。同时我国政府和企业仍在大力推动节能降耗。

15 年间电解铝工序电力碳排放强度上升主要受电力能源结构影响。非中国区域电解铝绿电使用比例基本稳定，全球电解铝绿电使用比例变化主要受中国影响和驱动。随着我国政府和企业的逐渐重视，电解铝绿电使用比例有望得到大幅提高。

5.5.4 温室气体协同处理技术

在铝冶炼的过程中，温室气体主要由氮氧化物和碳氧化物组成，下面对氮氧化物和碳氧化物的处理进行简单介绍。

1. 氮氧化物

当前较为成熟的 NO_x 处理技术主要有低氮燃烧改造技术、选择性非催化还原（selective non-catalytic reduction，SNCR）脱硝技术、选择性催化还原（selective catalytic reduction，SCR）脱硝技术和臭氧氧化脱硝技术。

（1）低氮燃烧改造技术：燃烧器设计中采用低氮燃烧的技术使空气和燃料以一定方式分级、混合燃烧，燃料燃烧过程中 NO_x 排放量低的燃烧器。采用低 NO_x 燃烧器能够降低燃烧过程中氮氧化物的排放量。

（2）选择性非催化还原脱硝技术：把含有氨基的还原剂（氨水、尿素溶液等）喷入锅炉炉膛中 900～1 100 ℃的区域内，该还原剂快速热解释放出氨气并与烟气中的氮氧化物进行还原反应，把氮氧化物还原成无污染的氮气和水，随烟气排放。该方法以锅炉炉膛为反应器，可通过对锅炉的改造实现。

（3）选择性催化还原脱硝技术：在催化剂的存在下，还原剂（无水氨、氨水或尿素）与烟气中的 NO_x 反应生成无害的氮和水，从而去除烟气中的 NO_x。选择性是指还原剂 NH_3 和烟气中的 NO_x 发生还原反应，而不与烟气中的氧气发生反应。SCR 脱硝技术与其他技术相比，脱硝效率高，技术成熟，是工程上应用得最多的烟气脱硝技术。SCR 系统的脱硝效率为 80%～90%。

（4）臭氧氧化脱硝技术：以臭氧为氧化剂将烟气中不易溶于水的 NO 氧化成更高价的氮氧化物，然后以相应的吸收液对烟气进行喷淋洗涤，实现烟气的脱硝处理。该技术脱硝效率高（90%），对烟气温度没有要求，可作为其他脱硝技术的补充，达到深度脱硝，并不建议单一使用。

2. 碳氧化物

对于电解铝企业，主要的排放是电解工序导致的直接排放、阳极净耗排放及全氟百碳化物（perfluorinated compounds，PFCs）排放等，另外还有化石燃料燃烧和烟气净化等其他排放。因此，降低阳极炭块消耗，减轻电解铝生产过程中的阳极效应，是降低电解工序 CO_2 直接排放量的主要手段之一。计算阳极净耗时，要考虑残阳极的回收。电力消耗排放是电解铝企业最大的排放源之一。首先要降低电解工序的电力消耗，其次要降低附属及辅助系统的电力消耗，再者通过技术改造、管理创新等措施，降低企业的电力消耗。此外，采用水电、风电、光伏发电、核电、生物质能等新能源，或改为燃气发电，也可大大降低电力排放因子。

电解铝生产中消耗的氧化铝、阳极炭块等主要原料的生产过程中也可能产生直接排放和能源间接排放。因此降低生产过程中氧化铝、阳极、氟化盐等主辅材料的消耗，是降低温室气体排放的重要手段。另外，在全价值链排放计算中，氧化铝是电解生产消耗最多的原料，如果把电解铝企业建在氧化铝厂附近（同样将氧化铝企业建设在铝土矿附近），那么可减少氧化铝（或者铝土矿）由运输造成的排放。

总而言之，降低阳极消耗及减轻阳极效应是降低电解铝工序直接排放的关键，节电则是降低间接排放量的关键，节约氧化铝等原辅料的消耗等是企业自身努力可降低的因素，在可能的条件下采用绿电等排放因子低的电源也是减碳的重要方向（李新华，2023）。

第6章 硅冶炼行业大气污染物 与温室气体协同控制

硅是一种极为常见的化学元素，约占地壳总重量的 25.7%，仅次于氧。硅通常以含氧化合物形式存在，以石英砂和硅酸盐出现。硅有晶体硅和无定形硅两种同素异形体，晶体硅为钢灰色，又分为单晶硅和多晶硅；无定形硅为黑色，晶体硅属于原子晶体，硬而有光泽，有半导体性质。硅主要用来制作高纯半导体、耐高温材料、光导纤维通信材料、有机硅化合物、合金等，被广泛应用于航空航天、电子电气、建筑、运输、能源、化工、纺织、食品、轻工、医疗、农业等行业。

6.1　硅冶炼工艺

6.1.1　冶金法

1. 冶炼原理

传统的冶金法多使用石油焦、洗精煤和木炭等碳质原料反应还原二氧化硅，通过电热法在矿热炉中熔炼生产工业硅。碳还原氧化硅的反应，通常以下式表示：

$$SiO + 2C = Si + 2CO$$

这是硅冶炼主反应的表达式，也是一般计算和控制正常熔炼依据的基础。但碳还原氧化硅的整个反应过程有着复杂的反应机制。苏联科学家进行的大量科学研究表明，在电炉内不同区域进行的主反应有所不同，具体反应见表 6.1。

表 6.1　炉内不同区域发生的反应

区域	反应
上部	↑CO↑Si↓C↓SiO₂
	$SiO + 2C = SiC + CO$
中部	↑CO↑SiO↓SiO₂↓SiC
	$SiO + SiC = 2Si + CO$
	$SiO_2 + CO = SiO + CO$
	$CO + C = 2CO$
	$SiO_2 + C = 2SiC$
下部	↑CO↑SiO↓SiO₂↓SiC
	$2SiO_2 = 2SiO + O_2$
	$SiC + O_2 = SiO + CO$

根据电炉内反应温度，可将反应过程细分为以下几个区域，如图6.1所示。

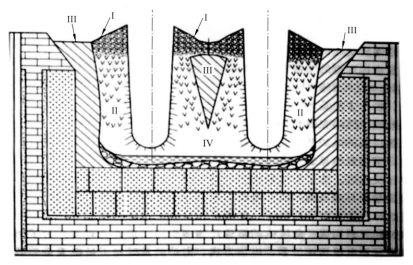

图6.1　电炉反应模型和温度分布

I—预热区400~1 000 ℃，II—反应坩埚区3 000~4 000 ℃，III—死料区1 500~2 200 ℃，IV—熔融硅液区2 000~3 000 ℃

（1）低温反应区（1 100 ℃以下）。高温反应区的气体从料面逸出时，气体中残留的SiO与空气中的氧接触，发生如下反应：

$$2SiO + O_2 = 2SiO_2$$

在1 100 ℃以下SiO不稳定，还可能发生如下反应：

$$2SiO = SiO_2 + Si$$

但在还原剂活性表面上，优先发生如下反应：

$$SiO + 2C = SiC + CO$$

（2）生成SiC的区域（1 100~1 800 ℃）。反应从1 100 ℃开始已能较强烈地进行，到1 537 ℃以后，能自发进行以下反应：

$$SiO_2 + 3C = SiC + 2CO$$

（3）生成熔体硅的区域（1 400 ℃以上）。在1 410 ℃左右纯硅熔化（如能生成熔点更低的Fe-Si合金），超过纯硅熔点后，SiO与碳的反应强烈，生成硅：

$$SiO + C = Si + CO$$

从1 650 ℃起，下列反应向右进行：

$$SiO_2 + 2C = Si + 2CO$$

（4）分解区域（1 800 ℃以上）。在1 827 ℃以上下列反应向右进行：

$$SiO_2 + 2SiC = 3Si + 2CO$$

在更高的温度下，因SiC与SiO发生反应而分解，生成硅和CO。

SiO蒸发区（2 000 ℃以上）。从1 750 ℃起，下列反应向右进行：

$$SiO_2 + C = SiO + CO$$

此外，在较高温度下，反应从右向左进行，生成SiO。当电极下面的反应区超过SiO的蒸发点（2 160 ℃）之后，生成SiO的反应进一步加强，此时SiO以气态随同CO一起逸出，当上升的气体穿过炉缸上部的料层时，SiO 首先以气态、然后以微小的冷凝物形态参加上述的有关反应。

我国学者对这一高温反应热力学进行研究分析，认为当 C 与 SiO_2 在高温下直接接触时，首先发生如下反应：

$$SiO_2 + 3C = SiC + 2CO$$

此反应开始进行时温度为 1 777 K。当 SiO_2 把 C 消耗完后，如果体系中仍有剩余的 SiO_2，则 SiO_2 与 SiC 发生如下反应：

$$SiO_2 + 2SiC = 3Si + 2CO$$

当温度为 1 996～2 500 K 时，此反应开始进行的温度为 2 085 K。

我国学者指出，在工业硅冶炼过程中，应严格保持炉料中 C 与 SiO_2 的分子比等于 2。这样在冶炼过程中就不出现剩余 SiC 和 SiO_2，可保证冶炼过程有高的硅产出率。如果 C 与 SiO_2 的分子比大于 2 且小于 3，冶炼过程就会有多余的 SiC 存在；如果 C 与 SiO_2 分子比等于 3，冶炼过程就会没有多余的 SiO_2 与 SiC 反应而获得硅，得到的都是 SiC；如果 C 与 SiO_2 分子比小于 2，冶炼过程会有剩余 SiO_2 存在，这部分 SiO_2 在 2 190 K 以下会形成渣；在 2 190 K 以上会发生如下反应：

$$SiO_2 + Si = 2SiO$$

从而降低硅的产出率，造成物料损失。

由于各国学者进行研究的年代、看总量的角度不同，采用的实验手段和热力学数据等有差异，再加上反应过程本身的复杂性，所以求得的反应温度和对反应机理的认识并不一致。但根据多方面研究结果不难看出，碳还原氧化硅的反应过程不是像主反应式所表示的那样简单，而是中间还有一系列复杂的反应机理。

2. 冶炼工序

1）原料挑选

冶炼工业硅的原料主要有硅石、碳质还原剂。由于对工业硅中铝、钙、铁含量限制严格，对原料的要求也特别严格。硅石中 SiO_2 质量分数＞99.0%，Al_2O_3 质量分数＜0.3%，Fe_2O_3 质量分数＜0.15%，CaO 质量分数＜0.2%，MgO 质量分数＜0.15%；粒度为 15～80 mm。

选择碳质还原剂的原则：固定碳高，灰分低，化学活性好。通常采用低灰分的石油焦或沥青焦作还原剂。但是，由于这两种焦炭电阻率小、反应能力差，必须配用灰分低、电阻率大和反应能力强的木炭（或木块）代替部分石油焦。为使炉料烧结，还应配入部分低灰分烟煤。必须指出，过多或全部用木炭，不但会提高产品成本，而且会使炉况紊乱，如因料面烧结差而引起刺火塌料、难以形成高温反应区、炉底易开成 SiC 层、出铁困难等。

对几种碳质还原剂的要求如表 6.2 所示。

表 6.2　碳质还原剂要求

类别	挥发分/%	灰分/%	固定碳/%	粒度/mm
木炭	25～30	<2	65～75	3～100
木块		<3		<150
石油焦	12～16	<0.5	82～86	0～13
烟煤	<30	<8		0～13

此外，碳质还原剂含水量要低且稳定，不能含其他杂物。

2）配料（有些公司配料系统已采用电子监控计量统计）

正确的配料是保证炉况稳定的先决条件。正确配比应根据炉料化学成分、粒度、含水量及炉况等因素确定，其中应该特别注意还原剂的使用比例和数量。误差不超过 0.5%，均匀混合后依次整批入炉。炉料配比不准确会造成炉内还原剂过多或缺少现象，影响电极下插，坩埚缩小，破坏正常的冶炼炉况。

3）加料

加料的基本原则是均匀入炉。沉料捣炉、堆熟料操作完毕后，应将混匀炉料迅速集中加在电极周围及炉心三角区，使炉料在炉内形成馒头形，并保持一定的料面高度和料层厚度。一次加入混合均匀的新料数量相当于 90 min 左右的用料量。

集中加料后，经一段时间焖烧，在料面容易形成一层硬壳，炉内也容易出现块料；同时炉温迅速上升，反应趋于激烈，气体生成量急剧增加。此时为了改善炉料的透气性，调节炉内电流分布，扩大坩埚，要用捣炉机或钢棒松动锥体下脚和炉内烧结严重部位的炉料，帮助炉气均匀外逸，操作一般在加料后 30 min 左右进行。至于彻底地捣炉，则要在沉料时进行。

4）提纯

传统意义上，冶金法是通过焦炭还原石英砂、湿法冶金和定向凝固的方式进行的，由此过程制备得到的多晶硅产品杂质含量为百万分之一数量级。但该方法不能处理硼、磷等杂质，生产上需要增加额外的提纯步骤。

在此基础上，日本 NEDO 提出如图 6.2 所示的提纯过程：①真空电子束除磷；②定向凝固；③等离子体除硼；④二次定向凝固。经提纯后的高纯冶金级（upgraded metallurgical grade，UMG）硅纯度达到 6N。

挪威 Elken 公司提出了另一种冶金法提纯路线，依次为造渣、湿法冶金和定向凝固。其造渣过程用造渣剂形成 $CaO\text{-}SiO_2$，将 B、P 和 Fe 杂质含量大幅降低。这种方法制备的 UMG 硅纯度可以达到 5N 以上，但是产品质量较不稳定。

区熔法也是一种有效的提纯方法。它的原理是通过高温使一个狭窄的晶体区域熔化并使该区域沿晶体移动。根据杂质分凝原理，重复多次熔炼后，杂质将富集于硅棒两端，切除杂质富集区即可使硅材料得到提纯，如图 6.3 所示。

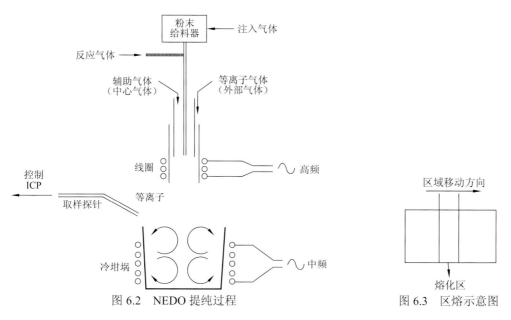

图 6.2　NEDO 提纯过程

图 6.3　区熔示意图

本小节提出一种多区域水平区熔的方法，如图 6.4 所示。提纯过程中，将硅棒水平横置于舟内，通过周期性排列的电磁感应线圈加热硅棒形成多个熔化区域，以此达到重复多次提纯的目的。提纯时还可以通入反应性气体如湿氢等，去除硅中的非金属杂质，并带走提纯时产生的气态化合物。区熔法适合对纯度大于 5N 的硅棒进一步提纯，并可以通过多次区熔，得到电子级的硅。

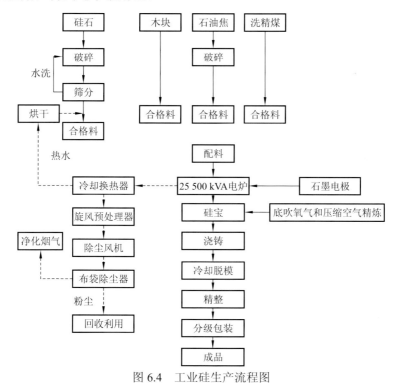

图 6.4　工业硅生产流程图

该图由西安宏信矿热炉有限公司提供

根据长期的生产经验，可采取某些措施控制碳还原氧化硅的反应，使其向有利于提高产量、降低消耗的方向进行。如：①经常观察炉况，及时调整配料比，保持适宜的 SiO_2 与 C 的分子比、适宜的物料粒度和混匀程度，可防止生成过多的 SiC；②通过选择合理的炉子结构参数和电气参数，可保证反应区有足够高的温度，分解生成的 SiC 使反应向有利于生成硅的方向进行；③及时捣炉，帮助沉料，可避免炉内过热造成硅的挥发或再氧化生成 SiO_2，减少炉料损失，提高硅的回收率；④保持料层具有良好的透气性，可及时排出反应生成的气体，减少热损失和 SiO_2 的大量逸出。

6.1.2 西门子法

西门子法是氯硅烷还原法的统称，它通过将金属硅转化成氯硅烷中间体，然后还原成高纯多晶硅。三氯氢硅（$SiHCl_3$）是一种比较安全的氯硅烷气体，易储存，不易燃易爆，目前西门子法大多采用它作为提纯多晶硅的中间体。其原理如下：

$$Si(s) + HCl(g) \longrightarrow SiHCl_3(g) + H_2$$
$$SiHCl_3(g) + H_2(g) \longrightarrow Si + SiCl_4 + HCl$$

该方法的优点是多晶硅沉积速率快，一次转换效率高。实际生产时，硅会沉积在倒U 形的加热器上形成多晶硅棒。

$SiHCl_3$ 法由西门子公司开发，从最初的开环生产发展成目前的闭环生产，因此又被称为改良西门子法，生产效率及反应物的利用率都得到了较大优化，其过程如图 6.5 所示。此外，产业界还通过反应器的设计和完善提高沉积速率，例如增加硅芯数、增加反应器体积、提高硅芯温度均一性、提高炉壁温度、调节气流大小等。

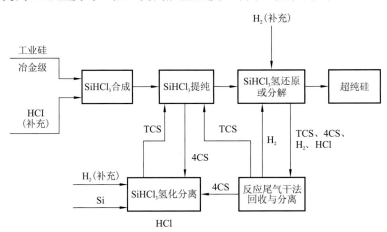

图 6.5 改良西门子法第三代技术示意图

在西门子法基础上，根据相应工业（如太阳能电池级）多晶硅的要求，德国 Wacker 公司将流化床技术应用于多晶硅生产。该技术以载有细小籽晶硅颗粒的反应床取代了巨大的 U 形加热棒。流化床中通入 $SiHCl_3$ 和 H_2 混合气体，多晶硅会沉积于悬浮的籽晶表面，当籽晶长大到一定尺寸时落下由传送带运走。这一方法可实现连续化生产低成本的纯度为 6N 的硅材料。流化床技术优点较多：沉积速率快，一次转化效率高，对籽晶要求低。此外，在后续工艺过程中，以粒状多晶硅配合块状多晶硅混合加料可以增加装料容量，减少块状硅堆砌引起的溅液和坩埚损伤。当然，粒状多晶硅比表面积较大，容易被污染。但由于这种方法制备的多晶硅价格低、使用方便，目前已在工业上大规模应用。

6.1.3　硅烷法

目前，硅烷法是以冶金级硅与 $SiCl_4$ 为原料，逐步反应得到高纯硅，并进一步在石英钟罩反应器中热分解得到高纯多晶硅。硅烷的分解温度一般为 800 ℃，所以能耗仅为 40 kW·h/kg 硅，但由于制造硅烷成本高，最终的多晶硅产品的成本比 $SiHCl_3$ 法要高。另外，SiH_4 本身易燃易爆，反应产生的硅粉也是易爆物质，在设计生产线时基于安全因素考虑也将增加生产成本。

硅烷法同样可以用流化床反应器制备粒状多晶硅。以美国 MEMC 公司的工艺路线为例，首先利用钠、铝、氢气和氟硅酸为原料制备硅烷：

$$Na + Al + 2H_2 \rightleftharpoons NaAlH_4$$
$$H_2SiF_6 \rightleftharpoons SiF_4 + 2HF$$
$$SiF_4 + NaAlH_4 \rightleftharpoons SiH_4 + NaAlF_4$$
$$SiH_4 \rightleftharpoons Si + 2H_2$$

粗硅烷通过分子筛等方法提纯得到纯度在 6N 以上的高纯硅烷。在热分解反应时，与三氯氢硅流化床技术相似，硅烷及氢气混合气通入流化床反应器，硅烷在流化床上热分解并沉积在籽晶表面，籽晶颗粒逐渐长大掉落传送带被取出并封装。基于流化床技术的硅烷法生产粒状多晶硅反应温度低，转换效率高，热分解电耗为 10～20 kW·h/kg 硅，仅为改良西门子法的 1/8 左右。此外，流化床的生产能力还可以通过增加流化床的直径得到大幅提升，因此具有较大应用前景。硅烷流化床法生产的粒状多晶硅产品同样易被污染，此外，反应中会产生细硅粉并附着在反应器内壁上，影响生产效率。但由于投入产出比较高，硅烷流化床技术也是竞争力较强的一种方法。

6.2　硅冶炼的大气污染排放控制技术

硅金属也称为工业硅或结晶硅。它呈现银灰色，具有金属光泽，当加工成粉末时，呈现深灰色。其具有高熔点、良好的耐热性和高电阻率等特性，通常用于电子、冶金和化学工业，是高科技产业不可或缺的原料。

工业硅冶炼以硅石、石油焦、洗精煤、机制炭和少量木炭为原料，采用电热法生产工业硅，主要生产设备为矮烟罩半封闭型矿热电炉。主工艺流程为：原料准备→洗矿→配料→加料→熔炼→精炼出炉→浇铸→精整→破碎→包装入库。精洗煤、木炭、石油焦满足入炉要求后送入各自料仓；硅石经破碎、水洗、筛分后由皮带输送机送入料仓。合格原料按工艺配比要求进行配料，同时配入一定量的木炭，混合后加入半封闭式矿热电炉。电能由变压器经三电极导入炉内，产生电弧热和电阻热，硅石得以还原成工业硅。金属硅在加工过程中，会产生大量尾气，这些尾气大多属于易燃易爆、有毒有害物质，为了避免产生的尾气造成环境污染，需要对尾气进行处理。

矿热炉表面与环境空气接触的区域为炉料预热区，加入的炉料被下层反应区逸出的高温气体加热，同时逸出气体中可燃成分在料层表面燃烧，低挥发分煤、木炭和石油焦在此区域会与空气接触燃烧，产生氮氧化物。由于原料中采用石油焦（含硫量在 0.5%～5%）和洗精煤（含硫量在 0.2%～1%）等含硫原料，在高温焙烧下会产生大量的 SO_2 气体。此外，生产过程中破碎、筛分、投料、精炼、定模浇铸等工序均产生颗粒物排放，造成大气污染，过程中产生的粉尘组成见表 6.3。

表 6.3 工业硅粉尘的化学组成

项目	SiO_2	MgO	CaO	Fe_2O_3	Al_2O_3	P_2O_3	Na_2O	C
质量分数/%	90.6～94.1	0.18～0.34	0.37～1.34	0.14～0.30	0.11～1.00	0.11～0.20	0.06～0.14	6.17～6.50

2016 年前，国家和地方均未出台具体工业硅大气污染物排放标准，工业硅冶炼大气污染排放遵循《大气污染物排放标准》（GB 16297—1996）和《工业窑炉大气污染物排放标准》（GB 9078—1996），其中颗粒物排放限值高达 200 mg/m^3，SO_2 排放浓度限值高达 1 430 mg/m^3，NO_x 则无明确排放要求。大量的生产而未有严格的治理和排放限值，势必持续加重工业硅冶炼行业对大气环境空气的影响。2021 年，中国有色金属工业协会及中国有色金属学会发布了《工业硅生产大气污染物排放标准》（T/CNIA 0123—2021），见表 6.4。《工业硅生产大气污染物排放标准》规定了工业硅生产企业大气污染物排放控制要求及无组织排放控制措施和污染物监测要求，主要适用于半密闭式矿热炉碳热还原生产工业硅过程的大气污染物排放管理，以及工业硅生产企业建设项目的环境影响评价、环境保护设施设计、竣工验收环境保护验收及其投产后的大气污染物排放管理，但该标准不适用于再生硅、多晶硅、单晶硅及硅材压延加工企业。工业硅生产原料的贮存应配备必要的"三防"（防扬散、防流失、防渗漏）措施，配料和上料采用自动化控制操作系统。工业硅矿热炉应配套机械化加料或加料捣炉机操作系统，配备干法布袋除尘或其他先进的烟气除尘装置，炉前配套机械化出硅系统。此外，工业硅生产企业须具备健全的环境保护管理制度，配套建设污染物治理设施，矿热炉所配套的环保装置的排气筒须安装颗粒物、SO_2、氮氧化物在线自动监控系统，全厂工业废水总排口须安装在线自动监控系统，并与地方生态环境部门联网。

表 6.4 《工业硅生产大气污染物排放标准》污染物排放浓度限值

烟气成分	排放浓度限值/(mg/m^3)
颗粒物	50
SO_2	250
NO_x	300

一些大型企业除尘效率较高，颗粒物排放浓度可低于 15 mg/m^3；中小型企业排放浓度则超过 20 mg/m^3。未安装脱硫设施的企业 SO_2 排放浓度最高可达到 455.5 mg/m^3，远超过标准限值。

6.2.1 硅冶炼工业脱硫技术

近年来随着国家环境保护政策的出台和实施，以木炭为主要还原剂的生产工业硅的时代已结束，随着还原剂替代工作的不断推进，工业硅生产企业大量采用石油焦和煤炭作为还原剂，冶炼烟气 SO_2 浓度大幅升高，工业硅生产也因此被列为高排放行业。为着力推进生态文明建设，工业硅生产成为环保管控监督的重点行业之一，其中对烟气中的 SO_2 进行有效治理是关键重点任务之首，因此，对各工业硅生产企业而言，研发或引进应用先进高效的脱硫技术，大幅削减 SO_2 排放迫在眉睫。目前烟气脱硫技术种类较多，按脱硫过程是否增添水及脱硫产物的干湿形态可分为：湿法、半干法、干法三大类。常用的湿法烟气脱硫技术有石灰石-石膏法、循环流化床法、柠檬吸收法等；常用的干法烟气脱硫技术有活性炭吸附法、电子束辐射法、荷电干式吸收剂喷射法、金属氧化物脱硫法等；半干法脱硫技术有喷雾干燥法脱硫法、粉末-颗粒喷动床脱硫法、SDS-旋转喷雾脱硫法等，如图 6.6 所示。各种技术都有明显的优势和缺陷，应用时要具体分析，从原料、运行、环保等各方面综合考虑选择一种适合的脱硫技术。随着人们对环境治理的日益重视和工业烟气排放量的不断增加，投资和运行费用少、脱硫剂利用率高、污染少、无二次污染、效率高的脱硫技术必将成为今后烟气脱硫技术发展的主要趋势。

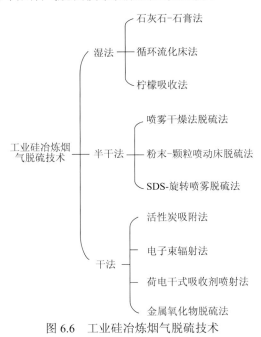

图 6.6　工业硅冶炼烟气脱硫技术

1. 工业硅冶炼烟气脱硫特点

在矿热炉内的高温环境下，用碳质还原剂还原硅石而产出工业硅的过程中，整个反应过程会产生大量的 CO 气体，为保证电炉的正常运行，炉内富余的气体会从排烟管道排出炉外，受炉况控制优劣的影响，排出的气体会带走一部分还原过程形成的 SiC、SiO、Si 等中间产物及颗粒度较小的还原剂粉料，这些物质会一起形成含尘烟气。因工艺的特殊性，工业硅冶炼烟气具有气量不稳定、含尘量高、成分波动大等特性，这些都是影响烟气脱硫工艺稳定高效运行的关键难点。

2. 石灰石-石膏法

湿法脱硫采用石灰石-石膏法，通过石灰乳在喷淋塔内进行雾化喷淋，石灰乳小液滴由上向下，烟气由下向上，逆向接触，生产亚硫酸钙/硫酸钙，沉积在反应塔下的储液仓内，烟气进入气液分离器将液体与其他分离后外排，从而去除烟气中的 SO_2。

该法的优点是可以最大限度地节约成本，有效去除烟气中的 SO_2，且能够稳定运行；同时湿法脱硫对烟气温度要求不高，可以最大限度节约烟气的余热。湿法脱硫无需除尘器，可直接将烟气外排，同时能最大限度地保护硅微粉的性能。

该法的缺点是投资成本比较高，同时需要大量的水，对于缺水的地方，该法应用的难度比较大。

工业硅冶炼最常用的脱硫方法为石灰石-石膏法，其中石灰石作为脱硫吸收剂，主要反应如下。

（1）SO_2 的吸收过程：

$$H_2O + SO_2 \longrightarrow 2H^+ + SO_3^{2-}$$
$$CaCO_3 + 2H^+ \longrightarrow Ca^{2+} + CO_2 + H_2O$$
$$Ca^{2+} + SO_3^{2-} \longrightarrow CaSO_3$$

（2）反应产物的氧化：

$$2CaSO_3 + O_2 \longrightarrow 2CaSO_4$$

（3）结晶生成石膏：

$$CaSO_4 + 2H_2O \longrightarrow CaSO_4 \cdot 2H_2O$$

副反应有

$$脱\ SO_3：SO_3 + CaCO_3 \longrightarrow CaSO_4 + CO_2$$
$$脱\ HCl：2HCl + CaCO_3 \longrightarrow CaCl_2 + H_2O + CO_2$$
$$脱\ HF：2HF + CaCO_3 \longrightarrow CaF_2 + H_2O + CO_2$$

3. SDS-旋转喷雾脱硫

还原剂采用 $Ca(OH)_2$ 对烟气进行脱硫，其特点是通过高速旋转的石灰乳喷嘴，将颗粒度减小到 $1\sim2\ \mu m$，可以充分与烟气中的 SO_2 进行反应，提高脱硫的效率。副产物为硫酸钙，可作为添加剂应用在水泥、烧砖等行业，有一定的经济价值，可以抵消部分运行成本。

该法的优点：提高了还原剂的比表面积，能够使反应物充分接触；其副产物属于固废，有一定的商业价值。

该法的缺点：投资相对较大，喷嘴比较容易堵塞，同时温降相对较大，对整个工艺的温度梯度要求比较严格。

4. CFB-循环流化床脱硫

还原剂采用 CaO 加水，其粒径可以控制在 $100\sim200$ 目，通过烟气将颗粒吹动而悬浮在流化床中，充分与 SO_2 接触反应，从而生成硫酸钙。未反应的 CaO 通过后续的旋风分离器分离回流到流化床中，同时也可以将布袋除尘器中的部分亚硫酸钙回流。

该法最大的优点是通过流化床床层，加大硫钙比，增大接触面积，从而提高反应速率，能充分利用还原剂，减少还原剂的用量。可以充分降低亚硫酸钙的含量，副产物的质量和性能将会提高，有利于后续作为产品的售卖。

流化床的缺点：投资相对较高，流化床的设计比较复杂，需要符合流体的流动性质。

5. 烟气脱硫工艺相关应用

石灰石-石膏法是目前企业应用最多的技术之一，接下来就以石灰石-石膏法系统展开具体叙述。常用的石灰石-石膏法烟气脱硫工艺系统主要包括烟气系统、SO_2 吸收系统、吸收剂供应与制备系统、石膏脱水系统、脱硫废水排放系统、压缩空气系统等，如图 6.7 所示。

图 6.7　烟气脱硫工艺系统

1) 石灰石-石膏法烟气系统

针对工业硅冶炼矿热炉压力控制要求高，以及集气难度大、烟气含小粒径粉尘量较大，影响脱硫工艺运行质量的难题，脱硫工艺在设计时对烟气系统进行优化升级。将布袋收尘系统由半密闭式设计为全密封式，并在布袋除尘器系统后段增设风机，确保炉内烟气的排除和对进入脱硫系统的烟气进行有效收尘处理，提高烟气净化质量，为保证后端脱硫效率奠定重要基础。

2) 石灰石-石膏法吸收系统

该系统主要由脱硫塔、除雾器、循环浆液泵、喷淋层、搅拌器及氧化风机等设施、设备组成。

目前应用最广泛的是逆流式喷淋空塔，如图 6.8 所示。烟气进入脱硫塔后，循环浆液雾滴与烟气逆流接触，捕集烟气中的 SO_2、SO_3、粉尘等有害物，浆液中的碳酸钙与 SO_2 发生化学反应，生成亚硫酸钙，氧化并结晶生成 $CaSO_4·2H_2O$ 晶体。脱硫塔上部为喷淋层和除雾器两部分，每层喷淋层配置多个喷嘴，以达到要求的雾化效果和足够的喷淋覆盖率，保证气液的有效接触及均匀的烟气流场分布，使出口 SO_2 排放浓度达标。

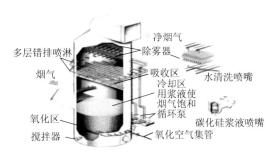

图 6.8　逆流式喷淋空塔内部结构图

3）石灰石制浆系统

该系统采用石灰石作为脱硫剂，将石灰石粉储存在脱硫系统脱硫剂粉仓内，用浆液罐制成浓度 20%的浆液，在浆液罐中储存，根据脱硫系统需要，由浆液泵送至 SO_2 吸收系统。

4）石膏脱水系统

该系统主要由石膏排出泵、石膏水力旋流器、真空带式脱水机、真空泵、石膏库等设备组成，如图 6.9 所示。

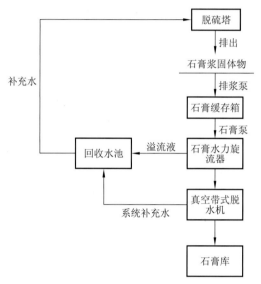

图 6.9　石膏脱水系统流程图

从脱硫塔排出的石膏浆固体物质量分数为 15%～20%，经排浆泵送至石膏缓存箱，石膏泵将石膏浆液送至石膏水力旋流器。石膏浆经石膏水力旋流器将固体物质量分数浓缩至 40%～50%后，进入石膏二次脱水装置，经脱水处理后的石膏固体物表面含水率不超过 10%，脱水石膏送入石膏库中存放待运；石膏水力旋流器分离出来的溢流液送入回收水池作为脱硫塔补充水循环使用，真空带式脱水机中大部分的稀液自流至回收水池作为系统补充水循环使用。

5）脱硫废水排放系统

对烟道中的 SO_2、SO_3、粉尘等有害物进行清洗的过程中，会产生大量的含酸废水，本着污染治理不增加新污染源的环保设计理念，一些企业采用"多介质过滤处理＋烟道蒸发"的脱硫废水处理系统。具体流程如下：脱硫废水→进水缓冲箱→多介质过滤器→过滤水箱→烟道喷雾装置→烟道。

整套系统的主要处理设备设施主要由预处理单元和烟道喷雾单元两部分组成。为了确保系统的运行稳定，脱硫废水喷入烟道前需要进行预处理。通过预处理单元澄清过滤后送入烟道喷雾单元。脱硫废水在烟道内进行雾化并在高温烟气的作用下迅速蒸发、结晶，以实现脱硫系统无废水外排。

6）仪控系统

针对工业硅冶炼烟气 SO_2 浓度低且气流量波动大、对脱硫工艺稳定控制影响较大的难题，一些企业为了提高仪控系统的设计配置水平，采用数据全自动采集反馈和调节的分布式控制系统（distributed control system，DCS）集中控制系统，主要对现场仪表、电控设备进行数据实时采集、处理和监控，以实现对脱硫工艺的监控。操作方式为中央自动/手动、现场手动。中央操作在操作室，通过人机界面（human machine interface，HMI）进行，现场操作设现场操作池。通过数据的实时采集定时反馈，实现工艺技术参数的及时自动调控，保证依据烟气供入量和 SO_2 浓度实现脱硫剂的精准调控加入，进一步提高了脱硫效率。

6.2.2 硅冶炼工业脱硝技术

氮氧化物（NO_x，NO 和 NO_2 的总称）是构成大气酸雨污染、产生光化学烟雾、破坏臭氧层的主要物质，对人体健康、生态环境、社会经济造成很大的破坏，受到社会的高度关注。

工业硅生产的碳质原料的元素组成中均含有 S、N 元素，是 SO_2、NO_x 的前驱体。但 NO_x 的形成机理远比 SO_2 复杂，排放浓度也不像 SO_2 可以由燃料的硫分推算，NO_x 的排放与燃烧温度和过剩空气系数等燃烧条件有关，其来源除了原料中的 N，还有可能是空气中的 N。

工业硅电炉内物料从上往下为炉料（硅石、碳质还原剂）预热区、反应区和死料区，如图 6.10 所示。反应区和死料区位于炉料预热区的下部，均不与空气接触。由于反应区为缺氧还原性气氛，不具备 NO_x 的形成条件。电炉表面与环境空气接触的是炉料预热区。加入的炉料被反应区逸出的高温气体加热，同时逸出气体中可燃成分在料层表面燃烧。炉料预热区中心部位的炉料温度为 $700\sim800\,^\circ\!\mathrm{C}$，电极附近的炉料温度正常情况下可达到 $1\,000\,^\circ\!\mathrm{C}$，外围区域炉料的温度约为 $400\,^\circ\!\mathrm{C}$。在炉料预热区低灰分煤、木炭和石油焦等碳质还原剂的挥发分逸出，部分低挥发分煤、木炭和石油焦与空气接触而燃烧，这是电炉烟气中 NO_x 的主要来源。

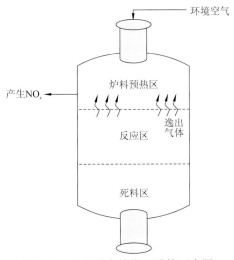

图 6.10 工业硅电炉常见结构示意图

工业硅电炉烟气 NO_x 产生源是含氮的碳质还原剂在预热区的表层空气界面产生的。因此其减排措施有两种：一是从源头控制，减少 NO_x 的生成；二是对烟气进行后处理，降低烟气中的 NO_x 浓度。对电炉出口烟气进行脱硝，根据脱硝装置的布置位置，可以分为选择性非催化还原脱硝（SNCR）、选择性催化还原脱硝（SCR）和臭氧氧化脱硝（O_3-DENO$_x$）。

1）源头控制

从源头控制电炉 NO_x 的排放量，主要是降低电炉操作过程中掺入的空气量。但是对工业硅电炉而言，由于冶炼过程中预热区料面温度较高，还原剂与硅石反应易形成硬壳并结块，造成炉料透气性差，发生刺火、塌料、喷料等情形影响电炉的稳定运行。因此需要及时将这些硬壳捣碎（俗称扎眼和捣炉），使料面疏松，改善透气条件，使反应区中产生的气体能顺利排出。同时为了改善操作环境，反应电炉均处于微负压操作，靠后端的主风机抽吸，造成电炉排放烟气中的氧浓度较高，目前国内一般的电炉烟气的氧体积分数约为 17%，因此从源头上降低 NO_x 的排放，对工业硅电炉而言存在困难。

2）选择性非催化还原技术

SNCR 工艺是把氨水或者尿素溶液等还原剂喷入烟气温度为 850～1 050 ℃区域内，在没有催化剂的作用下，选择性地与烟气中 NO_x 进行还原反应，生成无毒无害的 N_2。SNCR 的关键是寻找合适的还原剂注入位置，不需要改变现有烟气流程，其在循环流化床锅炉、水泥窑中应用广泛。

对工业硅电炉而言，离开料层表面的烟气与空气快速混合，进入烟管中烟气的温度已降低至 700 ℃以下，偏离了 SNCR 的最佳还原点。因此 SNCR 并不适用于工业硅电炉的烟气脱硝。

3）选择性催化还原技术

SCR 是在有催化剂存在的条件下，将还原剂（NH_3）注入合适的反应区域（烟气温度为 280～400 ℃），选择性地与烟气中 NO_x 进行还原反应，生成 N_2。SCR 是世界上应用最为广泛的脱硝工艺，具有脱硝效率高、适应温度范围广、氨逃逸率低等突出优点。在 SCR 脱硝系统中，催化剂是核心，其活性和寿命直接影响整个装置的性能。

在工业硅冶炼过程中，电炉排出烟气中携带有粉尘，其主要是未被彻底还原的 SiO 透过料层，接触空气迅速氧化并冷凝生成 SiO_2（俗称微硅粉），一般含尘浓度不超过 5 g/m³。微硅粉显著特征是粒径小、比表面积大、黏附性强、热阻和比电阻高。微硅粉物相绝大部分是无定形的 SiO_2，仅含少量的 SiO_2 结晶物，80%以上的粒径小于 1 μm。在煤粉炉和工业硅电炉出口烟气下游均安装有余热回收装置，由于烟尘存在性质差异，余热利用设施运行也存在巨大差异。在工业硅电炉中，由于微硅粉的黏附特性和高热阻，清灰效果决定了余热锅炉运行的周期。在工业硅电炉余热锅炉清灰中应用蒸汽吹灰器、声波吹灰器、激波吹灰器，也采用机械刷清灰装置、钢珠连续清灰系统等，始终未能有效解决余热锅炉清灰的问题。因此工业硅电炉一般都设置有高温空冷器作为余热锅炉的旁路，以保证电炉的长周期运行。

当电炉采用 SCR 时，虽然粉尘浓度低，但微硅粉对催化剂的堵塞不可忽视。从余热锅炉的积灰情况来看，无论采用何种形式（蜂窝式、波纹板式、板式）的 SCR 催化剂，由于其孔道尺寸远小于换热管束的间距，催化剂堵塞的概率明显增大。而目前应用在煤粉炉 SCR 吹灰器的形式为蒸汽吹灰或者声波吹灰，可以预见在电炉 SCR 催化剂清灰的效果不佳，而机械清灰方式并不适用于 SCR 催化剂。因此电炉采用 SCR 的关键在于如何避免微硅粉对催化剂的堵塞。

4）臭氧氧化脱硝

臭氧（O_3）氧化脱硝是利用 O_3 的强氧化性，将难溶于水的 NO 氧化为易溶于水的高价态的 NO_x，借助后端湿法脱硫的洗涤，将 NO_x 脱除的工艺。臭氧氧化脱硝在石油化工行业和锅炉烟气脱硝中应用较为广泛。相比于 SCR 脱硝，臭氧氧化脱硝无须改变现有的电炉烟气净化流程，其脱硝效率不会随运行时间的延长而逐渐下降，可通过臭氧的注入量灵活调节脱硝效率。由于臭氧受热易分解，且温度越高分解速率越快，为了提高臭氧的利用效率，其注入烟道的位置烟气温度不应大于 200 ℃，最好低于 150 ℃。臭氧氧化脱硝应用于电炉烟气治理时，一般布置于湿法脱硫塔的入口烟道，对于多台电炉合并一个吸收塔，可以在汇总烟道上布置臭氧脱硝，这也是其相比于 SCR 布置更为灵活的特点。

三种出口烟气脱硝技术的对比见表 6.5。

表 6.5　硅冶炼工业烟气脱硝技术对比

技术	有无催化剂	烟气温度/℃	反应类型	优点	缺点
SNCR	无	850～1 050	湿法	不需要改变现有烟气流程	烟气的温度已降低至 700 ℃以下，偏离了 SNCR 的最佳还原点，因此 SNCR 并不适用于工业硅电炉的烟气脱硝
SCR	有	280～400	湿法	脱硝效率高、适应温度范围广、氨逃逸率低等	微硅粉会对催化剂造成堵塞，影响反应气体与催化剂接触，降低催化剂的活性和效率
O_3-DENO$_x$	无	低于 150	半干法	无须改变现有净化流程，其脱硝效率不会随运行时间的延长而逐渐下降	臭氧受热易分解

6.2.3　硅冶炼工业脱硫脱硝技术

新建工业硅电炉和已建工业硅电炉增设同时烟气脱硫脱硝设施势在必行，开发脱硫脱硝的新技术已成为硅工业烟气净化技术发展的总趋势。目前，研究最多的技术是将氧化和氨法技术相结合，同时高效吸收烟气中的 SO_2 和 NO_x，最终得到副产物硫酸铵（$(NH_4)_2SO_4$）和硝酸铵（NH_4NO_3），实现资源的回收利用。

硅冶炼烟气中的 SO_2 和 NO_x 经氧化和氨法吸收后，转化为硫酸铵-硝酸铵混合溶液。$(NH_4)_2SO_4$ 和 NH_4NO_3 的结晶是脱硫脱硝工艺中的一个重要过程，主要是通过物理方法将混合溶液中的 $(NH_4)_2SO_4$ 和 NH_4NO_3 达到过饱和而使晶体析出，$(NH_4)_2SO_4$ 和 NH_4NO_3 结晶质量的好坏直接影响副产品的销售，从而影响氨法同时脱硫脱硝技术运用的经济性。用布袋收尘后，硅冶炼烟气中 NO_x、SO_2 排放参考值配制不同质量比例的$(NH_4)_2SO_4$-NH_4NO_3

混合溶液，考察 pH、蒸发温度、硝酸铵含量等因素对结晶产物的影响，寻找适宜两者混合结晶的最佳条件。

6.3　硅冶炼的温室气体排放

硅冶炼通常是指从硅石中提取纯硅的过程，这涉及高温冶炼和化学反应。在硅冶炼过程中，温室气体排放是一个重要的环境问题，主要包括 CO_2、CO、NO_x 和 SO_2。

硅冶炼是一种能源密集型的工业过程，其温室气体排放主要来自以下几个方面。

（1）能源消耗：硅冶炼需要耗费大量的能源进行加热和冶炼操作，主要使用的能源包括煤炭、天然气和电力。燃烧这些化石燃料会释放大量的 CO_2 和其他温室气体，导致温室效应。

（2）固定碳和挥发性物质的水平取决于碳材料，这反过来又影响温室气体的排放。在国家排放清单中，只计算来自化石碳的排放，因此使用木炭可降低具体 CO_2 排放量。

（3）原材料制备：硅冶炼需要使用高纯度的硅原料，如石英矿石。这些原材料的提取、加工和运输过程会产生一定数量的温室气体，包括 CO_2 和 NO_x。而且石英的还原比氧化铁需要更多的能量（即碳和电），所以硅含量越高，温室气体排放量就越大。

（4）耗能设备：硅冶炼设备中的加热炉、熔炼炉和冷却系统等耗能设备也会排放温室气体。燃烧燃料或电力供应用于加热和熔化硅原料，产生 CO_2 和其他气体。炉的操作和装料方式对排放有很大影响，尤其是 NO_x 的排放。与批量充电相比，更均匀的充电通常会减少排放。

6.3.1　CO_2 排放

在硅冶炼过程中，产生 CO_2 排放的主要来源是燃料的燃烧。

（1）燃烧过程：硅冶炼使用煤、天然气、焦炭等燃料进行加热和燃烧。这些燃料中的碳与空气中的氧反应生成 CO_2。燃料的种类和使用量直接影响 CO_2 排放的数量。

（2）电力消耗：硅冶炼过程需要大量的电力供应，例如用于电弧炉的加热和其他设备的操作。电力的产生往往依赖传统的能源，如燃煤发电或天然气发电。这些能源的燃烧也会产生 CO_2。

硅冶炼过程中产生的 CO_2 排放对全球气候变化有贡献。作为温室气体之一，CO_2 具有较长的大气寿命，可以留存在大气中数十年甚至上百年，并对地球的气候系统产生持续的影响。

6.3.2　CO 排放

CO 主要是由石英矿石还原过程中不完全燃烧产生的。CO 是一种有毒气体，并且能够对大气中臭氧层造成破坏。

石英碳热还原为 Si，通过整体氧化还原反应产生 CO 气体：

$$SiO_2 + 2C \longrightarrow Si + 2CO$$

在开放式或半封闭式炉中，CO气体将在炉膛顶部氧化成CO_2：

$$2CO \longrightarrow C + CO_2$$

6.3.3　氟化物

在硅冶炼过程中，可能会产生氟化物（如氢氟酸、氟化钙等）。这些氟化物主要来源于硅冶炼原料中的氟化物和加工过程中的反应。

（1）含氟原料：硅冶炼过程中使用的原料可能含有氟化物，如氟化铝矾土。当这些含氟原料经过处理、破碎或其他加工过程时，其中的氟化物可能会释放为气体或溶解在废水中。

（2）化学反应：硅冶炼过程中常使用一些氟化剂，如氟化钠、氟化铝等。这些氟化剂在与其他物质发生反应时，也可能产生氟化物。

硅冶炼过程中使用的一种常见工艺是氟碳法（又称弗罗里法），该方法使用氟化碳化物作为还原剂。这些氟化碳化物在冶炼过程中可能会挥发出来，并成为温室气体。

在硅冶炼中，六氟化硫（SF_6）常用作保护气体，用于隔离冶炼过程中的金属硅和氧气的反应。然而，SF_6是一种强大的温室气体，其全球变暖潜势是CO_2的23 900倍。因此，硅冶炼过程中SF_6的使用和泄漏可能会导致大量的温室气体排放。

硅冶炼过程中使用的一种常见材料是氟铝石（CaF_2），其中含有氟元素。当氟铝石加入电弧炉中时，氟元素会释放出来形成氟化物气体，如氟化氢（HF）和六氟化硫（SF_6）。氟化物是强效的温室气体，对大气层的臭氧层有负面影响。

产生的氟化物有潜在的环境和健康风险。氟化物可以对人体的牙齿和骨骼造成损害，导致骨质疏松症和龋齿等问题。此外，氟化物还对环境水体和土壤造成污染，并可能危害植物和动物。

6.3.4　氮氧化物与硫氧化物

硅冶炼过程中还可能伴随其他温室气体的排放，例如NO_x和SO_2。这些气体主要是由燃料燃烧过程中氮和硫的化合物在高温条件下发生反应生成的。尽管它们不是直接的温室气体，但它们参与了温室效应和大气污染。

1. 氮氧化物排放

硅冶炼过程中产生的氮氧化物（NO_x）是一类重要的大气污染物。硅冶炼过程中主要产生氮氧化物的环节包括高温燃烧和废气排放。

硅冶炼过程中通常会使用高温燃烧设备，例如燃烧炉、燃气锅炉等。这些设备在燃烧燃料时，会生成大量的氮氧化物。主要有两种类型的氮氧化物。

（1）氮氧化物（NO_x）：NO_x是在高温条件下形成的一系列氮氧化物，包括 NO 和

NO_2。在硅冶炼过程中，运行燃烧设备时，氮气与氧气反应生成氧化亚氮；或者燃烧的焦炭和煤炭以及空气中的氮生成氮氧化物。

（2）氨气（NH_3）。在硅冶炼过程中，如果使用了含有氮的添加剂，如尿素或其他氮源，也会产生氨气。氨气可以进一步参与氮氧化物的反应和转化。

这些氮氧化物排放到大气中后，会给环境和人体健康带来负面影响。氮氧化物是典型的臭氧前体和细颗粒物形成物，它们在大气中参与复杂的化学反应，可能导致地面臭氧和细颗粒物的生成。这些污染物对人体的呼吸系统和心血管系统都有危害，同时也对植物、动物和生态系统产生不利影响。

2. SO_2 排放

硅冶炼过程中产生的主要硫氧化物是 SO_2，SO_2 是一种有毒气体，其排放主要来自含硫原料的处理和燃烧过程。且硅合金生产中 SO_2 排放通常与氮氧化物排放具有相同的数量级。

（1）含硫原料的处理：硅冶炼过程中使用的原料可能含有硫化物，如黄铁矿、硫化铁等。当这些含硫原料经过处理、破碎或其他加工过程时，其中的硫化物可能会被氧化成 SO_2 并释放到大气中。

（2）燃烧排放：硅冶炼过程中所使用的燃料，如煤、焦炭等，也可能含有硫化物。当这些燃料在高温下燃烧时，硫化物会被氧化成 SO_2 并作为废气中的污染物排放出来。

SO_2 排放对环境和健康造成严重影响。它是一种刺激性气体，具有强烈的刺激性气味，并可引起眼睛、喉咙和呼吸道不适。此外，SO_2 还是酸雨的主要成分之一，进一步加剧了水体、土壤和植被的污染。

6.3.5　粉尘颗粒物

硅冶炼过程中产生的粉尘颗粒物是指在硅冶炼过程中产生并释放到空气中的微小固体颗粒物。这些颗粒物主要来自原料处理、矿石破碎、热处理和废气排放等环节。

这些粉尘颗粒物的组成和性质可能因硅冶炼过程的具体条件和技术而有所不同。它们主要包括以下成分。

（1）硅颗粒物：硅冶炼过程的主要目标是提取纯度较高的硅，因此其中一部分颗粒物可能是含有硅的微细颗粒。

（2）金属颗粒物：硅冶炼过程中使用的材料和设备可能含有金属成分，如铁、铝等，这些金属颗粒物可能在冶炼过程中被氧化或蒸发，并以颗粒物形式释放到空气中。

（3）残渣和灰尘：硅冶炼过程中会产生一些残渣和废弃物，如石英矿石、炉渣等，这些物质可能以颗粒物的形式存在于粉尘中。

这些粉尘颗粒物对环境和人体健康可能造成潜在影响。它们可以通过空气传播到周围环境，并对空气质量产生负面影响。此外，粉尘颗粒物还可能被吸入人体呼吸道中，引发呼吸道刺激、炎症反应和其他健康问题。

6.3.6　温室气体排放量

计算硅冶炼过程中产生的温室气体排放量，需要考虑多个因素，包括能源消耗、原材料使用及反应过程。以下是一个基本的计算方法。

（1）确定能源消耗：首先确定硅冶炼过程中使用的能源类型和消耗量。对于化石燃料，需要知道其碳含量及燃烧产生的 CO_2 排放系数。对于电力，需要知道其来源（如煤炭、天然气、可再生能源等）并计算其相应的 CO_2 排放系数。

（2）计算能源排放：将能源消耗量与相应的 CO_2 排放系数相乘，得到能源消耗引起的 CO_2 排放量。例如，如果使用了 1 000 t 煤炭，每吨煤炭的碳质量分数为 70%，那么总的 CO_2 排放量为 1 000 t×70%×CO_2 排放系数。

（3）考虑原材料：硅冶炼过程中使用的原材料可能会产生温室气体排放。例如，对于石英矿石的提取和加工过程，可以参考相关数据来估计其 CO_2 排放量。

（4）考虑反应过程：硅冶炼的核心过程是冶炼反应，该反应可能会产生其他温室气体（如 NO_x 和 SO_2）。需要根据具体反应条件和反应机理，采用相关数据或模型来估算这些气体的排放量。

（5）汇总计算：将能源消耗引起的 CO_2 排放量、原材料排放量及反应过程排放量加和，得到硅冶炼过程中总的温室气体排放量。

需要注意的是，确切的计算方法和数据取决于具体的硅冶炼工艺和设备配置。因此，在实际计算中要基于详细的工艺参数和相关数据进行准确计算。对于硅冶炼过程中产生的温室气体，主要考虑 CO_2 的排放。以下是一种常见的计算方式：

总排放量=能源消耗引起的 CO_2 排放量+原材料排放量+反应过程排放量

（1）能源消耗引起的 CO_2 排放量：

能源消耗引起的 CO_2 排放量=能源消耗量×CO_2 排放系数

式中：能源消耗量为硅冶炼过程中所使用的能源消耗量，如燃煤、天然气等，单位可以是 t、kg 或其他适当的计量单位；CO_2 排放系数为能源类型的每单位能源消耗引起的 CO_2 排放量，通常以吨 CO_2/单位能源计。

（2）原材料排放量：

原材料排放量=原材料使用量×CO_2 排放系数

式中：原材料使用量为硅冶炼过程中使用的原材料（如石英矿石）的总量，单位可以是 t、kg 或其他适当的计量单位；CO_2 排放系数为原材料产生的每单位 CO_2 排放量，通常以吨 CO_2/单位原材料计。

（3）反应过程排放量：

反应过程排放量=反应过程产生的温室气体排放量

反应过程排放量根据具体的硅冶炼反应机制和条件进行估算，可以使用相关数据或模型计算得到。

计算硅冶炼过程中总的温室气体排放量需要确保计算中使用的数据准确，并根据实际情况进行修正和调整。

需要注意的是，具体的温室气体排放量会受到冶炼过程的技术水平、能源来源、设备使用、废气处理等因素的影响。同时，不同企业和国家的硅冶炼过程温室气体排放情况也可能存在差异。为了有效减少温室气体排放，应采用相应的技术措施和管理措施，以降低其对气候变化和环境的影响。例如使用更高效的燃烧设备和清洁能源替代传统燃料，改进冶炼工艺以减少 CO_2 的排放，控制 SF_6 的使用和泄漏等。同时，加强废气处理和排放控制设备的改进，进行合理的废气收集和处理，也是减少温室气体排放的重要手段。还可以通过提高能源利用效率、提高清洁能源比例、采用低碳技术及实施碳捕集与封存（carbon capture and storage，CCS）等措施来减少温室气体的排放。

综上所述，通过采取相应的措施，可以显著减少硅冶炼过程中的温室气体排放，并推动可持续发展和环境保护。

6.4 硅冶炼大气污染物与温室气体协同控制技术

硅冶炼是一种常见的工业过程，在生产过程中会产生一些大气污染物和温室气体。硅冶炼烟气和温室气体控制协同技术是指通过综合利用不同技术手段，实现对硅冶炼过程中产生的烟气和温室气体的联合控制和减排，主要包括以下几种技术。

6.4.1 废热回收利用技术

利用废热回收利用技术，将烟气中的热能转化为电能或其他能源形式，提高能源利用效率，减少温室气体排放。

1. 废热回收利用技术的应用

（1）锅炉废热利用：在工业生产中，往往会有大量的烟气通过锅炉排放，这些烟气携带着大量的热能。通过安装烟气余热锅炉、废热回收器等设备，可以将烟气中的热能回收利用，用于加热水、空调、供暖等用途，提高能源利用效率。

（2）工业炉窑废热利用：工业生产中炉窑排放的废气中也蕴含着大量的热能。通过采用废气余热回收利用技术，可以将废气中的热能回收利用，用于预热空气、燃烧辅助等，降低能源消耗。

（3）余热发电：废热回收利用技术还可以将产生的热能转化为电能。通过利用热力发电技术，将废热中的热能转化为蒸汽，再驱动涡轮发电机发电，实现废热的高效利用。

（4）废热空调：废热回收利用技术还可以应用于建筑空调系统中。通过采用废热回收系统，将建筑物内的废热回收用于热泵和制冷机组，实现供暖和制冷的节能效果。

（5）废热供热：利用废热回收利用技术，将产生的废热用于供热系统，如城市集中供热、工业厂区供热等。通过回收和再利用废热，减少对传统能源的消耗，降低 CO_2 等温室气体的排放。

（6）废热用于干燥过程：将废热用于工业干燥过程，如纸张、木材、食品等行业的烘干设备。

（7）废热用于加热工艺介质：废热可以用于加热工艺介质，如油、水等，以提高生产过程中的效率和降低能源消耗。

（8）废热用于蒸馏过程：在化工行业中，废热可以用于蒸馏过程，以提高分离效率和节约能源。

（9）废热用于水处理：废热可以用于水处理过程，如蒸发结晶、深度蒸馏等，以减少热源的消耗。

2. 废热回收利用技术的流程

（1）废热来源：工业生产过程中的燃烧、冷却、干燥等环节。

（2）废热采集：通过烟气热回收器、热交换器、废水换热器等设备，将废热从排放点采集回来。

（3）废热传导：将采集到的废热通过传导介质（如水、空气等）传输到目标利用点。

（4）废热利用：将传导过来的废热用于供热、供暖、制冷、发电等过程中，实现能源的高效利用。

（5）废热处理：对废热进行预处理、净化、再热、变压等工艺，以适应利用过程的要求。

（6）废热回馈：将废热利用过程中产生的余热再回馈到主要的能源消耗环节，降低能源消耗。

（7）废热排放：将经过废热回收利用后剩余的废热进行合理的排放和处置，减少环境污染。

其关键点是废热的采集、传导和利用过程。通过采用高效的热回收设备和科学的传导方式，将废热转化为有用的热能，可以大幅减少能源消耗，提高能源利用效率，降低环境污染和碳排放。同时，废热回收利用技术也有助于企业降低生产成本、提高竞争力，实现可持续发展。

3. 废热回收利用技术的优点

（1）节能环保：废热回收利用可以降低对原始能源的需求，减少能源消耗和碳排放，有利于节能减排，减少环境污染。

（2）提高能源利用效率：利用废热回收技术，可以将废热再次利用起来，增加能源的利用效率，提高工艺过程的能源综合利用效率。

（3）降低生产成本：废热回收利用可以减少对额外燃料或能源的需求，从而降低生产成本，提高生产效益。

（4）提高工艺过程稳定性：废热回收利用可以减少热损失和温度波动，提高工艺过程的稳定性和一致性，有利于产品质量的稳定控制。

4. 废热回收利用技术的缺点

（1）技术复杂性：废热回收利用技术通常需要专业的设计与安装，包括热交换设备的选择和调整，工艺流程的优化等，需要投入一定的人力和物力资源。

（2）经济成本：废热回收利用技术的投资成本相对较高，需要进行投资回报分析，确保回收利用带来的经济效益能够弥补投资成本。

（3）技术适用性：废热回收利用技术的适用性受到废热产生量和质量的限制，不同行业和工艺过程的废热特点存在差异，需要根据实际情况选择合适的废热回收技术。

（4）运维管理：废热回收利用设备需要定期地进行维护和管理，以确保设备的安全运行和性能维持，对人员要求较高。

因此，考虑废热回收利用技术时，需要综合考虑其技术可行性、经济效益及与现有工艺过程的兼容性等因素。

6.4.2 烟气处理与碳捕集联合技术

将烟气处理技术（如除尘、脱硫、脱硝）与碳捕集技术（如化学吸收、膜技术、吸附分离）结合应用，减少烟气中的污染物排放，同时回收和利用 CO_2。

1. 烟气处理与碳捕集技术的结合方式

（1）烟气净化与碳捕集一体化：将烟气净化过程与碳捕集技术相结合，通过烟气净化设备来净化烟气中的颗粒物、硫化物等污染物，并在净化过程中捕集和回收其中的 CO_2。这样可以同时实现烟气净化和温室气体排放的减少。

（2）碳捕集与煤矿瓦斯利用：利用煤矿瓦斯能源的工业生产过程中，可以采用瓦斯净化技术将煤矿瓦斯中的 CO_2 进行捕集和回收。这样既可以减少煤矿瓦斯的排放，又可以回收其中的 CO_2 用于其他用途，如碳酸化、注气等。

（3）碳捕集与封存技术：将碳捕集技术与 CO_2 储存技术结合，将捕集到的 CO_2 进行封存。目前常用的 CO_2 封存方式包括地下封存、储气库封存等，可以有效地防止 CO_2 的排放，减少温室气体的影响。

烟气处理与碳捕集技术的结合，可以对工业生产烟气中的温室气体进行减排，减轻对气候变化的影响，促进可持续发展。此外，还可以提高工业生产的环境友好性，改善空气质量，保护生态环境。

2. 烟气处理与碳捕集联合技术的应用

（1）燃煤电厂：燃煤电厂是 CO_2 的主要排放源之一。将烟气处理装置与碳捕集设备集成在一起，可以在煤燃烧过程中捕集和减少 CO_2 的排放。这些设备可以捕集并将 CO_2 气体转化为液态或固态形式，然后进行储存或处理。

（2）钢铁工业：钢铁工业是另一个排放大量 CO_2 的行业。烟气处理和碳捕集一体化技术可以在钢铁生产过程中捕集 CO_2，并将其转化为利用价值。例如，气体流化床燃烧技术可以与碳捕集设备结合，实现高效的烟气处理和 CO_2 捕集。

（3）化工工业：化工工业也是 CO_2 排放较大的行业之一。烟气处理和碳捕集一体化技术可以在化工过程中捕集 CO_2，并用于其他用途，例如合成燃料或化学品。

（4）次生能源利用：捕集的 CO_2 可以用于生产次生能源。例如，将 CO_2 与氢气反应，可以生成甲烷气体，用于发电或热能供应。

（5）地下储存：捕集的 CO_2 可以被压缩和注入地下储存层，如地下盐穴或油气田。这可以减少排放到大气中的温室气体量。

3. 烟气处理和碳捕集联合技术的流程

（1）烟气采集：从工业生产过程中的燃烧、冷却、干燥等环节排放的烟气通过烟道系统采集回来。

（2）烟气处理：将采集到的烟气通过除尘器、脱硫、脱硝、脱氮等设备进行处理，去除其中的固体颗粒物、硫化物、氮氧化物等污染物，净化烟气。

（3）硫化物处理：将烟气中的硫化物（如 SO_2）通过吸收剂或催化剂进行吸收、催化转化成硫酸或其他无害物质，减少硫化物的排放。

（4）碳捕集：将烟气中的 CO_2 通过吸收剂或吸附材料进行吸附，使其与烟气分离，实现碳捕集。

（5）再利用：将捕集到的 CO_2 进行处理，通过压缩、液化等技术进行储存和运输，或者用于其他工业过程中，如化肥生产、石油开采等。

（6）排放：经过烟气处理和碳捕集后，剩余的烟气和其他无害物质进行净化处理，达到排放标准后进行排放。

在烟气处理和碳捕集技术的结合流程中，通过采用适当的处理设备和技术，实现烟气排放的净化和 CO_2 的捕集，减少环境污染和温室气体的排放量。这有助于企业达到环保要求、减少碳排放，促进可持续发展，并为碳交易、碳税等政策提供支持。

4. 烟气处理与碳捕集联合技术的优点

（1）环境保护：烟气处理技术可以减少工业排放物对空气和水体的污染，碳捕集技术则可以防止大量的 CO_2 进入大气层，减少温室气体的排放，对减缓全球气候变化具有积极作用。

（2）提高能源效率：烟气处理和碳捕集技术结合，可以在减少污染物排放的同时，回收和利用烟气中的能量，提高能源利用效率。

（3）资源利用：通过碳捕集技术，CO_2 可以被捕集和利用，如用于工业过程中的替代原料或者通入钻井等，从而实现资源的再利用。

（4）政策支持：在一些国家和地区，采取碳捕集技术可以享受相关政策的支持，如碳排放交易、碳减排基金等，从而减少企业的经济成本。

5. 烟气处理与碳捕集联合技术的缺点

（1）技术成本高：烟气处理与碳捕集技术都需要高投入的设备和操作，导致技术成本较高。

（2）能源消耗和效率损失：烟气处理与碳捕集技术需要消耗能源，可能会导致能源效率下降。

（3）CO_2 储存和利用困难：捕集到的 CO_2 需要储存和利用，但目前储存技术和利用途径仍面临一定的困难，例如储存空间需求、碳排放地点距离等问题。

（4）运行风险：烟气处理与碳捕集设备需要定期维护和管理，存在操作风险，不当操作可能导致设备故障和安全事故。

综上所述，烟气处理与碳捕集技术结合使用可以减少环境污染和碳排放，但也存在技术成本高、能源消耗和效率损失，以及 CO_2 储存和利用困难等问题。在实际应用中需综合考虑技术、经济、环境等因素，选择合适的技术路径。

6.4.3 多级洗涤技术

通过在烟气处理过程中引入洗涤剂和多级洗涤工艺，可以同时去除烟气中的污染物（如颗粒物、酸性气体）和温室气体（如 CO_2、CH_4 等）。通常包括以下几个步骤。

（1）草酸洗涤：先利用草酸（或其他酸性吸收剂）进行初级洗涤，将烟气中的大部分酸性气体（如 SO_2 和 HCl）去除。草酸在与烟气接触时会发生化学反应，形成可溶于水的盐类，从而将酸性气体去除。

（2）碱液洗涤：再将烟气引入经过中和步骤的碱液洗涤器中，使用碱性吸收剂（如氨水或钠碱溶液）来中和烟气中残留的酸性物质。这一步骤可以进一步去除烟气中的酸性气体，并减少对环境和设备的腐蚀。

（3）洗涤剂再生：洗涤液中吸收了污染物的吸收剂经过一段时间会饱和，需要进行再生。再生通常包括脱酸、浓缩及中和等步骤，使吸收剂恢复到可再次使用的状态。

（4）除湿：多级洗涤设备的后部通常还设置了除湿装置，用于去除烟气中的水汽。这样可以避免水蒸气对后续处理设备的影响，并减少后续的气体冷却和水分处理的成本。

1. 多级洗涤技术的应用

多级洗涤技术可以有效地去除烟气中的酸性气体和其他污染物，减少大气污染物的排放，改善空气质量和保护环境。

（1）石油工业：在石油炼制过程中，需要洗涤原油和石油产品以去除杂质和污染物。多级洗涤技术可以用于石油分离和净化过程中的油水分离、酸碱洗涤等步骤，提高产品质量，减少废水和废液排放。

（2）化工工业：多级洗涤技术在化工工业中的应用非常广泛。例如，在有机合成过程中，多级洗涤可以用于去除反应物的残留物、催化剂和杂质。它还可用于有机废气（如氯乙烯）的干燥洗涤。

（3）电子工业：在电子器件制造过程中，需要使用溶剂清洗和去离子水洗涤来去除生产过程中的污染物和残留物。多级洗涤技术可以在不同的洗涤阶段中使用不同的溶剂和清洗剂，提高清洗效果和产品质量。

（4）污水处理：多级洗涤技术还可以应用于污水处理过程中。例如，将废水通过多个洗涤阶段，逐步去除污染物和有机物质，达到循环利用的效果。

（5）食品和饮料工业：多级洗涤技术在食品和饮料工业中可以用于清洗容器、设备和食品产品。它可以提高清洗效果，确保产品的卫生和质量。

2. 多级洗涤技术的流程

多级洗涤技术在实践应用中可以明显提高洗涤过程中溶剂的使用效率，减少废液和废水排放，从而达到保护环境和节约资源的目的。

（1）烟气预处理：烟气进入多级洗涤系统前，通常需要进行预处理，例如通过除尘器去除颗粒物、通过冷却器降低烟气温度等。

（2）多级洗涤器：烟气进入多级洗涤器，在洗涤器内与洗涤液进行接触。洗涤液可以是碱液、酸液、吸收剂或其他化学物质，具体根据需要去除的污染物而定。

（3）洗涤液再生：经过与烟气的接触，洗涤液会吸收或吸附烟气中的污染物，洗涤液中的污染物浓度逐渐升高。为了保持洗涤效率，需要对洗涤液进行再生或处理。再生方法可以包括加热、蒸发、过滤、离心、吸附等，将吸附的污染物从洗涤液中分离出来，以便后续循环使用。

（4）烟气脱水：洗涤后的烟气通常含有一定量的水分，为了满足排放标准或后续处理要求，需要将烟气中的水分进行脱除。脱水方法可以包括冷凝、吸附、压缩等。

（5）洗涤废液处理：洗涤后的废液中含有高浓度的污染物，需要进行处理以符合环境要求。处理方法包括中和、沉淀、浓缩、再生等，使污染物达到安全排放标准。

多级洗涤技术可以根据不同污染物的性质和含量进行灵活调整，以达到高效去除污染物的目的。这种技术可以广泛应用于工业排放烟气的治理和碳捕集过程中，提高环境保护的效果，减少对大气和水体的污染。

3. 多级洗涤技术的优点

（1）高效去除污染物：多级洗涤技术通过多个洗涤阶段，能够对不同类型的污染物进行精确去除，提高去除效率。

（2）适应性强：多级洗涤技术可以根据不同的废气或废水组分和特性进行调整和优化，适用于各种不同的工况和污染物。

（3）灵活性高：多级洗涤技术可以通过增加或减少洗涤阶段，来满足不同的洗涤要求，具有较高的灵活性。

（4）资源利用：在多级洗涤技术中，废气或废水经过洗涤阶段后，可以回收和利用其中有价值的物质，提高资源利用效率。

4. 多级洗涤技术的缺点

（1）设备复杂：多级洗涤技术需要多个洗涤阶段，涉及多个设备的组合和协调，设备复杂度较高，对操作和维护的要求也较高。

（2）能源消耗较大：多级洗涤技术需要消耗一定的能源来提供洗涤剂、泵送废气或废水等，存在一定的能源消耗。

（3）占用空间大：多级洗涤技术有多个洗涤阶段，因此需要占用较大的空间，尤其是室外的排放源点，可能会受到空间限制。

（4）操作管理复杂：多级洗涤技术涉及多个设备的运行和协调，需要对各设备进行严密的监测和管理，操作和管理上具有一定复杂性。

总体来说，多级洗涤技术具有高效去除污染物、适应性强、灵活性高和资源利用等优点，但也存在设备复杂、能源消耗较大、占用空间大和操作管理复杂等缺点。在实际应用中，需综合考虑具体情况和经济可行性，选择合适的洗涤技术。

6.4.4 先进燃烧技术

采用先进的燃烧技术（如高温燃烧、氧燃烧、预混合燃烧等），提高燃烧效率，减少氧化过程中的未燃碳和有机物排放，同时减少 CO_2 和其他温室气体的排放，包括以下几个方面。

（1）燃烧器技术：先进燃烧器技术通过改变燃料和空气的混合方式和分布，优化氧燃烧过程，提高燃烧效率和燃烧稳定性。常见的先进燃烧器技术包括低氮燃烧器、飞灰再燃烧器等。

（2）燃烧控制技术：通过自动化控制系统实时监测燃烧过程的参数，包括温度、压力、氧含量等，调整燃料供给、风量及其他参数，以达到最佳的燃烧效果。

（3）燃烧辅助技术：包括预热燃料和空气、燃烧增强剂、再循环燃烧气等技术，用于提高燃烧效率和降低污染物排放。

（4）燃烧废气处理技术：包括脱硫、脱硝、除尘等技术，用于降低燃烧过程中产生的废气中污染物的浓度，达到排放标准。

先进燃烧技术可以实现燃烧过程的优化，提高能源利用效率，减少燃料消耗和排放物，降低对环境的污染和对气候的影响。它被广泛应用于工业领域、发电行业、交通运输等各个领域，是实现可持续发展的重要技术之一。

1. 先进燃烧技术的应用

（1）火电厂：在煤炭或天然气等化石燃料的燃烧过程中，采用超临界锅炉、燃烧器优化设计、低氧燃烧等技术，可以提高电厂的效率和减少排放物的生成。例如，采用低氮燃烧技术可以降低氮氧化物（NO_x）的排放。

（2）工业燃烧：在工业生产中，如钢铁、水泥、化工等行业，采用先进燃烧技术可以减少废气的污染物排放，降低对大气环境的影响。采用高温燃烧、余热回收等技术，可以提高能源利用效率。

（3）汽车发动机：在汽车发动机的燃烧过程中，采用直喷技术、涡轮增压、高压共轨等技术，可以提高燃烧效率，降低燃料消耗和排放物生成。例如，采用可变气门正时技术可以进一步提高发动机的燃烧效率和动力输出。

（4）生物质燃烧：在利用生物质作为能源的过程中，采用先进的生物质燃烧技术可以提高能源转化效率、减少气体和颗粒物的排放。例如，采用气化技术可以将生物质转化为合成气，以提高能源利用效率。

（5）废物处理：在废物焚烧和垃圾处理中，采用先进燃烧技术可以提高能源回收利用率，并减少废物的体积和有害物质的排放。例如，采用倒置燃烧技术可以提高废物的燃烧效率和热能回收。

先进燃烧技术在实践应用中可以有效降低能源消耗、减少污染物的排放和减轻环境的影响，同时提高能源利用效率、实现资源的可持续利用。这对实现清洁生产和可持续发展具有重要意义。

2. 先进燃烧技术的流程

（1）燃料供应：将所需燃料输送至燃烧设备，如锅炉、炉膛等。

（2）燃料预处理：对燃料进行预处理，如除尘、干燥、粉碎等，以提高燃烧效率和燃烧稳定性。

（3）燃烧调节：根据实际需要，对燃料进行调节，包括控制供气速度、供气压力、燃料比例等，以保证燃烧过程的稳定性和安全性。

（4）氧化燃烧：燃料与氧气在高温条件下进行氧化反应，产生热能，如燃料燃烧产生的燃烧温度可以达到几千摄氏度。

（5）燃烧调控：通过控制供气速度、供氧量、燃料比例和燃烧时间等参数，对燃料进行调控，以实现高效燃烧和低污染排放。

（6）废气处理：燃烧后生成的废气中含有一定量的污染物，需要进行处理以符合环境排放标准。废气处理方法包括除尘、脱硫、脱氮、脱氯等，将污染物从废气中分离或转化为无害物质。

（7）余热回收：燃烧过程中产生的热能可以通过余热回收系统进行回收利用，例如用于预热进入燃烧设备的空气或水。

（8）系统控制：通过监测和控制燃烧过程中的参数和设备状态，确保燃烧系统的正常运行和安全性。

先进燃烧技术可以在降低能源消耗的同时，减少污染物的排放，提高工业生产和能源利用的效率与可持续性。

3. 先进燃烧技术的优点

（1）高效能量利用：先进燃烧技术能够提高能源的利用效率，降低能源消耗，减少能源浪费。

（2）减少污染排放：通过先进燃烧技术，燃烧过程更加充分，燃烧效率更高，可以使污染物的排放减少到最低限度，实现低排放。

（3）降低环境负荷：先进燃烧技术能够降低大气污染物（如氮氧化物、SO_2、颗粒物等）的排放量，减少对环境的负荷，保护大气环境和生态系统。

（4）提高安全性：通过改进燃烧设备和控制系统，先进燃烧技术能够提高燃烧过程的稳定性和安全性，减少事故和火灾的发生，保障生产安全。

4. 先进燃烧技术的缺点

（1）技术复杂：先进燃烧技术涉及燃烧设备的改进和优化，以及控制系统的调整和维护，技术复杂度较高，需要专业人员操作和管理。

（2）设备投资大：引入先进燃烧技术需要对现有设备进行改造或购买新设备，投资成本较高，需要进行经济可行性评估。

（3）维护成本高：先进燃烧技术对设备和控制系统的维护要求较高，需要定期检修和保养，维护成本较高。

（4）对操作人员要求高：先进燃烧技术的操作需要专业知识和技能，对操作人员的要求较高，需要进行相关培训和资质认证。

总体来说，先进燃烧技术具有高效能量利用、减少污染排放、降低环境负荷和提高安全性等优点，但也存在技术复杂、设备投资大、维护成本高和对操作人员要求高等缺点。在实际应用中，需综合考虑具体情况和经济可行性，选择合适的燃烧技术。

6.4.5　排放指标监测与控制系统技术

通过建立精确的排放指标监测与控制系统，实时监测烟气和温室气体的浓度和排放量，利用自动控制技术实现精确的排放控制和调整，通常包括以下几个组成部分。

（1）传感器和采样系统：用于采集和测量污染物浓度、温度、流量等参数的设备。传感器可以是化学传感器、红外传感器、超声传感器等，采样系统用于取样并将样品送到分析仪器进行测量。

（2）数据分析和处理系统：用于接收、处理和分析传感器采集到的数据。该系统将数据与预设的标准进行比较，并根据结果采取相应的措施，如发出警报、启动控制设备等。

（3）控制设备和控制策略：用于控制排放设备的操作和参数调整。控制设备可以是阀门、泵驱动器、燃烧器调节器等，控制策略根据实时监测数据和预设的标准确定相应的控制参数和控制动作。

（4）数据记录和报告系统：用于记录和报告污染物排放数据的系统。它可以将数据存储在数据库中，并生成报表以满足生态环境部门的监管要求。

排放指标监测与控制系统可以实时监测和控制污染物的排放，确保企业或机构的排放达到环境标准和法规要求。它可以帮助企业提高环保管理水平，降低排放风险和环境责任，避免因排放不达标而产生的罚款和法律风险。此外，它还可以提供准确的数据支持，用于评估和改进排放控制措施的效果。

1. 排放指标监测与控制技术的应用

（1）工业生产：在各种工业生产过程中，特别是化工、钢铁、造纸、电子等高污染行业，排放指标监测与控制系统能够实时监测废气、废水和固废的排放情况，对排放物进行处理和控制，以确保符合法规要求和环保标准。

（2）烟气净化：在燃煤、燃油、燃气等发电、加热和锅炉等燃烧过程中，采用排放指标监测与控制系统可以实时监测烟气中的污染物浓度，通过脱硫、脱硝、除尘等技术对烟气进行净化和治理，减少大气污染物的排放。

（3）污水处理：在污水处理厂、工业废水处理厂等场所，排放指标监测与控制系统可以实时监测废水中的各项指标，控制废水的流量和质量，并采取相应的处理措施，确保废水排放达到法规要求和环保标准。

（4）垃圾处理：在垃圾焚烧场、垃圾填埋场等垃圾处理场所，排放指标监测与控制系统可以监测废气和废水的排放情况，控制废气中污染物的排放和废水的渗漏，保护环境和降低对生态系统的影响。

（5）清洁生产：在各类企事业单位和地方政府，排放指标监测与控制系统可以帮助实施清洁生产措施，通过实时监测和调整过程条件，降低资源消耗、减少污染物排放，提高生产效率和环保水平。

排放指标监测与控制系统的实践应用可以帮助企业和单位建立科学的环境管理体系，提高环境保护意识，促进可持续发展。它对减少污染和保护生态环境具有重要意义。

2. 排放指标监测与控制技术的流程

（1）监测点设置：根据排放源的特点和要求，确定合适的监测点位置和数量。监测点应该覆盖废气或废水排放的主要区域和污染源。

（2）传感器安装：在每个监测点安装相应的传感器或仪器，用于检测并测量废气或废水中的污染物浓度、温度、流速等参数。常见的传感器包括气体传感器、液体传感器、温度传感器等。

（3）数据采集与传输：将传感器测量得到的数据采集并传输至数据处理系统。数据采集可以通过有线或无线传输方式进行，以确保数据的及时性和准确性。

（4）数据处理与分析：将传输的数据经过处理和分析，计算得到排放指标。常见的排放指标包括污染物浓度、排放速率、排放因子等。

（5）报警与预警：根据设定的排放指标标准，对监测到的数据进行分析和比较，如果超过设定的限值，则触发报警或预警机制，及时通知相关人员进行处理和控制。

（6）控制策略调整：根据监测到的排放指标数据和报警信息，对排放源进行控制策略调整。常见的控制策略包括调整燃烧参数、增加烟气处理设备等，以降低排放污染物的浓度和量。

（7）记录与报告：对监测到的数据、报警信息、控制策略调整等进行记录和存档，并按照相关的法规和标准进行报告，以展示企业的环境管理和排放控制情况。

3. 排放指标监测与控制技术的优点

（1）精准监测：排放指标监测技术可以对大气污染物的排放进行精准监测，能够及时掌握污染物的排放情况，并对违规排放进行监管。

（2）数据可视化：排放指标监测技术能够将监测数据进行可视化展示，方便管理人员和相关部门进行数据分析和决策，提高环境管理的效率和精准度。

（3）及时警报和预警：排放指标监测技术可以实时监测污染源的排放情况，一旦监测到超标情况，系统会自动触发警报和预警，能够迅速采取控制措施，避免污染扩散和加重。

（4）强制性控制：通过排放指标监测技术，可以对企业的污染物排放进行强制控制，提高企业和个人对环境保护的自觉性和责任感。

4. 排放指标监测与控制技术的缺点

（1）技术复杂：排放指标监测技术涉及数据采集、处理和分析等方面，技术复杂度较高，需要专业人员操作和管理。

（2）成本较高：引入排放指标监测技术需要购买监测设备和建设监测系统，投资成本较高，同时还需要维护和更新设备，增加运营成本。

（3）隐私和数据安全问题：排放指标监测技术需要采集和存储企业的相关数据，涉及隐私和数据安全问题，需要做好数据保护和隐私保密工作。

（4）对监测人员和管理人员的要求高：排放指标监测技术的操作和管理需要专业知识和技能，对监测人员和管理人员的要求较高，需要进行相关培训和资质认证。

总体来说，排放指标监测与控制技术具有精准监测、数据可视化、及时警报和预警、强制性控制等优点，但也存在技术复杂、成本较高、隐私和数据安全问题及对监测人员和管理人员的要求高等缺点。在实际应用中，需综合考虑具体情况和经济可行性，选择合适的监测和控制技术。

6.4.6 烟气脱硫脱硝技术

通过去除烟气中的硫氧化物和氮氧化物，减少 SO_2 和氮氧化物的排放。

（1）磷铵肥法（phosphate ammoniate fertilizer process，PAFP）、活性炭纤维法（activated carbon fiber process，ACFP）、软锰矿法：这些技术主要去除烟气中的氮氧化物，通过将氮氧化物转化为氮气来实现净化。

（2）电子束氨法、脉冲电晕法：这些技术同时去除烟气中的氮氧化物和硫氧化物，通过将氮氧化物和硫氧化物转化为氮气和硫酸来实现净化。

（3）石膏湿法、催化氧化法、微生物降解法：这些技术主要去除烟气中的硫氧化物，通过将硫氧化物转化为硫酸或亚硫酸来实现净化。

以最常用的石灰石-石膏脱硫法，采用石灰石作为脱硫吸收剂为例，其过程的主要反应如下。

SO_2 的吸收过程：

$$H_2O + SO_2 \longrightarrow 2H^+ + SO_3^{2-}$$
$$CaCO_3 + 2H^+ \longrightarrow Ca^{2+} + CO_2 + H_2O$$
$$Ca^{2+} + SO_3^{2-} \longrightarrow CaSO_3$$

反应产物的氧化：

$$2CaSO_3 + O_2 \longrightarrow 2CaSO_4$$

结晶生成石膏：

$$CaSO_4 + 2H_2O \longrightarrow CaSO_4 \cdot 2H_2O$$

副反应有

脱 SO_3： $$SO_3 + CaCO_3 \longrightarrow CaSO_4 + CO_2$$

脱 HCl： $$2HCl + CaCO_3 \longrightarrow CaCl_2 + H_2O + CO_2$$

脱 HF： $$2HF + CaCO_3 \longrightarrow CaF_2 + H_2O + CO_2$$

1. 烟气脱硫工艺系统概述

烟气脱硫工艺系统包括：烟气系统、SO_2 吸收系统、浆液制备系统、石膏脱水系统、烟气脱硫（flue gas desulfurization，FGD）供水及排放系统、脱硫废水零排放系统、仪控系统、压缩空气系统等。

（1）烟气系统：针对工业硅冶炼矿热炉压力控制要求高，集气难度大、烟气含小粒径粉尘量较大，影响脱硫工艺运行质量的难题，脱硫工艺在设计时对烟气系统进行优化升级。将布袋收尘系统由半密闭式设计为全密封式，并在布袋除尘器系统后段增设风机，确保炉内烟气的排除和对进入脱硫系统的烟气进行有效收尘处理，提高烟气净化质量，为保证后端脱硫效率奠定重要基础。

（2）SO_2 吸收系统：该系统主要由脱硫塔、除雾器、循环浆液泵、喷淋层、搅拌器及氧化风机等设施设备组成。针对传统脱硫工艺管道易堵塞、烟气和脱硫剂接触差、脱硫效率低、成本高的难题。脱硫塔创新设计采用逆流式喷淋空塔，烟气进入脱硫塔后，循环浆液雾滴与烟气逆流接触，捕集烟气中的 SO_2、SO_3、粉尘等有害物，浆液中的碳酸钙与 SO_2 发生化学反应，生成亚硫酸钙，氧化并结晶生成 $CaSO_4 \cdot 2H_2O$ 晶体。

脱硫塔上部为喷淋层和除雾器两部分，每层喷淋层配置多个喷嘴，以达到要求的雾化效果和足够的喷淋覆盖率，保证了气液的有效接触以及均匀的烟气流场分布，脱硫效率达 90%以上，保证出口 SO_2 排放浓度达标。脱硫塔内部结构如图 6.8 所示。脱硫塔上部设置有两级屋脊式除雾器，对脱硫后的净烟气进行除雾，保证出口烟气的液滴质量浓度不超 50 mg/Nm³。除雾器结构如图 6.11 所示。

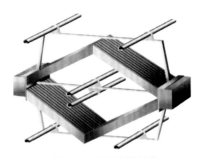

图 6.11　除雾器结构

（3）浆液制备系统：采用石灰石作为脱硫剂，将石灰石粉储存在脱硫系统脱硫剂粉仓内，用浆液罐制成浓度20%的浆液，在浆液罐中储存，根据脱硫系统需要，由浆液泵送至 SO_2 吸收系统。石灰石、碳酸钙纯度为 90%，粒度为 300 目 90%以上过筛，制浆系统采用密闭的自动加料系统。

（4）石膏脱水系统：该系统主要是由石膏排出泵、石膏水力旋流器、真空带式脱水机、真空泵、石膏库等设备组成。

从脱硫塔排出的石膏浆固体物质量分数为 15%～20%，经排浆泵送至石膏缓存箱，石膏泵将石膏浆液送至石膏旋流器，石膏浆经石膏水力旋流器浓缩至固体物质量分数40%～50%后，进入石膏二次脱水装置，经脱水处理后的石膏固体物表面含水率不超过10%，脱水石膏送入石膏库中存放待运；石膏旋流器分离出来的溢流液送入回收水池作为脱硫塔补充水循环使用，真空皮带脱水机中大部分的稀液自流至回收水池作为系统补充水循环使用。

（5）FGD 供水及排放系统：①FGD 供水系统用水为厂内工业水，工艺用水点主要有除雾器冲洗、石灰石制浆和吸收塔氧化浆池液位调整、真空皮带脱水机冲洗、脱硫场地冲洗、设备冷却水等设计中需要的各种其他用水。②FGD 排放系统收集吸收塔事故时排放的浆液、运行时各设备冲洗水、管道冲洗水、吸收塔区域冲洗水及其他区域冲洗水，并返回吸收塔，除此还包括设备冷却水排放、生活污水排放和雨水排放。

（6）脱硫废水零排放系统：本着污染治理不增加新污染源的环保设计理念，设计采用废水零排放处理工艺，将脱硫废水处理系统主工艺设计为"多介质过滤处理+烟道蒸发"。具体流程：脱硫废水→进水缓冲箱→多介质过滤器→过滤水箱→烟道喷雾装置→烟道。整套系统的主要处理设备设施主要由预处理单元和烟道喷雾单元两部分组成。为了确保系统的运行稳定，脱硫废水喷入烟道前需要进行预处理。通过预处理单元澄清过滤后送入烟道喷雾单元。脱硫废水在烟道内进行雾化并在高温烟气的作用下迅速蒸发、结晶，以实现脱硫系统无废水外排，达到废水零排放。

（7）仪控系统：针对工业硅冶炼烟气 SO_2 浓度低且气流量波动大，对脱硫工艺稳定控制影响较大的难题，技术提高了仪控系统设计配置水平，设计采用数据全自动采集反馈和调节的 DCS 集中控制系统，主要对现场仪表、电控设备进行数据实时采集、处理和监控，以实现对脱硫工艺的监控。操作方式为中央自动/手动、现场手动。中央操作在操作室，通过 HMI 进行，现场操作设现场操作池。通过数据的实时采集定时反馈，实现工艺技术参数的及时自动调控，保证依据烟气供入量和 SO_2 浓度实现脱硫剂的精准调控加入，进一步提高了脱硫效率。

工业硅冶炼烟气有机催化法脱硫主要工艺图如图 6.12 所示。

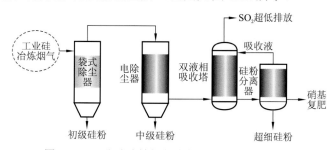

图 6.12　工业硅冶炼烟气有机催化法脱硫工艺图

2. 烟气脱硫脱硝技术的优点

（1）环保效益：烟气脱硫脱硝技术可以有效减少大气中的 SO_2 和氮氧化物排放，降低空气污染。

（2）合规要求：许多国家和地区都有限制大气污染物排放的法规要求，使用烟气脱硫脱硝技术可以帮助企业符合这些法规要求。

（3）改善人体健康：硫化物和氮氧化物是造成酸雨和细颗粒物形成的主要原因之一，使用烟气脱硫脱硝技术可以降低这些有害物质对人体健康的影响。

（4）增加能源利用效率：部分烟气脱硫脱硝技术可以通过能源回收的方式提高能源利用效率，减少能源浪费。

3. 烟气脱硫脱硝技术的缺点

（1）技术成本高：安装和运营烟气脱硫脱硝设备的成本较高，特别是对老旧的工业设施来说，成本可能更高。

（2）能源消耗：一些烟气脱硫脱硝技术需要额外的能源供应，例如吸收剂再生和氮氧化物还原等过程，这可能导致能源消耗增加。

（3）排放物处理：烟气脱硫脱硝过程产生的副产物需要进行处理，以减少对环境的负面影响。

（4）操作和维护要求高：烟气脱硫脱硝设备需要定期地操作和维护，以确保其有效运行，这可能带来额外的成本和工作量。

通过以上协同技术的应用，可以最大限度地减少硅冶炼过程中的烟气和温室气体排放，提高资源利用效率和环境效益，契合清洁生产理念和可持续发展计划。

第 7 章　锰冶炼行业大气污染物
与温室气体协同控制

  锰是一种重要的金属元素，广泛应用于钢铁生产、电池制造、化工工业等领域。为了满足不断增长的需求，锰的冶炼技术也在不断发展和改进。锰的冶炼技术主要分为矿石冶炼和废料冶炼两种方法。矿石冶炼是指对矿石中的锰矿物进行提取和精炼。常见的锰矿石有菱锰矿、辉锰矿和锰铁矿等。矿石冶炼的主要步骤包括矿石破碎、矿浆制备、浸出、沉淀和电解精炼等。这些步骤需要耗费大量的能源和化学试剂，同时也会产生大量的废水和废气，对环境造成一定的影响。废料冶炼是指利用废旧电池、废旧锰合金等废料进行锰的回收和再利用。这种冶炼方法不仅可以减少废料的排放，还可以节约能源和资源。废料冶炼的主要步骤包括废料破碎、酸浸、沉淀和电解精炼等。废料冶炼技术的发展对环境保护和资源循环利用具有重要意义。

  随着科技的不断进步，锰的冶炼技术也在不断创新和改进。传统的冶炼方法存在能源消耗高、废物排放多等问题，因此研发高效、环保的冶炼技术成为行业的重要课题。目前，一些新型的冶炼技术正在逐渐应用于锰冶炼领域。例如，湿法冶炼技术可以减少能源消耗和废物排放，同时提高锰的回收率。电解法和氧化铝法等新型冶炼技术也在逐步取代传统的冶炼方法，以提高生产效率和产品质量。

  总之，锰的冶炼技术在满足市场需求的同时，也需要考虑环境保护和资源利用的问题。矿石冶炼和废料冶炼是目前主要的冶炼方法，但传统的冶炼技术存在一些问题。因此，研发和应用新型的冶炼技术是未来的发展方向。通过不断创新和改进，可以实现锰冶炼过程的高效、环保和可持续发展。

  锰的冶炼工艺包括湿法冶炼和火法冶炼。湿法冶炼是传统的锰矿冶炼方法，包括酸法、碱法等不同的工艺流程，主要适用于高硅锰矿和低磷高铁锰矿等原料。火法冶炼是利用高温炼烧锰矿，将其中的锰氧化物还原为金属锰的方法，适用于含锰量较高的锰矿。火法冶炼工艺中常用的有闭回收炉、电炉等。

7.1　锰冶炼工艺

7.1.1　湿法冶炼技术

  湿法冶炼技术通过溶解和萃取的过程，从锰矿石中提取出锰金属。这种技术具有高效、环保和经济的特点，被广泛应用于锰冶炼行业。

  湿法冶炼技术的基本原理是将锰矿石与化学溶剂反应，使锰金属溶解在溶液中。然后，通过萃取和分离的过程，将溶液中的锰金属提取出来。湿法冶炼技术可以使用不同的溶剂，如硫酸、氯化亚铁等。其中，硫酸是最常用的溶剂，因为它能够高效地溶解锰矿石中的锰金属。

湿法冶炼技术的优点之一是高效。相比于传统的干法冶炼技术，湿法冶炼技术能够更充分地提取锰金属。通过溶解和萃取的过程，湿法冶炼技术可以将锰矿石中的锰金属提取出来，并将其他杂质留在溶液中。这样可以大大提高锰金属的纯度和产量。湿法冶炼技术的另一个优点是对环境友好。相比于干法冶炼技术产生的烟尘和废气，湿法冶炼技术产生的污染物更少。湿法冶炼技术可以通过控制溶剂的使用量和回收利用废液来减少对环境的影响。这使得湿法冶炼技术成为一种可持续发展的冶炼方法。

湿法冶炼技术还具有经济的优势。由于湿法冶炼技术可以高效地提取锰金属，并减少对环境的污染，它可以降低生产成本。同时，湿法冶炼技术还可以利用溶剂中的其他金属资源，实现资源的综合利用。

1. 酸法冶炼

酸法冶炼技术是指利用酸性溶液来溶解矿石中的金属，然后通过沉淀、过滤、电解等步骤将金属分离和纯化的方法。在锰冶炼中，常用的酸法冶炼技术包括硫酸法和氯化法。

硫酸法是最常用的锰冶炼技术之一。它的原理是将锰矿石与硫酸反应生成硫酸锰溶液，然后通过沉淀、过滤、电解等步骤将锰分离和纯化。硫酸法具有操作简单、设备投资少的优点，适用于低品位锰矿的冶炼。然而，硫酸法存在废水处理难、环境污染等问题，对环境造成一定的影响。

氯化法是一种相对较新的锰冶金技术，它的原理是将锰矿石与氯化剂反应生成氯化锰溶液，然后通过蒸发结晶、过滤、电解等步骤将锰分离和纯化。与硫酸法相比，氯化法具有废水处理相对容易、废气排放少的优点，对环境影响较小。然而，氯化法的设备投资较大，操作难度较高，适用于高品位锰矿的冶炼。

无论是硫酸法还是氯化法，酸法冶炼技术都需要解决废水处理、废气排放等环境问题。为了减少对环境的影响，人们一直在不断研究改进酸法冶炼技术。例如，通过优化工艺流程、提高回收利用率、开发环保型酸性溶剂等方式，可以减少废水和废气的排放，降低对环境的污染。总之，酸法冶炼技术在锰的提取和精炼过程中起着重要的作用。硫酸法和氯化法是常用的酸法冶炼技术，它们各有优缺点。为了减少对环境的影响，人们需要不断改进和创新酸法冶炼技术，以实现高效、环保的锰冶炼过程。

2. 碱法冶炼

碱法冶炼技术是一种常用且有效的方法。本小节将探讨锰的碱法冶金技术的原理、应用以及优缺点。首先，锰的碱法冶炼技术是通过碱性溶液对锰矿进行浸出和提取的过程。该技术的基本原理是利用碱性溶液中的氢氧根离子（OH^-）与锰矿中的锰离子（Mn^{2+}）发生反应，生成难溶的氢氧化锰沉淀。这种沉淀可以通过过滤或沉淀分离的方法获得纯度较高的锰化合物。碱法冶炼技术通常使用氢氧化钠或氢氧化钾作为碱性溶液，通过调节溶液的浓度、温度和反应时间等参数，可以控制锰的提取率和纯度。

锰的碱法冶炼技术在许多领域有着广泛的应用。首先，在冶金行业中，锰被用于制造钢铁和合金。通过碱法冶炼技术，可以从锰矿中提取出高纯度的锰化合物，用于制造高强度钢材和特种合金。其次，在化工领域，锰化合物被用作催化剂、氧化剂和还原剂等。碱法冶炼技术可以提供高纯度的锰化合物，满足化工生产中对催化剂和其他锰化合物的需求。此外，锰的碱法冶炼技术还可以用于电子行业中的电池制造、半导体材料和磁性材料的生产等方面。

然而，锰的碱法冶炼技术也存在一些缺点。首先，该技术需要大量的能源和化学品，增加了生产成本。其次，废水和废渣的处理是一个重要的环境问题，需要采取有效的措施进行处理和回收。此外，碱法冶炼技术对锰矿的选择性较差，容易受到杂质的影响，降低了提取率和纯度。

综上所述，锰的碱法冶炼技术具有广泛的应用前景。通过该技术，可以从锰矿中提取出高纯度的锰化合物，满足冶金、化工、电子等领域的需求。然而，为了克服其缺点，需要进一步研究和改进技术，提高提取率、纯度和环保性能，实现可持续发展。

7.1.2 火法冶炼技术

火法冶炼技术是一种常用且有效的锰冶炼方法，通过高温下的热反应将锰矿石转化为金属锰。火法冶炼技术的基本原理是利用高温下的化学反应将锰矿石中的锰氧化物还原为金属锰。在冶炼过程中，首先将锰矿石破碎并进行浸泡，以去除其中的杂质。随后，将矿石与还原剂（如焦炭或煤）混合，并放入高温冶炼炉中进行加热。在高温下，还原剂与锰矿石发生反应，锰氧化物被还原为金属锰。最后，通过冷却和固化，金属锰得以分离和提取。

火法冶炼技术具有一些明显的优点。首先，该技术可以处理不同类型的锰矿石，包括氧化锰矿、碳酸锰矿和硅酸锰矿等。其次，火法冶炼技术具有较高的冶炼效率和产量，能够满足大规模的生产需求。此外，该技术还能够有效地回收和利用冶炼过程中产生的废气和废渣，减少对环境的污染。

然而，火法冶炼技术也存在一些挑战和局限性。首先，高温下的冶炼过程需要大量的能源消耗，导致能源成本较高。其次，冶炼过程中产生的废气和废渣可能含有有害物质，需要进行处理。此外，火法冶炼技术对矿石的质量要求较高，需要对原材料进行精细选矿和预处理。

为了克服这些问题，研究人员正在不断探索和改进火法冶炼技术。一方面，他们致力于开发更高效和节能的冶炼炉和设备，以减少能源消耗和环境污染。另一方面，他们还在研究如何优化矿石的预处理和还原过程，以提高冶炼效率和产量。

1. 碳酸锰矿法

碳酸锰矿法是一种用于锰矿的提取和加工的重要方法。它是通过将锰矿石与碳酸钠在高温下反应，生成碳酸锰和 CO_2 的化学反应过程。碳酸锰矿法具有许多优点，使其成为锰矿提取和加工领域的首选方法之一。

首先，碳酸锰矿法具有较高的提取效率。在反应过程中，碳酸钠与锰矿石中的锰氧化物发生反应，生成易于溶解的碳酸锰。这使得锰矿中的锰元素能够更有效地被提取出来，提高了提取效率。其次，碳酸锰矿法具有较低的能耗和环境影响。相比于其他提取方法，碳酸锰矿法所需的能量较低，减少了能源消耗。此外，该方法产生的主要副产物是 CO_2，相对于其他有害废物，对环境的影响较小。这使得碳酸锰矿法在可持续发展和环境保护方面具有优势。此外，碳酸锰矿法还具有较高的适用性。它可以适用于不同类型的锰矿石，包括硬锰矿、软锰矿和含锰渣等。这使得碳酸锰矿法成为一种灵活且广泛适用的提取方法。

然而，碳酸锰矿法也存在一些挑战和限制。首先，高温条件下的反应过程需要大量的能源供应，这可能增加成本和能源消耗。其次，碳酸锰矿法在处理锰矿石中的杂质方面可能存在一定的困难，需要进一步研究和改进。

2. 氯化法

锰冶炼中氯化法是一种常用的工业生产方法，被广泛应用于锰矿石的提取和加工。这种方法利用氯化剂将锰矿石中的锰元素转化为可溶性的锰氯化物，从而实现锰的分离和提纯。在氯化法中，最常用的氯化剂是氯化铵和氯化钠。这些氯化剂在高温下与锰矿石反应，生成锰氯化物和氯化物废料。锰氯化物溶解于水中，而氯化物废料则可以通过后续处理进行回收利用或安全处理。

锰冶炼的氯化法具有一些显著的优点。首先，该方法能够高效地将锰矿石中的锰元素转化为可溶性的锰氯化物，从而提高锰的回收率。其次，氯化法对锰矿石的适用性广泛，可以处理多种类型的锰矿石，包括含有高硅、高铁等杂质的矿石。此外，氯化法的操作相对简单，设备要求较低，适用于大规模工业生产。

然而，锰冶炼的氯化法也存在一些问题和挑战。首先，氯化剂的成本较高，会增加生产成本。其次，氯化法在处理过程中会产生大量的氯化物废料，需要进行后续处理，以确保环境安全。此外，氯化法的高温反应条件对设备的耐腐蚀性要求较高，需要选用耐高温和耐腐蚀材料，增加了设备的投资和维护成本。为了克服这些问题，研究者正在不断努力改进锰冶炼的氯化法。他们致力于寻找更加经济高效的氯化剂，降低生产成本。同时，他们也在研究废料处理技术，以减少环境污染和资源浪费。同时，他们还在探索新的反应条件和工艺参数，以提高锰冶炼的效率和质量。

7.1.3　电解法

锰的电解法冶炼是一种重要的冶金工艺，广泛应用于锰矿的提取和纯化过程中。首先，锰的电解法冶炼是基于锰在电解液中的电化学行为而进行的。在冶炼过程中，锰矿经过破碎、磨矿等处理后，与电解液一起放入电解槽中。在电解槽中，通过电流的作用，锰矿中的锰离子被还原成金属锰，并在阴极上析出。同时，阳极上的氧化反应产生氧气，具体工艺流程见图 7.1。

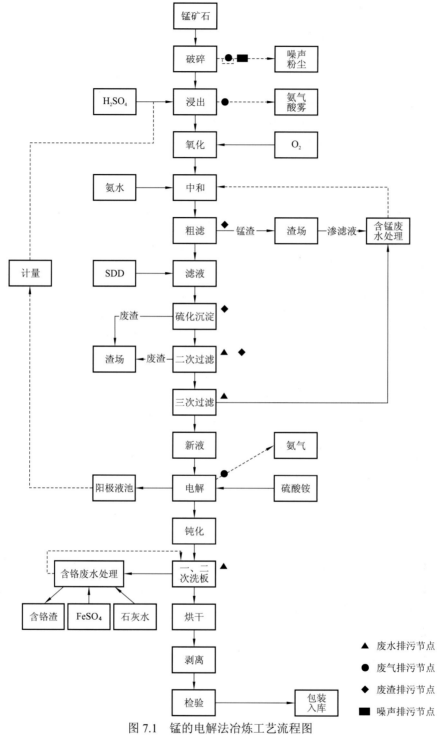

图 7.1　锰的电解法冶炼工艺流程图

SDD 为二甲基二硫代氨基甲酸钠

　　锰的电解法冶炼具有以下优点。首先，该方法可以高效地提取和纯化锰。锰矿中的锰离子可以通过电解法得到高纯度的金属锰，从而满足不同领域对锰的纯度要求。其次，该方法的操作简单，设备投资相对较低。相比于其他冶炼方法，电解法冶炼不需要高温高压条件，设备成本较低，操作相对简便。此外，电解法冶炼还具有环保的优势。相比于传统的冶炼方法，电解法冶炼过程中不会产生大量的废气和废水，减少了对环境的污染。

锰的电解法冶炼也存在一些挑战和限制。首先，电解法冶炼的能耗较高。由于电解过程需要消耗大量的电能，电解法冶炼的能耗较高，增加了生产成本。其次，电解法冶炼对原料的要求较高。锰矿中的杂质元素会对电解过程产生不利影响，因此需要对原料进行预处理，提高其纯度。此外，电解法冶炼还存在一定的技术难题，如电解液的选择、电流密度的控制等，需要进一步地研究和改进。

1. 氧化铝电解法

锰的氧化铝电解法冶炼是一种重要的冶金工艺，用于生产高纯度的锰金属。这种方法通过将锰氧化物与铝粉作为阳极和阴极，分别置于电解槽中，通过电解的方式将锰离子还原成金属锰。这种冶炼方法具有高效、环保的特点，能够有效地提取锰金属，并且可以同时回收铝粉。

在锰的氧化铝电解法冶炼过程中，电解槽中的电解液起着关键的作用。一般情况下，电解液采用硫酸溶液，其浓度和温度对冶炼效果有着重要的影响。此外，电流密度也是影响冶炼效率的重要因素，过高的电流密度会导致能量浪费和电解液浓度变化过快，而过低的电流密度则会降低冶炼效率。因此，在实际生产中，需要精确控制这些参数，以获得最佳的冶炼效果。

锰的氧化铝电解法冶炼在锰冶金行业具有广泛的应用前景。锰金属是一种重要的合金添加剂，在钢铁、铝合金等行业中有着广泛的应用。通过采用氧化铝电解法冶炼锰金属，不仅可以提高冶炼效率和产品质量，还能够减少能源消耗和环境污染。因此，进一步研究和推广这种冶炼方法具有重要的意义。

2. 氧化锌电解法

锰的氧化锌电解法冶炼是一种重要的冶金工艺，用于从锰矿中提取锰金属。这种方法通过将锰矿经过预处理后与氧化锌共烧，生成锰氧化物和锌氧化物的混合物。随后，该混合物被送入电解槽中进行电解，将锰还原为金属形式，而锌则以氧化物的形式析出。这种冶炼方法具有高效、环保的特点，并且能够获得高纯度的锰金属产品。

锰的氧化锌电解法冶炼具有以下的优点。首先，该方法能够高效地将锰从矿石中提取出来，并且可以在较低的温度下进行，降低了能源消耗。其次，通过电解的方式进行还原，可以实现对锰金属的高纯度提取，从而满足不同行业对高纯度锰的需求。此外，该方法还能够同时回收锌，减少了资源浪费。

目前，锰的氧化锌电解法冶炼还存在一些问题。首先，该方法的设备和工艺要求较高，需要投入较高的成本。其次，由于锰矿的质量和成分差异较大，冶炼过程中需要进行矿石的预处理，增加了工艺复杂性。此外，电解过程中也会产生一定的废水和废气，对环境造成一定的影响，因此需要进行有效的处理和控制。

7.1.4 发展趋势

锰冶炼工艺具有许多特点，这些特点对锰冶炼行业的发展起着重要作用。首先，锰冶炼工艺具有高效性和节能性。通过采用先进的冶炼设备和技术，可以提高冶炼效率，减少能源消耗，降低生产成本。其次，锰冶炼工艺具有灵活性和适应性。不同类型的锰矿石可以采用不同的冶炼工艺，以适应不同的生产需求。此外，锰冶炼工艺还具有环保性。通过合理设计和运营冶炼过程，可以减少废气、废水和固体废弃物的排放，保护环境。

锰冶炼工艺也存在一些缺点。首先，冶炼过程中产生的废渣和废水需要进行处理和处置，增加了环境管理的难度和成本。其次，锰冶炼工艺的技术要求较高，需要专业的操作技术和设备维护，增加了生产管理的难度。此外，锰冶炼工艺的投资成本较高，需要考虑资金回报周期和风险。

锰冶炼工艺在许多领域有广泛的应用。首先，锰冶炼工艺是钢铁冶炼和合金生产的重要环节。锰合金是一种重要的合金材料，广泛应用于钢铁、电力、化工等行业。其次，锰冶炼工艺还可以应用于电池材料、化肥、玻璃等领域。

未来，锰冶炼工艺的发展趋势是继续提高冶炼效率和产品质量，降低能源消耗和环境影响。随着科技的进步，锰冶炼工艺将更加智能化和自动化，生产效率和安全性将进一步提高。此外，锰冶炼工艺还将更加注重资源的综合利用和循环经济的发展，实现可持续发展。

为了实现锰冶炼工艺的创新和发展，研究方向可以包括但不限于以下几个方面。首先，研究新型的锰冶炼工艺和设备，提高冶炼效率和产品质量。其次，研究锰冶炼过程中的环境污染控制技术，减少废气、废水和固体废弃物的排放。此外，研究锰冶炼工艺与其他行业的协同发展，促进资源共享和循环利用。最后，研究锰冶炼工艺的智能化和自动化技术，提高生产效率和安全性。

综上所述，锰冶炼工艺具有许多特点和优缺点，广泛应用于钢铁、合金、电池材料等领域。未来，锰冶炼工艺将继续发展，注重提高效率、降低能耗和环境影响。研究方向可以包括新工艺、环境控制、资源综合利用和智能化技术。

7.2 锰冶炼的大气污染物排放

冶炼锰、锰合金和使用锰的厂矿及其周围的大气中，存在气溶胶形态的锰，其质量浓度超过 $500 \, \mu g/m^3$，可造成工人职业性的锰中毒。从区域环境来说，大气中的锰质量浓度：欧洲平均为 $0.043 \, \mu g/m^3$，北美为 $0.15 \, \mu g/m^3$，日本为 $0.08 \sim 0.6 \, \mu g/m^3$，意大利的米兰为 $1.3 \, \mu g/m^3$，北半球海洋上空为 $0.007 \, 9 \, \mu g/m^3$，南半球海洋上空为 $0.000 \, 24 \, \mu g/m^3$，南极洲为 $0.000 \, 01 \, \mu g/m^3$（傅京燕 等，2018）。大气中锰的氧化物和其他金属氧化物，能在 SO_2 转化为硫酸或硫酸盐的反应中起催化作用。电解金属锰生产过程中，由于原料的特殊和工艺的要求，在冶炼锰过程中有多种污染物被排放到大气中，这些污染物包括如下几类。①二氧化硫（SO_2）：在锰冶炼过程中，如果使用含硫的煤炭或焦炭作为还原剂，其中的硫会与氧气反应生成 SO$_2$。SO$_2$ 是一种有刺激性气味的无色气体，对人体和环境有害。②氮氧化物（NO$_x$）：在高温条件下，空气中的氮和氧反应会生成氮氧化物。锰冶炼过程中的高温燃烧和反应会产生大量的氮氧化物。氮氧化物是一类有毒气体，对人体呼吸系统和环境具有负面影响。③悬浮颗粒物（PM）：锰冶炼过程中，矿石的粉尘、燃料的燃烧产生的烟尘，以及一些化学反应生成的固体颗粒物都属于悬浮颗粒物。这些颗粒物可以悬浮在空气中，对空气质量和人体健康造成影响。④挥发性有机物（VOCs）：锰冶炼过程中，一些有机化合物可能会挥发到大气中，形成挥发性有机物的污染。挥发性有机物是空气中的重要污染物之一，对空气质量和人体健康有潜在风险。锰尘和二氧化锰的主要危害是对人体呼吸系统的刺激作用。长期暴露于高浓度的锰尘和二氧化锰中，可能导致呼吸道炎症、气喘和肺部损伤。此外，一些研究还发现，锰尘和二氧化锰与神经系统疾病，如帕金森病的发生有关。

除了对人类健康的影响，锰冶金大气污染物还对环境产生负面影响。锰尘和二氧化锰可以在大气中长距离传播，并沉积在土壤和水体中。这可能导致土壤和水体的锰浓度升高，对植物和水生生物产生毒性影响。此外，锰污染还可能破坏生态系统平衡，影响生物多样性。

7.2.1　锰烟尘

锰行业生产主要原材料为二氧化锰矿和碳酸锰矿两大类，95%以上的已建及在建电解金属锰企业采用碳酸锰矿为原料，在锰矿电解的预处理过程中会有大量的锰矿粉尘产生，如图 7.2 所示。由于原料为碳酸锰，为使碳酸锰充分地与硫酸反应，需要先把矿石破碎成粉状。矿石破碎过程中会产生噪声和粉尘，粉尘中含有的重金属基本与矿石成分中的一致。矿石原料车间中的储存、破碎、研磨过程，都会伴随着大量粉尘的产生，其主要成分有 Mn、Cu、Pb、Zn、As、Cd、Ni、Cr(VI)等金属。除此之外，在锰矿石的开采过程中也会产生大量的锰烟尘。如图 7.3 所示，这些粉尘粒径大小不均匀，小颗粒会随尾气一同排入大气环境中，形成气溶胶，通过呼吸道进入人体内部，对人体造成损伤。气溶胶也会在气流和降雨的影响下，进入水体和土壤中，从而对环境造成污染。

图 7.2　锰矿电解预处理过程

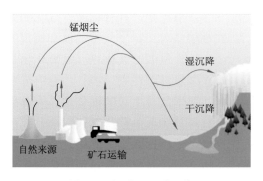

图 7.3　锰矿石开采污染

7.2.2　二氧化锰

二氧化锰（MnO_2）是一种黑色无定形粉末或黑色斜方晶体，化学性质稳定，是八面体结构，氧原子在八面体顶角上，锰原子在八面体中，八面体共棱连接形成单链或双链，这些链与其他链共顶，形成空隙的隧道结构，八面体或成六方密堆积，或成立方密堆积。它难溶于水、弱酸、弱碱、硝酸和冷硫酸，但在加热条件下可以溶于浓盐酸，产生氯气。二氧化锰常用作催化剂。

在锰矿石的破碎、运输和筛分过程中，会产生一定量的氧化锰粉尘。同时在锰冶炼过程中二氧化锰是最主要的污染物之一，其主要来源于熔炼和精炼过程中的高温化学反应。会对人体呼吸系统造成伤害。长期吸入二氧化锰粉尘会导致肺部疾病，如硅肺、肺纤维化等；二氧化锰粉尘还可能对皮肤、眼睛等造成刺激。在环境方面，二氧化锰粉尘会使土壤、水体和生态系统受到影响。当二氧化锰粉尘沉积在水体中，会使水体中的锰浓度升高，对水生生物造成毒性影响。此外，二氧化锰粉尘还会影响土壤质量，使其肥力下降。其排放到大气中会导致空气质量下降。二氧化锰粉尘在大气中与其他污染物相互作用，可能会形成酸雨。酸雨对环境和生态系统具有很大的破坏性，如导致土壤酸化、水体酸化、植被受损等。由于二氧化锰的催化性能，二氧化锰粉尘在阳光作用下可能与大气中的其他污染物发生光化学反应，生成光化学烟雾，光化学烟雾对人体健康和环境都有一定的危害。大量二氧化锰粉尘排放到大气中，可能会吸收太阳辐射，进而影响地球的气候系统。气候变化对人类生活和生态环境都有极大的影响。

7.2.3　氨气

氨气（ammonia），是一种无色、有强烈的刺激气味的气体，化学式为 NH_3，分子量为 17.031，密度为 0.771 0 g/L，相对密度为 0.597 1（空气＝1.00）。氨气能使湿润的红色石蕊试纸变蓝，能在水中产生少量氢氧根离子，呈弱碱性。在常温下加压即可使其液化（临界温度 132.4 ℃，临界压力 11.2 MPa），沸点为-33.5 ℃，也易被固化成雪状固体，熔点为-77.75 ℃，溶于水、乙醇和乙醚。在高温时会分解成氮气和氢气，有还原作用。有催化剂存在时氨气可被氧化成 NO。氨气在工业上常被用于调节 pH。氨气可由氮和氢在高温高压下直接合成而制得，能灼伤皮肤、眼睛、呼吸器官的黏膜，人吸入过多，能引起肺肿胀，以至死亡。

在电解锰冶炼过程中氨气主要诞生于浸出中和及电解液中，浸出中和工序就是把破碎后的碳酸矿粉加入阳极液中进行浆化，并加入一定比例的硫酸进行酸性浸出，制成硫酸锰电解液。为了去除溶液中的铁铝等杂质，浸出反应完成后，再加入适量的二氧化锰矿粉进行氧化反应，最后加入一定量的氨水调节 pH。浸出过程中反应体系中的氨气绝大多数来源于氨水调节 pH 的过程，氨水的大量使用导致氨气从反应体系中逸出。电解过程中为提高电解效率会加入部分氨水以调节 pH，在此过程中会产生无组织氨气。另外，部分企业采用加药吹脱法处理废水中 NH_3-N 的过程中，废水中的 NH_4^+ 转化为 NH_3，在吹脱时 NH_3 由水相转化为气相，经吸收后高空排放。氨气的排放对大气造成的影响主要有以下几点。①温室气体：氨气是一种温室气体，它会吸收和辐射地球表面反射的红外辐射，从而导致地球大气温度升高，加剧温室效应。②大气污染：氨气在大气中与其他物质反应，可形成颗粒物和有害气体，如硝酸盐和硫酸盐气溶胶等，从而加重大气污染。③酸雨：氨气在大气中可与 SO_2、氮氧化物等污染物反应，形成硫酸铵和硝酸铵等酸性物质，这些物质随着降水落到地面，导致酸雨，酸雨对环境和生态系统具有很大的破坏作用，如破坏植被、腐蚀建筑物、导致水体酸化等。④影响大气能见度：氨气与其他污染物一起，会导致大气浑浊，降低能见度，影响交通安全。⑤对人体健康的影响：氨气具有刺激性和腐蚀性，长期暴露于高浓度氨气中，可能导致呼吸道疾病、眼部刺激等健康问题。

7.2.4　氮氧化物

氮氧化物（nitrogen oxides，NO_x）是一类由氮和氧元素组成的化合物，主要包括 NO 和 NO_2。除这两种主要的氮氧化物外，还有多种其他形式的氮氧化物，如 N_2O_4、N_2O_5 等。这些化合物具有不同的理化性质。①氮氧化物在水中具有一定的溶解度，但 NO 难溶于水，NO_2 则易溶于水生成硝酸和亚硝酸。②化学反应：氮氧化物具有较强的氧化性，可以与许多有机化合物发生反应，生成臭氧、硝酸盐等有害物质，此外氮氧化物还可以与水蒸气反应，生成硝酸和亚硝酸。③毒性：氮氧化物对人体和环境具有一定的毒性。NO 具有较强的还原性，可与血红蛋白结合导致缺氧，NO_2 则具有刺激性和腐蚀性，对呼吸道和眼睛有伤害作用。长期暴露于高浓度的氮氧化物中可引发呼吸道疾病、心血管疾病等。④环境影响：氮氧化物是大气污染物的主要成分之一，可导致酸雨、光化学烟雾等环境问题。它们还可以与其他污染物反应，生成更有害的物质，对生态系统和人体健康造成危害。一方面，它可以参与大气中的光化学反应，形成臭氧、硝酸盐和硫酸盐等有害物质，引起空气污染和酸雨；另一方面，它还可以与水蒸气反应，形成硝酸和亚硝酸等化合物，进一步加剧水体污染。此外，氮氧化物还可能对健康造成危害，如吸入高浓度的 NO 会引起呼吸道刺激和炎症等。

锰污染过程中，氮氧化物的排放主要源于锰矿开采、选矿、冶炼和加工等过程中的燃烧和氧化反应。以下是氮氧化物在锰污染过程中的排放来源和控制方法。①锰矿开采和选矿：在锰矿开采和选矿过程中，炸药的使用和矿石的粉碎、筛分等作业会产生大量的氮氧化物。为了减少这部分排放，可以采用低氮炸药、优化开采和选矿工艺，减少矿石粉碎和筛分过程中产生的氮氧化物。②锰冶炼：在锰冶炼过程中，高温熔炼和烧结等作业会导致燃料中的氮氧化物排放。采用低氮燃烧技术、改进冶炼工艺、增加废气处理设施等措施可以有效降低氮氧化物的排放量。③锰加工：在锰产品加工过程中如焊接、切割等作业，会产生一定量的氮氧化物。对这些作业场所加强通风、使用低氮焊接材料等可以减少氮氧化物的排放。④运输过程：在锰矿石和产品的运输过程中，交通运输工具的尾气排放也是氮氧化物的重要来源。对交通运输工具进行尾气治理、加强监管，以及使用清洁能源车辆等措施可以减少这部分排放。⑤污染治理：对于锰污染过程中的氮氧化物排放，应加强污染治理设施的建设和运行管理，确保废气处理设施的正常运行。同时，加强对氮氧化物排放的监测和监管，制定相应的排放标准和限值，推动企业合法运营。

7.2.5　硫氧化物

SO_2 是一种无色、有刺激性气味的气体，易溶于水。它是燃烧含硫燃料（如煤、石油、天然气等）时产生的主要大气污染物之一。液态 SO_2 比较稳定，不活泼。气态 SO_2 加热到 2 000 ℃不分解、不燃烧，与空气也不组成爆炸性混合物。无机化合物如溴素、三氯化硼、二硫化碳、三氯化磷、磷酰氯、氯化碘及各种亚硫酰氯化物都可以任何比例与液态 SO_2 混合。SO_2 化学性质极其复杂，液态 SO_2 可作自由基接受体。例如在偶氮二异丁腈自由基引发剂存在下，SO_2 与乙烯化合物反应得到聚砜。液态 SO_2 在光照下，可与氯和烷烃进行氯磺化反应，在氧存在下生成磺酸。液态 SO_2 在低温表现出还原作用，但在 300 ℃以上表现出氧化作用。SO_2 主要来源于人类工业活动和火山喷发。SO_2 进入大气中可与其他气体和颗粒物反应形成酸雨，对环境产生危害。此外，它还可以与空气中的水蒸气反应生成云雾或颗粒物。

锰冶炼过程中，硫氧化物主要是 SO_2 和 SO_3。这些硫氧化物是对环境有一定影响的有害气体。在锰冶炼过程中，硫氧化物的产生主要源于以下两个方面。①锰矿石中含有的硫：锰矿石中通常含有一定量的硫，冶炼过程中，硫元素在高温条件下会被氧化成 SO_2 和 SO_3 等硫氧化物。②燃料的燃烧：在锰冶炼过程中，燃料的燃烧也会产生一定量的 SO_2 和 SO_3。这些硫氧化物对环境造成以下影响。①形成酸雨：SO_2 在大气中与其他气体和颗粒物反应，形成硫酸和硫酸盐，这些物质随着降水落到地面，形成酸雨。酸雨对环境、生态系统和人体健康都有很大影响，如破坏植被、腐蚀建筑物、导致水体酸化等。②影响大气能见度：SO_2 和其他污染物一起，会导致大气浑浊，降低能见度，影响交通安全。③促进光化学烟雾形成：SO_2 在阳光下与其他有机污染物反应，形成光化学烟雾，对人体健康和环境造成危害。④影响气候：SO_2 和其他温室气体一起，会导致温室效应加剧，从而影响全球气候变化。⑤对人体健康的影响：长期暴露于高浓度的 SO_2 中，可能导致呼吸道疾病、眼部刺激等健康问题。

7.2.6　碳氧化物

碳氧化物是一类由碳和氧元素组成的化合物，主要包括 CO、CO_2、C_2O 等。在这些化合物中，CO 和 CO_2 是最常见的。CO 是一种无色、无味、有毒的气体，主要源于矿物燃料的燃烧、石油炼制、钢铁冶炼等过程。CO 在大气中会与氧气竞争，导致人体缺氧，对大气环境和人体健康有很大影响。CO_2 是一种无色、无味的气体，主要源于燃烧化石燃料、动植物呼吸、微生物发酵等过程。CO_2 在大气中起到稳定大气成分的作用，对大气有保温作用。然而其含量的逐渐升高，全球气温也逐渐上升，导致气候变暖。碳氧化物对大气环境的影响主要表现在以下几个方面。①温室效应：CO_2 等碳氧化物在大气中增加，会加剧温室效应，进而影响全球气候变化。②空气质量下降：CO 等碳氧化物会导致大气污染，降低空气质量，影响人体健康。③酸雨：CO_2 与 SO_2、氮氧化物等污染物在大气中反应，形成硫酸铵和硝酸铵等酸性物质，这些物质随着降水落到地面，导致酸雨。酸雨对环境和生态系统具有很大的破坏作用，如破坏植被、腐蚀建筑物、导致水体酸化等。

锰的冶炼过程中会产生大量的粉尘和废气，其中包含多种污染物，包括碳氧化物。一般来说，排放的碳氧化物主要是 CO_2 和 CO。CO_2 通常是由于锰矿中含碳或使用碳作为还原剂，在焙烧环节中高温下进行还原反应时产生的。这是锰冶炼过程中难以避免的一部分。然而，现代锰矿的冶炼过程通常采用电炉熔炼法，相较于传统的鼓风炉熔炼法，能显著降低 CO_2 的排放。至于 CO 的排放，它通常是由于锰矿中的碳在高温下不完全燃烧产生的。这主要发生在冶炼的过程中，或者在锰矿烧结的过程中。碳氧化物对环境的污染主要表现在以下几个方面。①大气污染：碳氧化物是大气中的主要污染物之一，尤其是 CO_2，过量排放会导致温室效应加剧，引起全球气候变化；②水污染：碳氧化物与水中的其他物质反应，可能生成酸雨或影响水体中的生物群落；③土壤污染：碳氧化物排放到大气中，经过自然沉降后，可能进入土壤，影响土壤质量和农作物生长。因此，在锰的冶炼过程中，企业需要采取有效的措施来减少碳氧化物的排放，以减轻对环境的污染。

7.2.7　挥发性有机物

挥发性有机物（VOCs）是指在常温下具有较高蒸气压的有机化合物，易于挥发到大气中。它们有许多源头，包括工业过程、燃烧活动、化学品使用、溶剂使用、汽车尾气等。常见的挥发性有机污染物包括以下几类化合物。①烃类：如甲烷、乙烷、丙烷等简单烃类，以及苯、甲苯、二甲苯等芳香烃类，这些化合物主要来自石油和天然气开采、石化工业、汽车尾气等。②挥发性有机化合物：如醇类、酯类、酮类、醚类等。这些化合物广泛用作溶剂、涂料、胶黏剂、清洁剂等，其挥发性质使其易于释放到大气中。③挥发性有机氮化合物：如氨、氨基酸、腐殖酸等，这些化合物主要来自农业活动、废水处理、生物分解过程等。VOCs 对环境和人类健康具有一定的影响，主要包括以下方面。①大气污染：VOCs 的危害性很大，它们能够参与大气环境中臭氧和二次气溶胶的形成，导致区域性大气臭氧污染和 $PM_{2.5}$ 污染。此外，大多数 VOCs 具有令人不适的特殊气味，并具有毒性、刺激性、致畸性和致癌作用，特别是苯、甲苯及甲醛等对人体健康会造成很大的伤害。②温室效应：一些 VOCs，如甲烷，是温室气体，对全球气候变化起到重要作用。③人体健康：VOCs 对人体呼吸系统、皮肤和眼睛等造成刺激和损害。此外，某些 VOCs 还具有毒性和致癌性。

在锰冶炼过程中，VOCs 的污染和排放主要来自以下几个方面。①燃烧过程：锰冶炼过程中使用的燃料，如煤炭或焦炭，会在高温条件下燃烧，释放出一些 VOCs。这些化合物可以来自燃料本身，也可以是燃料中的杂质或添加剂。②冶炼过程：在锰冶炼过程中，可能使用一些含有 VOCs 的溶剂、涂料、胶黏剂等材料。这些 VOCs 在加热或处理过程中会释放到大气中。③废气处理：锰冶炼过程中产生的废气中可能含有 VOCs。这些废气需要进行处理，以减少对环境的污染。不完全燃烧或不完全还原的过程中，也可能产生一些 VOCs。④废水处理：在锰冶炼过程中，废水处理可能使用一些含有 VOCs 的溶剂或化学品。这些溶剂或化学品在处理过程中可能挥发到大气中。为了减少锰冶炼过程中的 VOCs 的污染和排放，可以采取以下措施。①使用低挥发性溶剂和化学品：选择低挥发性的溶剂、涂料、胶黏剂等材料，减少 VOCs 的释放。②安装废气处理设备：在锰冶炼过程中安装废气处理设备，如吸附装置、催化转化装置等，以减少 VOCs 的排放。③加强废气和废水处理：对锰冶炼过程中产生的废气和废水进行适当处理，以减少 VOCs 的排放。④推广清洁生产技术：采用清洁生产技术，如低温燃烧、高效还原等，减少 VOCs 的生成和排放。⑤加强监测和控制：建立监测系统，及时掌握 VOCs 的排放情况，并采取相应的控制措施。

7.2.8 其他污染物

锰烟尘是一种由锰矿石冶炼过程中产生的副产物，它具有一定的催化性能。除此之外，锰矿石中也存在一些重金属元素（如铅和铬等）。以下是锰烟尘的一些常见催化性能。①氧化催化：锰烟尘中含有高浓度的锰氧化物，可以作为氧化催化剂。锰烟尘可以催化有机物的氧化反应，例如甲醇的氧化反应，将甲醇转化为甲醛和甲酸。②脱硝催化：锰渣中的锰氧化物也具有良好的脱硝催化性能。锰烟尘可以催化氨气与 NO_x 的反应，将其转化为氮气和水，从而实现脱硝。③有机废气净化催化：锰渣对有机废气的净化也具有一定的催化作用。锰烟尘可以催化有机废气中的有害物质的氧化、还原和分解反应，降低有机废气中有害物质的浓度。④VOCs 催化氧化：锰烟尘可以催化 VOCs 的氧化反应，将有机物氧化为无害的 CO_2 和水。这对大气污染治理中的 VOCs 排放控制具有重要意义。

锰冶炼过程中产生的大气污染物具有一定的复杂性，主要原因有以下几个方面。①多种污染物共存：锰冶炼过程不仅会产生 SO_2、NO_x 等常见的大气污染物，还可能伴随有 VOCs、氟化物（F）等其他污染物的生成和排放，详见表 7.1。这些污染物的种类和浓度会受到原料成分、冶炼工艺及废气处理设备等多种因素的影响。②多相反应和复杂反应动力学：锰冶炼过程中，涉及多相反应，包括固态物料的氧化、还原、转化等过程，以及燃烧和气体相反应等。这些反应的速率和平衡受到温度、压力、气体组成、催化剂等因素的影响，使污染物的生成和转化过程变得复杂。③污染物之间的相互作用：锰冶炼过程中产生的污染物之间可能存在相互作用和协同效应。例如，SO_2 和 NO_x 在大气中可以发生复杂的化学反应，生成二次污染物，如硫酸雾、硝酸雾和臭氧等，如表 7.2 所示。这些二次污染物对环境和人体健康的影响更加复杂。④大气扩散和输送：锰冶炼过程中产生的污染物会通过烟囱排放到大气中，然后受到大气扩散和输送的影响，向周围地区传播。大气扩散和输送受到气象条件、地形地貌、风向风速等因素的影响，使得污染物的分布和浓度具有时空变化的特点。

表 7.1　主要有组织废气成分检测结果　　　（单位：mg/cm^3）

序号	污染排放源	颗粒物	铅及其化合物	镉及其化合物	锰及其化合物	硫酸雾	氨
1	破碎除尘器	0.20	0.000 3	0.000 002	0.000 1		
2	锰粉仓	0.17					
3	酸浸浆化桶	0.117				0.4	0.001
4	电解车间喷淋塔						0.024

表 7.2　无组织废气成分检测结果　　　（单位：mg/cm^3）

项目	颗粒物	铅及其化合物	镉及其化合物	锰及其化合物	二氧化硫	二氧化氮	氨
质量分数	0.90	0.000 5	0.000 52	0.017	0.084	0.034	0.654

需要注意的是，具体的大气污染物的种类和排放量会受到锰冶炼过程中使用的原料、工艺参数和设备等因素的影响。因此，在具体的锰冶炼工艺中，应根据实际情况采取相应的措施来减少挥发性有机污染物的污染和排放。

7.3　锰冶炼的温室气体排放

锰冶炼行业是我国的重点产业之一，其发展对国民经济的增长具有重要意义。然而，锰冶炼行业在生产过程中会产生大量的温室气体排放，对环境造成严重影响。锰冶炼行业在生产过程中主要产生二氧化碳（CO_2）、甲烷（CH_4）、氮氧化物（NO_x）等温室气体。根据相关统计数据，我国锰冶炼行业 2019 年排放的 CO_2 量为 930 万 t，甲烷量为 3.5 万 t，氧化亚氮量为 1.2 万 t。其中，CO_2 是锰冶炼行业主要排放的温室气体，占排放总量的 90% 以上。锰冶炼行业温室气体排放的原因主要是锰冶炼行业生产过程中需要消耗大量的能源，主要是煤炭、天然气等化石能源。这些能源的燃烧会导致大量的 CO_2 排放。同时，能源利用效率低下也导致了更多的温室气体排放。锰冶炼行业的生产工艺相对落后，主要是以传统的焦炭还原法为主。这种方法会产生大量的 CO_2 和氧化亚氮。此外，传统的生产工艺还存在环境污染严重、资源利用率低等问题，对环境造成了严重影响。本节将对锰冶炼过程中温室气体的排放来源进行总结，探讨其对环境和气候变化的影响，并提出一些建议以减少这些排放。

7.3.1 锰冶炼过程中温室气体的排放

1. CO_2 的排放

1）锰冶炼过程中 CO_2 排放的主要来源

（1）原料制备。锰冶炼的原料制备过程中，包括矿石的破碎、烧结等工序，也会产生 CO_2。首先，锰矿石的破碎过程中，机械破碎会消耗大量能源，从而产生 CO_2。此外，一些矿石颗粒可能会被炸飞，形成粉尘。这些粉尘可以吸收和发射红外线，对大气温室效应作出贡献，进而导致全球气候变化。其次，在锰矿石的烧结过程中，需要添加燃料以提供所需的热量。这些燃料燃烧会产生 CO_2 等温室气体，进而排放到大气中。CO_2 的排放量与烧结工艺、燃料类型以及烧结温度等因素有关。

（2）锰矿焙烧过程。锰矿焙烧是锰冶炼的第二步，目的是将锰矿中的锰氧化为二氧化锰，以便进一步进行冶炼。锰矿的焙烧过程需要加热至高温，一般采用回转窑或竖窑等设备。在焙烧过程中，需要添加燃料，如煤、油等，以提供所需的热量。燃料燃烧会产生 CO_2 等温室气体。此外，焙烧温度和时间是影响焙烧效果的两个重要因素。焙烧温度通常在 $1\,000\sim1\,200\,℃$，而焙烧时间则取决于矿石的组成和粒度。

（3）废气处理。进行锰冶炼时会产生含有 SO_2、CO、氧化氮等气体的废气。这些废气需要进行处理，以减少对环境的影响。常见的废气处理方法包括湿法脱硫、干法脱硫和燃烧脱硫等。在这些废气处理过程中，废气中的 CO 会被氧化为 CO_2。此外，在湿法脱硫过程中，使用化学药剂吸收 SO_2 后，可能会生成硫酸或其他酸性物质，这些物质在后续处理中也需要消耗大量能源进行加热和分离，在这个过程中也会产生 CO_2。

（4）能源消耗和运输。锰冶炼需要大量的能源，这些能源的生产和运输过程也会产生 CO_2。在锰的冶炼过程中，需要消耗大量的能源，如煤、油等，来提供所需的热量。这些燃料的燃烧会产生大量的 CO_2。此外，锰矿石的采矿、选矿、运输等环节也需要消耗能源，也会排放 CO_2。运输方面，锰矿石的采选和冶炼成品需要经过公路、铁路、水路等运输方式进行物流。这些运输过程中，车辆、船舶等交通工具的燃料燃烧会产生大量的 CO_2。

2）锰冶炼过程中 CO_2 排放的影响因素

（1）化石燃料类型和纯度。化石燃料的碳含量越高，燃烧产生的 CO_2 排放量也越高。例如，煤炭含碳量高于石油和天然气，因此煤炭的燃烧会导致更多的 CO_2 排放。

（2）燃烧效率。燃烧过程中的燃烧效率越高，燃料的利用率越高，排放的 CO_2 也相对较少。因此，通过优化燃烧条件和设备，提高燃料的利用效率可以降低 CO_2 排放。

（3）锰矿石的品位。锰矿石中的锰含量高低也会影响 CO_2 的排放量。高品位的锰矿石可以在较低温度下进行还原，减少了化石燃料的使用量和相应的 CO_2 排放。

（4）冶炼设备和工艺。采用更先进的冶炼设备和工艺可以提高能源利用效率，降低化石燃料的使用量和 CO_2 的排放。通过控制燃烧的温度、氧气供应和其他操作参数，可以减少 CO_2 的产生。

（5）环保技术的应用。通过使用碳捕获和碳封存技术，可以将 CO_2 捕集并储存起来，防止其进入大气中。这种技术可以有效减少 CO_2 的排放。

考虑以上因素，冶炼企业可以采取一系列措施来减少 CO_2 排放。这包括改进燃烧过程、提高能源利用效率、使用高品位的锰矿石及应用环保技术等。通过协调这些因素，可以达到减少 CO_2 排放，提高冶炼过程的可持续性的目标。

3）减少锰冶炼过程中 CO_2 排放的可行方法

（1）使用清洁能源：考虑采用可再生能源替代化石燃料，如太阳能、风能等，以减少锰冶炼过程中的碳排放。

（2）提高冶炼设备和工艺的能源利用效率：通过更新设备和采用高效的冶炼工艺，提高能源利用效率，减少化石燃料的使用，从而降低 CO_2 的排放。

（3）推行高品位矿石的利用：使用高品位的锰矿石可以降低化石燃料的使用量，减少 CO_2 的产生。

（4）采用碳捕集和碳封存技术：应用碳捕集和碳封存技术，将 CO_2 捕集并储存，防止其释放到大气中。

（5）优化燃烧条件和控制燃烧过程：通过控制燃烧的温度、氧气供应等参数，优化燃烧条件，减少 CO_2 的排放。

（6）推广节能减排措施：促进节能减排技术的应用，如余热回收利用、废气废水处理等，减少能源的消耗和 CO_2 的排放。

（7）加强环境监测和数据管理：通过加强对 CO_2 排放口的监测和数据管理，及时发现和解决排放问题，确保冶炼过程的环境可持续性。

2. 甲烷的排放

1）锰冶炼过程中甲烷排放的主要来源

（1）储矿库排放：锰矿石储存在露天或封闭的矿石库中，在储存过程中可能会发生矿石的生物降解，产生甲烷气体释放到大气中。

（2）热门排放：在锰冶炼过程中，可能需要进行高温煅烧或回转窑烧结等工艺，这些高温环境下会导致煤炭等燃料中的有机物质（如甲烷）发生热解，从而释放甲烷气体。

（3）煤炭气化过程中的甲烷释放：锰冶炼过程中，有些厂家使用煤炭作为主要燃料，当煤炭进行气化反应时，会释放甲烷气体。

（4）原料冶炼过程中的甲烷释放：锰矿石或其他冶炼原料中可能含有有机物质，当这些原料进行冶炼过程中，有机物质可能分解产生甲烷气体。

（5）工厂废气排放：锰冶炼过程中产生的烟尘、废气等污染物可能含有有机物质，在排放过程中部分有机物质可能分解产生甲烷气体。

需要注意的是，以上列举的是锰冶炼过程中可能产生甲烷排放的主要来源，实际情况还需根据具体的冶炼工艺和设备进行分析和确认。为减少甲烷排放，可以采取改进工艺、提高燃烧效率、加强废气处理等措施。

2）锰冶炼过程中甲烷排放的影响因素

（1）冶炼工艺：不同的冶炼工艺会对甲烷排放产生不同的影响。例如，在高温煅烧或回转窑烧结等工艺中，温度升高会加速煤炭等有机物质的热解产生甲烷。

（2）燃料类型和燃烧效率：锰冶炼过程中使用的燃料类型和燃烧效率都会影响甲烷排放。相对于高效燃料，使用低效燃料，如煤炭，会导致更多的甲烷排放。

（3）储存条件：锰矿石的储存条件也会对甲烷排放产生影响。如果矿石储存在封闭的库房中，空气流通性较差，可能会促进矿石的生物降解产生甲烷。

（4）原料质量和含量：锰矿石或其他冶炼原料中的有机物质含量和质量也会影响甲烷排放。有机质含量较高的锰矿石可能在冶炼过程中分解产生更多的甲烷。

（5）废气处理设备运行效率：冶炼过程中废气处理设备的运行效率也会影响甲烷排放。如果废气处理设备的去除效率较低，有机物质可能没有得到有效去除，从而提高甲烷排放量。

3）减少锰冶炼过程中甲烷排放的可行方法

（1）改进冶炼工艺：通过研究和开发新的冶炼技术，可以减少锰冶炼过程中的甲烷排放。例如，探索使用更为高效的冶炼炉和设备，改进冶炼温度控制和气体排放控制等。

（2）优化配料：在锰冶炼的过程中，使用不同的配料可能会导致不同的甲烷排放量。通过优化配料，可以减少锰冶炼过程中的甲烷排放。例如，减少使用富含碳的配料，增加使用富含氧的配料等。

（3）利用回收技术：通过回收利用冶炼过程中的废气和废液，可以减少锰冶炼过程中的甲烷排放。例如，利用回收技术将废气转化为有用的化学物质，或将废液转化为可再利用的资源等。

（4）安装净化设备：在锰冶炼过程中，安装净化设备可以减少甲烷的排放。例如，安装烟气净化装置或废水处理装置等。

（5）提高能源效率：通过提高锰冶炼过程中的能源效率，可以减少能源消耗和甲烷排放。例如，改进加热和冷却系统，优化能源使用和管理等。

3. 氮氧化物的排放

1）锰冶炼过程中氮氧化物排放的主要来源

（1）高温燃烧：锰冶炼过程中需要进行高温燃烧，这可能会导致氮气和氧气在高温下反应生成氮氧化物。因此，控制冶炼温度和火焰温度可以减少氮氧化物的产生。

（2）化学反应：锰冶炼过程中可能会发生一些化学反应，导致氮氧化物的产生。例如，某些化学添加剂可能会与氮气反应生成氮氧化物。因此，选择合适的化学添加剂和使用方法可以减少氮氧化物的产生。

（3）空气过剩：在锰冶炼过程中，如果氧气过量，可能会导致氮气和氧气反应生成氮氧化物。因此，控制冶炼过程中的氧气浓度可以减少氮氧化物的产生。

（4）燃料燃烧：锰冶炼过程中可能会使用一些燃料进行加热和熔化。这些燃料的燃烧也可能会导致氮氧化物的产生。因此，选择合适的燃料和使用方法可以减少氮氧化物的产生。

2）锰冶炼过程中氮氧化物排放的影响因素

（1）燃料种类和质量：不同燃料的氮含量和燃烧特性会直接影响氮氧化物的生成和

排放。高氮燃料会导致更多的氮氧化物排放，而低氮燃料则相对较少。

（2）燃烧温度和氧浓度：燃烧温度和氧浓度是影响氮氧化物生成的重要因素。较高的燃烧温度和氧浓度会促进氮氧化物的生成，而较低的燃烧温度和氧浓度会减少氮氧化物的生成。

（3）燃烧设备和工艺参数：燃烧设备的设计和操作参数对氮氧化物排放也有一定影响。例如，提高锅炉和炉窑的燃烧效率，降低过量空气系数，可以减少氮氧化物的生成。

（4）矿石及其他原料的氮含量：在锰冶炼过程中，原料中的氮含量也会影响氮氧化物的生成和排放。含氮的矿石和其他原料可能会在高温下分解产生氮氧化物。

（5）氮氧化物排放控制措施：安装氮氧化物排放控制设备，如烟气脱硝装置，以及其性能和运行情况，将直接影响氮氧化物的排放水平。

综上所述，锰冶炼过程中氮氧化物排放的影响因素是多方面的，包括燃料质量、燃烧参数、原料中的氮含量和排放控制措施等。通过优化和控制这些影响因素，可以有效减少氮氧化物的排放。

3）减少锰冶炼过程中氮氧化物排放的可行方法

（1）优化燃烧过程：通过改进锅炉和炉窑的设计，优化燃烧参数和燃烧系统，提高燃烧效率，减少氮氧化物的生成和排放。

（2）使用低氮燃料：选择低氮含量的煤炭或其他燃料，减少氮氧化物的生成。

（3）进行氮氧化物排放控制：安装氮氧化物排放控制设备，如烟气脱硝装置，减少氮氧化物的排放。

（4）排放监测和管理：定期监测和评估氮氧化物的排放情况，制定相应的排放管理措施，控制和减少氮氧化物的排放。

（5）推广清洁生产技术：采用低氮燃烧技术、先进的废气处理技术和清洁生产工艺，减少氮氧化物的生成和排放。

7.3.2 温室气体排放的方法与措施

减少锰冶炼过程中的温室气体排放对环境保护至关重要。以下是一些减少排放的方法和措施。

使用更清洁的能源。锰冶炼的电力供应过程中使用可再生能源，如风能和太阳能，可以减少温室气体排放。此外，使用清洁燃煤技术和高效燃气锅炉等技术也可以降低 CO_2 和 CO 的排放量。

优化冶炼过程。通过改进冶炼废气处理和回收系统，减少温室气体排放的浓度和数量。此外，改进炉体设计和操作参数，减少碳燃烧和还原反应的产物。

推广循环经济。循环经济是减少温室气体排放的有效途径。通过回收和利用废渣和废水，实现资源的最大化利用，减少能源和原材料的消耗。

加强环境监测和治理。加强锰冶炼过程中的环境监测和治理，制定更严格的排放标准和政策，加大对违规排放行为的处罚力度。同时，加强对环境保护技术和设备的研发与推广，促进锰冶炼过程的可持续发展。

总之，锰冶炼过程中的温室气体排放对环境和气候变化产生了重要的影响。为减少温室气体排放量，应当采取上述方法和措施来促进锰冶炼的可持续发展，为保护环境和应对气候变化作出贡献。

7.4 锰冶炼大气污染物与温室气体协同控制技术

大气污染物与温室气体是当前全球环境问题的关键。为了保护环境和人类健康，协同控制技术不仅可以有效降低大气污染物和温室气体的排放量，同时还能降低对环境和气候的不良影响。大气污染物包括 NO_x、CO、颗粒物和 VOCs 等，这些污染物大部分来自工业活动和交通工具，而锰冶炼过程中产生的大气污染物 CO、CO_2、气溶胶颗粒物、SO_2 等对人体健康有害。对空气污染物控制的设备有颗粒物捕集器，这种设备能够捕集并去除燃煤等过程中产生的颗粒物，从而降低空气中的颗粒物浓度。此外，燃烧优化技术能够优化燃烧过程，减少氮氧化物的生成。同时，常见的温室气体控制技术有碳捕集与封存，该技术可以从燃煤和其他工业过程中捕集 CO_2，并将其封存在地下储存库中，以防止其进入大气中。促进可再生能源的发展也是减少温室气体排放的重要措施，主要通过提高可再生能源（如风能和太阳能）的比例，减少对化石燃料的依赖，从而减少温室气体的排放。但大气污染物和温室气体基本是同时（同一燃烧过程）、同根（均来自化石燃料燃烧和少量工业过程排放）、同源（同一设备和排放口）排放污染空气，图 7.4 显示了不同的空气污染物和温室气体引起的主要健康问题。一般来说，空气污染的健康问题分为短期问题和长期问题。短期问题，即节奏性问题，包括头痛、皮肤刺激、心律不齐等。长期问题，包括血癌、肺功能减退和心脏病等疾病。由此可见，协同控制大气污染物与温室气体，既有助于降低污染物末端治理过程中的负协同效果、突出源头治理减污降碳的协同效益，也是实现空气质量全面改善目标的关键。

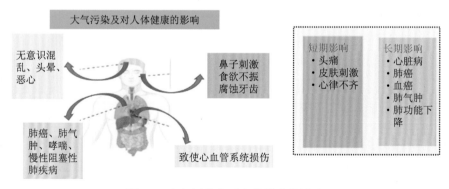

图 7.4 大气污染物对人体健康的影响

7.4.1 理论协同控制技术

在建设美丽中国的背景下，温室气体与大气污染物的协同控制需要从消极协同走向积极协同，由国内外相关规范性文件及规制实践发现，需要控制的温室气体与需要控制的大气污染物各有所指，且控制二者的直接目的和动因也有所不同。一般而言，需要控制的温室气体主要包括《京都议定书》规定的 CO_2、甲烷、氧化亚氮、氢氟碳化物、全氟化碳和六氟化硫等，而需要控制的大气污染物主要包括 SO_2、NO_2、CO、臭氧、微颗粒物（$PM_{2.5}$ 和 PM_{10}）、VOCs 等。锰冶炼排放出的大量 CO_2 等温室气体在平流层的聚集导致地球表面气温的升高，扰乱地球的气候系统，进而威胁整个人类的发展、繁荣乃至生存。人类控制温室气体的直接目的就是阻止地球表面气温的进一步升高，《巴黎协定》确定将"全球平均气温升幅控制在工业化前水平以上低于 $2\,^\circ\mathrm{C}$ 之内，并努力将气温升幅限制在工业化前水平以上 $1.5\,^\circ\mathrm{C}$ 之内"，其间接目的和长远目的就是尽量减少地球表面气温升高给人类带来的不利影响。与温室气体不同，大气污染物质直接影响人们呼吸的空气质量，进而影响人体健康，因此，世界各国控制大气污染物的直接目的就是确保大气环境质量，实现空气清洁，间接目的是确保人体健康、生态健康等。自 2001 年 IPCC 发布第三次气候变化评估报告以来，污染物与温室气体协同控制便成为国内外学者关注的重点领域之一。从"十一五"以来，针对污染物与温室气体协同控制的作用机理、政策模拟、效益分析等方面的科学研究和成果发表日益增多，国内外相关机构以重点行业、典型城市、重大工程等为案例分别开展了协同控制方面的分析研究。同时，与协同控制相关的政策法规等也得以推动发展，各类协同技术也日益成熟。

大气污染物与温室气体协同控制技术是指通过综合利用、优化大气污染物和温室气体控制措施，实现二者的协同减排，以提高环境质量和应对气候变化。主要协同控制技术有：清洁技术、排放控制技术、排放交易体系（emissions trading system，ETS）协同减排技术。

1. 清洁技术

目前，已经实施的大气污染控制技术，基本上是针对一种污染物的控制。一般认为，锰冶炼过程中会产生锰危害，炼铅或铅接触才会引起铅中毒。然而，炼锰怎么会导致铅中毒呢？原来，锰矿石在地壳中不是独立存在，而是与铁、铅、锌、砷等多种金属共存，只是锰含量相对高些。调查发现锰矿中锰质量分数为 16%～25%，铅质量分数为 0.5%～2%，砷质量分数为 0.1%～0.5%，锌质量分数为 0.1%～0.3%，锡质量分数为 0.001 5%～0.003%，铜质量分数为 0.005%～0.01%。因此，在锰冶炼过程中，铅首先被溶解，因为铅的熔点较锰的熔点低（铅熔点为 $327\,^\circ\mathrm{C}$，锰熔点为 $1\,260\,^\circ\mathrm{C}$），当炼锰温度在 $400\sim500\,^\circ\mathrm{C}$ 时已有大量铅蒸气逸出，在空气中迅速氧化凝集为烟尘，而炼锰需继续升温至 $1\,300\,^\circ\mathrm{C}$ 以上，此温度超过铅的熔点近三倍，使大量铅蒸气逸散于车间空气中。经空气采样调查，测定炼锰空气中铅烟样品 92 个，空气严重被铅污染。除此之外，其他大气污染物如 SO_2、NH_3 等和温室气体也往往相伴而生。

因此，采取一定的措施控制温室气体排放，减少当地空气污染物，有助于降低控制成本，优化减排的成本效益。同时，随着单位能耗的降低，生产过程中排放的其他污染物也得到了有效的控制。清洁技术的协同控制模式主要是减少碳和污染物。通过在工业生产过程中建立两种不同类型的减排技术。一种减排技术对碳减排活动的作用方式主要是生产方通过节能降低单位能源的消耗。同时，协同效益可减少硫化物等空气污染物。另一种减排技术主要是指管道末端处理技术，旨在处理主要的空气污染物，如硫化物、氮氧化物、PM 等。例如,将锰冶炼过程中燃烧作物残体转变为燃烧液化石油气、煤油、乙醇和沼气将减少 95% 的室内空气污染;同时,可以相应地减少 CO_2、CO 的排放和由生物质燃料不完全燃烧产生的黑炭。此外,锰冶炼企业烟(粉)尘的处理分为干式和湿式两类。目前,锰冶炼企业的烟(粉)尘 90% 以上采用干式收尘。常用设备有:沉降室、滤袋收尘器、旋风收尘器及电收尘器等,可以单独使用,也可组合使用。使用时需考虑烟气的温度、含尘量、含湿量、烟尘比电阻等因素。湿法收尘适用于含湿量大的烟(粉)尘,精矿干燥过程使用得最多。但易造成设备管道腐蚀,收下的烟(粉)尘呈浆状,并产生废水,难以处理,故在锰冶炼烟气治理中使用较少。锰冶炼企业中备料工序所产生的含工业粉尘废气,一般采用布袋式收尘器治理,废气中所含的工业粉尘大部分被除尘设备收集去除,并返回生产系统,生产废气能够达标排放。熔炼烟气与转炉烟气合并,经余热锅炉降温回收热能,经电收尘后,进入制酸系统制取硫酸;烟气中所含烟尘大部分在余热锅炉——电收尘治理系统中被去除,残留的烟尘在制酸过程中被去除。

生产技术和终端处理技术的系统流程如图 7.5 所示。从协同控制的角度来看,它是一种积极的协同控制策略,目的是减少一种污染物,同时实现另一种污染物的减少。

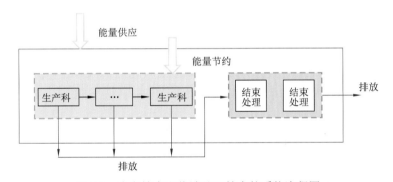

图 7.5 生产技术和终端处理技术的系统流程图

该技术充分考虑了技术之间对不同污染物的控制过程关系,区分了具有正协同控制效应和负协同控制效应的两种技术类型,建立了更现实的定量分析模型,给出了协同控制策略的实际解决方案,是一项非常有意义的协同控制技术。

2. 排放控制技术

排放控制技术可通过将大气污染物和温室气体转换及捕获、添加剂、催化剂等方式,减少 CO、SO_2 等气体的排放。锰冶炼中发动机燃料燃烧会释放出大量的 SO_2、CO、CO_2 等有害气体,严重危害生态系统。因此,将汽油发动机的汽油直喷技术用于柴油发动机的高压共轨柴油直喷技术形成一种新的喷射系统,该系统可以提供一个灵活的水平来控制排放、燃油消耗和发动机功率。另外,喷射压力越高,燃烧温度越高,导致 NO_x 生成。NO_x 的减少首先是通过废气再循环(exhaust gas recirculation,EGR)系统来实现的。这种方法提高了发动机的热容,降低了所达到的最高温度,触发了 N_2 和 O_2 之间通过反应生成较少 NO 的条件。而 EGR 温度还会影响 CO、未燃碳氢化合物(uHC)和 NO_x 的排放;EGR 温度越高,NO_x 排放量越高,CO 和 uHC 排放量越低。

常见的脱硫设施和其他末端去除设备的运行需要更多的能源,这将导致循环效率的全面降低和排放量的增大。吸附剂提取和脱硫设备运行的其他程序，也会有相应的温室气体的排放。这实际上等同于把当地潜在的区域酸雨问题转化成更大的全球气候问题。已有评估表明，由排放引起的总损失要远大于排放带来的区域酸雨的影响。但在另一些情况下，污染治理工程也能提供正的协同效应。例如，针对锰冶炼产生的 SO_2，当其体积分数为 3.5%时，可采用接触法制成硫酸；在 3.5%以下的低浓度烟气及烟气制酸后排放的尾气，多采用吸收法进行治理。而目前，我国密闭鼓风炉和电炉炼锰工艺所产生的烟气，其所含 SO_2 不能稳定达到 6.5%，只能采用一转一吸制酸系统，该系统转化率最高指标约为 96%，排放的尾气含 SO_2 大于 0.2%，远远超过排放标准，因此，必须设尾气脱硫装置。闪速熔炼工艺和熔池熔炼工艺产生的烟气中 SO_2 浓度较高，可稳定达到两转两吸制酸流程要求，两转两吸的制酸流程转化率、吸收率高，一般均大于 99.5%，提高了冶炼工艺的硫总捕收率，通过该方法也会强化对颗粒物的治理，从而进一步以相应的减少黑炭的排放带来正的气候变化效益。

这种通过控制发动机排放污染物的控制技术从源头减少了有害气体的产生，有效地协同控制了对环境及人体的影响。

3. ETS 协同减排技术

碳交易是推动经济增长和 CO_2 减排的重要市场工具，不仅促进了低碳技术创新，还刺激了高污染行业的结构调整，消除落后产能。因此，借助碳交易，采用 IPAT 模式（I 为环境指标、P 为常用人口数量、A 为富裕程度、T 为技术）与 IPAT-lmdi 技术模型相结合的方法对 CO_2 与大气污染物进行分解分析，并进一步进行定量分析，很大程度地协同控制了两类污染物的排放。该协同技术框架如图 7.6 所示。

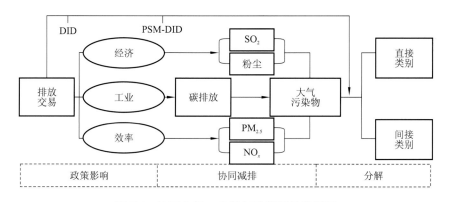

图 7.6　协同分析、分解与政策评估的框架

DID 方法为双重差分方法；PSM-DID 方法为双重差分倾向得分匹配

在大气污染物减排与碳减排协同响应下，SO_2 和粉尘受影响显著，ETS 可靠地减少了 CO_2 和 SO_2 排放。随着 ETS 驱动下能源效率和产业结构规模效应的扩大，经济发展在一定程度上增加了 CO_2 的排放。但经多渠道结合，ETS 驱动的协同减排效应也随之明显增强。

4. 源头控制协同技术

1）煤改电（气）

美国能源信息署（EIA）的数据显示，天然气取代煤炭，CO_2、NO_2、SO_2 的排放将分别减少 44%、80%、99%。以 2005～2016 年美国发电行业为例，2016 年碳排放比 2015 年下降了 6.23 亿 t，其中 3.83 亿 t（61.5%）源自天然气替代煤。北京市自实施《北京市 2013～2017 年清洁空气行动计划》以来，煤炭消费从 2012 年的 2 300 万 t 压减至 2016 年的 1 000 万 t 以内，煤改电（气）用户总数已达到 38.45 万户，燃煤消费量降幅达 56.5%。与此同时，北京市的空气质量同期呈现总体向好趋势，$PM_{2.5}$、SO_2、NO_2 的浓度逐渐降低，降幅分别达 18.4%、14.3%、62.3%。

2）行业排放贡献率

温室气体与大气污染物在行业排放贡献率上高度协同，协同减排潜力巨大。我国尚未建立官方的排放清单技术体系，已有清单存在源分类体系和计算方法不一致、计算结果不确定性大等问题。中国多尺度排放清单模型（multi-resolution emission inventory for China，MEIC）提供的行业分类为 4 个行业：电力领域包括电力部门和热力部门（含自备电厂）；工业领域包括工业过程和使用工业锅炉的各类工业企业；民用领域包括商业、城市居民、农村居民使用的各种固定燃烧设施，交通领域包括道路运输车和非道路车辆，各领域的排放量及排放占比不同。以这 4 个相应行业温室气体和大气污染物排放贡献占比（率）σ 作为协同率。

通过比较各行业排放贡献率发现电力行业 SO_2 与 CO_2 的排放贡献率分别为 28.49%、32.06%；工业领域 CO_2 与 SO_2 的排放贡献率分别为 48.68%、58.52%，CO、黑炭（black carbon，BC）、$PM_{2.5}$ 的排放贡献率分别为 41.71%、32.56%、49.68%；居民生活行业排放贡献率较高的为 CO、$PM_{2.5}$ 以及 BC，分别为 44.82%、38.83%、51.42%。以上这些数据显示，以 CO_2 为代表的温室气体与以 SO_2 和 $PM_{2.5}$ 为代表的大气污染物在行业排放贡献率上具有高度的协同性，协同减排潜力巨大，二者的协同治理依赖行业之间的转型和配合。

3）过程控制

技术进步可使工业企业污染治理设施实现温室气体控制与大气污染物减排的协同。2017 年，环境保护部为推进二者协同控制，制定印发了《工业企业污染治理设施污染物去除协同控制温室气体核算技术指南（试行）》，该指南对污染治理技术对温室气体产生的影响机理以及污染治理技术与污染物去除及温室气体产生的对应关系做了明确的表述。其中，干法、湿法脱硫技术会降低工业过程中产生的 SO_2 排放量，但是会增加脱硫剂中释放的 CO_2 排放量，二者是此消彼长的关系；而半干法脱硫技术可以在实现 SO_2 的减排同时不产生 CO_2 的排放；现有的脱硝技术均会降低 NO_x 的排放，增加 CO_2 的排放；热破坏法和生物法均能不同程度地使 VOCs 物质分解，产生 CO_2 的排放，而生物吸附法即可实现 CO_2 的零排放。

7.4.2　应用协同控制技术

当大气污染物与温室气体的控制技术相互协同应用时，可以达到更为显著的减排效果。以下是一些进一步的措施。

（1）跨行业、跨地域的协同减排。大气污染物和温室气体的减排不能仅仅停留在单一行业或特定地域范围内，需进行全方位的协同减排，通过各行业的协作和地方间的合作，共同应对大气污染和气候变化。

（2）促进绿色交通发展。交通是大气污染物和温室气体排放的主要源头之一，鼓励发展绿色交通，推广电动车辆、公共交通和非机动交通工具，改造公路和城市道路，减少交通引起的污染和温室气体排放。

（3）改进工业生产方式。工业生产是大气污染物和温室气体的主要来源之一，可以采取多种措施来改善工业生产方式，优化生产工艺，提高资源利用效率，降低大气污染物和温室气体的排放。

（4）加强国际合作和技术交流。大气污染和气候变化是全球性的问题，需要各国共同努力。国际合作和技术交流有助于推动大气污染物和温室气体控制技术的创新和应用，实现全球范围内的减排目标。

（5）应用信息技术和大数据分析。借助信息技术和大数据分析，可以监测和分析大气污染物和温室气体的排放情况，提高减排措施的可操作性和效果评估能力。

7.4.3　部门协同控制技术

科学研究和技术创新对大气污染物和温室气体的协同控制起着关键作用，但政府部门在协同控制排放方面也起着十分重要的作用。具体实施方法包括以下几个方面。

（1）统一排放标准与管控措施。将大气污染物和温室气体的排放标准和管控措施相结合，实行一套综合管理体系。通过统一监测和管理系统，对排放单位的大气污染物和温室气体进行综合监控和管控，避免因单独管控导致其他排放物的增加，实现减排的协同效应。

（2）建立排放权交易机制。建立大气污染物和温室气体的排放权交易机制，通过市场化手段激励企业减排。通过购买和出售排放权，有效引导企业实施减排措施，提高减排的整体效益。

（3）建立监测与评估体系。可通过建立减排目标、制订减排计划、监测和评估减排效果等方式，确保减排工作的可持续性和有效性。

（4）提倡综合减排技术的应用。将大气污染物和温室气体减排的技术相互结合，实现综合减排效果。例如，通过采用高效的污染物减排技术（回收利用技术和能源转换技术），降低温室气体排放量。

（5）加强监测和管理。建立完善的大气污染物和温室气体监测体系，实时监测和评估排放水平和减排效果。同时，加强对污染源的管理和监管，对不符合排放标准的企业进行处罚和要求改进，促进减排工作的有效实施。

7.4.4 协同控制的建议

（1）筛选并制定正、负协同减排技术目录清单，梳理现有污染物治理、温室气体减排、节能减排等技术，识别出具有正协同减排的技术，形成技术目录清单并广泛推广应用；识别出具有负协同减排的技术，形成技术负面清单，逐步减少或淘汰该类技术的应用。

（2）统筹考虑，以协同控制思维指导相关政策制定，梳理现有能源、温室气体、大气污染物防治类政策文件，识别并统筹优化具有正协同效应的政策，修改完善或停止实施具有负协同效应的政策。制定相关政策时，强化"前端"污染物减排战略，发挥结构减排的协同成效。引导行业使用具有非负协同效应的末端治理技术。参考污染物控制相关政策，制订温室气体排放总量控制制度、相关排放法规、标准及减排行动计划。

（3）主管部门加强制定分行业的协同减排指导性文件，加大"管理减排"的力度，各级政府应该将温室气体和污染物协同治理作为优先的政府事务和公共财政保障领域之一，在管理和运行环节加大监管。制定重点行业同步降低温室气体和污染物排放的方案和措施，出台行业性的温室气体和污染物协同减排指导目录或手册。

总之，大气污染物与温室气体协同控制技术需要从多个维度进行综合施策，综合应用可以实现大气环境污染和气候变化的双重管理，有效降低污染物和温室气体的排放量，改善环境质量，减缓气候变化。这对实现可持续发展和保护生态环境具有重要意义。

参 考 文 献

陈德容, 白杨, 黄宇, 2021. 工业源产排污系数在污染源普查中的应用分析. 能源与环境(3): 88-90.

傅京燕, 刘佳鑫, 2018. 气候变化政策的协同收益研究述评. 环境经济研究, 3(2): 134-148.

谷卫胜, 2016. 锌湿法冶炼中氧压浸出技术研究. 世界有色金属(12): 82-83.

郭学益, 王亲猛, 廖立乐, 等, 2014. 铜富氧底吹熔池熔炼过程机理及多相界面行为. 有色金属科学与工程, 5(5): 28-34.

金尚勇, 2019. 铅锌冶炼废气污染物排放标准存在问题探讨. 有色金属(冶炼部分)(6): 72-75.

寇蓉蓉, 2012. 有色金属冶炼项目环境影响评价中人体重金属现状评价的研究与实践//任洪岩, 程胜高. 金属采掘·冶炼环境影响评价国际研讨会论文集. 武汉: 中国地质大学出版社: 51-55.

李若贵, 2009. 常压富氧直接浸出炼锌. 中国有色冶金, 21(3): 12-15.

李新华, 2023. 电解铝生产温室气体排放探讨及减排方向. 绿色矿冶, 39(2): 5-10.

刘志平, 2021. 硫酸雾监测过程中的影响分析及处理措施. 铜业工程(2): 67-69.

汤伟, 陈亚州, 崔鹏, 等, 2021. 国内再生铅火法冶炼工艺技术的进展. 有色冶金节能, 37(4): 10-15.

佟丽霞, 单亚志, 2021. 某铜冶炼企业 2019 年温室气体的核算分析. 内蒙古科技与经济(11): 2.

王成彦, 陈永强, 2016. 中国铅锌冶金技术状况及发展趋势: 铅冶金. 有色金属科学与工程, 7(6): 1-7.

王万军, 陈志刚, 2020. 铜冶炼的创新与发展过程概述. 世界有色金属(7): 13-14.

王玉芳, 李相良, 周起帆, 等, 2019. 铜冶炼烟尘处理技术综述. 有色金属工程, 9(11): 53-59.

王玉芳, 周起帆, 王海北, 等, 2021. 铜冶炼烟尘浸出过程中砷镉行为研究. 有色金属(冶炼部分)(9): 32-36.

温珺琪, 2019. 中国大气污染防治技术综述. 科技创新导报, 16(29): 106-107.

徐光清, 1998. 回转式阳极炉烟气处理与节能及环保. 有色冶金设计与研究(1): 15-20.

闫静, 吴晓清, 罗志云, 等, 2016. 国外大气污染防治现状综述. 中国环保产业(2): 56-60.

张文娟, 李会泉, 陈波, 等, 2013. 我国原铝冶炼行业温室气体排放模型. 环境科学研究, 26(10): 1132-1138.

张毅, 陈小红, 田保红, 等, 2017. 铜及铜合金冶炼、加工与应用. 北京: 化学工业出版社.

赵桂久, 章申, 于丽长, 等, 1989. 铅锌冶炼厂大气污染主要模式及防治. 地理科学(2): 158-162, 196.

Du Z, Lin B, 2018. Analysis of carbon emissions reduction of China's metallurgical industry. Journal of Cleaner Production, 176: 1177-1184.